増補改訂版

考証 福島原子力事故
炉心溶融・水素爆発は
どう起こったか

石川迪夫 著

日本電気協会新聞部

増補改訂版

考証 福島原子力事故

炉心溶融・水素爆発はどう起こったか

石川迪夫 著

発刊によせて

元東京大学総長　有馬　朗人

本書の著者、石川迪夫氏は、我が国が誇る原子力安全工学の第一人者である。旧日本原子力研究所で世界に貢献する安全研究の成果を上げ、北海道大学の教授として若手を育成、原子力発電所の安全審査で国の顧問を務め、国際原子力機関（ＩＡＥＡ）の国際安全基準作成活動に日本代表として参加、そして日本原子力技術協会の初代理事長など、その名は広く世界の原子力関係者に知られている。

私が石川氏と共に活動するようになったのは、文部大臣と科学技術庁長官を兼務していた１９９９年に発生したＪＣＯ事故に対応した時からで、更に２０１３年夏に発足した「原子力の安全と利用を促進する会」ではそれぞれ会長、副会長を務めることとなった。その中で、石川氏が福島第一原子力発電所事故の複雑な様相の謎を解く著作を執筆中と聞き、原稿を拝見させて頂いたところ、難解と言われる原子炉内部で起きた事故現象が明快に解明されており、目から鱗が落ちる思いをした。全世界に知らしめるべき大変な分析、考証がなされており、是非ともその出版に当たっては推薦の辞を書かせていただきたいと考えたのである。

石川氏によれば、軽水炉の冷却材喪失事故では、燃料は高温となっても蒸気冷却や輻射による放熱と被覆管表面にできる強靭な酸化皮膜で形態を保ち、その後に急冷されると分断・落下して炉心崩壊を生ずる。燃料が出し続ける残留熱（崩壊熱）だけでは容易には溶融せず、被覆管材料（ジルコニウム）と水との激しい酸化反応による発熱が止まらなくなると初めて炉心溶融を生ずる。しかし、溶融物と水との間に卵の殻（クラスト）が形成され、溶融炉心はその中に保護されるので水蒸気爆発は生じない。このような現象を、１９７０年代に日米独三国が協力して実施した原子炉の安全実証研究の一つで石川氏自身も参加した事故時の燃料棒挙動実験の結果と、１９７９年に発生したスリーマイル島（ＴＭＩ）原子力発電所事故で原子炉圧力容器の内部に残った溶融炉心の性状に関する調査結果から説明している。

石川氏はこの知見を基にして福島事故を分析し、如何なる経過で1、2、3号機の炉心溶融発生時刻が異なることとなったのか、炉心溶融と共に発生した大量の水素がなぜ格納容器の外で爆発し原子炉建屋を大きく損傷したか、その爆発もなぜ1号機では最上階だけ、2号機は発生せず、3号機は最上階から下の階に爆心が移動、4号機は下の階から最上階へ向けて爆心が移動したのかなどの疑問に明快に答えている。ＴＭＩ事故では一次冷却材ポンプにより大量の注水を行ったため短時間に炉心溶融が起き、不活性化していない格納容器の中で水素爆発が起きたが、福島第一では消防ポンプしか注水手段がなく、水不足から水・金属反応が遅れ、やがて炉心溶融に至るまでの詳細な現象を、公表された事故時の測定データを正確になぞりながら号機ごとに一つ一つ矛盾なく説明している。これらは全世界の原子力関係者が知りたがっている事柄である。

原子炉事故に関する石川氏の博学は群を抜いている。格納容器がないために大量の放射能を全世界に撒き散らすことになったチェルノブイリ原子力発電所事故では、実はその発生当初の黒鉛火災が炉心の冷却効果として働いたという驚くべき事実、黒鉛減速材が燃え尽きて鎮火した後に崩壊熱により燃料棒が溶融して放射能放出を増大させたことなど、一般には知られていない事実を紹介している。格納容器を有する福島事故での放射能放出量の実績はチェルノブイリ事故の7分の1、単位出力あたりの比較では15分の1と小さく、また、もし格納容器ベントを成功させて圧力上昇を抑え、炉の減圧の直後に注水できていれば炉心溶融は起こらず、崩壊した炉心を安全に冷却できたはずだと分析している。放射能をウエットウェルの水に通した後に排気する沸騰水型軽水炉（ＢＷＲ）の格納容器ベントは極めて有効で、福島第一でこれに成功していれば住民避難の必要性すらなかったと考証している。事故が起きるまで知られていなかったのは誠に残念至極であるが、これは原子力関係者を大いに力づけるものであり、原子力発電の安全性を心配する国民にも大きな安堵感をもたらすはずである。

石川氏は、津波来襲前に地震で1号機の配管が破断していたとする国会事故調の軽率な見解を大きな誤りと指摘している。また、福島事故を受けて設置された原子力規制委員会が策定した新規制基準は、全世界の原子炉安全工学者が深い洞察と長年にわたる慎重な検討で完成した安全設計の基本を無視し、ただ世界一厳しければ良いとの思い込みから全体の最適を図らず、例えば、異様に高い防波堤は一度越流すれば内側に貯えられた水の排水に時間を要し有害なものとなり得ること、福島事故の分析からフィルターベントの設置の必要性がないことなどを鋭く指摘している。安全設計強化の要求がバランスを欠き、実体としては安全性の低下をきたしていないか懸念を感ずるとしている。

将来への提言では、これまで取られてきた安全設計に加えて、共通要因となり得る自然現象やテロへの対策としての多様性の追求が重要、更に発電所外からの応援も含む可搬型システムの分散配置などの防災安全対策が最も本質的対策であると見抜いている。

実質的な除染の目標・帰還の条件となった年間1ミリシーベルトを早く見直し、研究拠点化と廃炉工事を組み合わせ、世界の知見も呼び込んで福島の復興・再生に資すべしとの提案は傾聴に値する。放射線による直接の死者がゼロである事実を述べれば批判し、また避難者の帰宅を認めない現状にこそ問題が存在するのであり、ＩＡＥＡの避難基準や福島での被曝線量の実体を考慮すれば、無駄な避難による震災関連死や帰還が進まない閉塞状況などはなかったはずとの指摘は、今後採用されるべき原子力防災対策で勘考されるべきである。

石川氏の分析、考証の結果は、原子力発電の安全性の再構築が可能であることを証明している。資源に乏しい我が国が原子力を欠くことはできない現実の中で、原子力の安全な利用を続けられるということは朗報である。

さて、本書により福島の炉心溶融・爆発の様相は完全に解明された。一般読者の理解を促すために教科書のような丁寧かつ復習を繰り返す独特な記述形式がとられているが、福島第一の事故があまりにも複雑であり、かつ原子力災害の持つ内容があまりにも専門的であるために、原子力技術者・研究者ですら内容を完全に把握するには苦労するであろう大作である。一般の方々には、細部にこだわらず流し読みされることをお奨めする。それだけでも原子炉事故、災害への理解が進むことであろう。しかし原子力安全を学ぶ人々には是非とも読破し、内容を把握してほしい。海外の専門家も、福島事故についてこの種の貢献が日本からあることを心待ちにしていたはず。日本の辛い体験を世界に説明し、原子力の安全性向上に役立てるべきであり、そのためには本書が大いに活用できる。きっと、本書による福島事故の解明は、世界中の専門家を驚かすことであろう。

はじめに
——本書を書くに至った動機——

「真っ赤に焼けた炉心燃料がぐにゃぐにゃと溶けて崩れ、丸い灼熱の溶液と化した炉心が圧力容器の底に落ちる。この熱で周辺の水と溶融炉心とが反応して水素を発生させ、水素爆発が起き原子炉建屋を破壊する。さらに灼熱の溶融炉心は、圧力容器の底を溶融貫通して格納容器の床の上に落下し、格納容器の床のコンクリートも溶かす。幸い炉心から出る崩壊熱が低下したために、紙一重の差で格納容器を貫く事故への拡大は防げた模様」

以上のストーリーが、東京電力福島第一原子力発電所の事故後に、NHKが何度も放映したグラフィックパネルでの事故現象の説明です。大方の読者が抱いておられる福島事故のイメージもこれでしょう。読者だけではありません。原子力関係者のほとんどが頭に描いているストーリーも、大体こんなところです。しかし、このストーリーは間違っています。

その証拠に、事故から7年も経っているのに、どのようにして炉心溶融に至ったのか、水素爆発が起きたのかといった事故の本質についての説明が、国からも原子力界からも、東京電力からもなされていません。確かに今回の事故は複雑ですが、いまだに説明ができないのは、冒頭に述べたイメージに誤りがあるからです。

本書は、その誤りを正すとともに、福島第一1～4号機に起きた事故の具体的現象の分析を試みたものです。使用したデータは、明確な事故事実と、2012年6月に東京電力が発表した「福島原子力事故調査報告書」にある実測データおよび作業記録だけです。それ以外は考証による現象分析です。考証の根拠は、米国スリーマイル島（ＴＭＩ）原子力発電所、旧ソ連のチェルノブイリ原子力発電所の両事故で起きた事故現象の分析と、これまで米独日仏が行ってきた安全実験の結果だけです。言い換えれば、実際に起きた事実に基づき演繹《えんえき》と考証を重ねたのが本書です。

本書を書く決心をしたのは、２０１２年11月に当該事故について催された米国科学アカデミー調査団との会合に出席を依頼されたことがきっかけです。会議は、事故事実の調査収集が主目的でしたが、その中での説明や質疑は、事象の確認と有名な計算コードによる解析結果の比較検討がほとんどでした。それは、事故の真相を解明する討論とはいささか異質の、計算コードのチェックともいうべき内容に思えました。

有名な計算コードは事故発生以前に机上で作られたものですから、事故で起きた事実と相違する部分が存在しています。その相違を見出し、計算コードを改訂していくのが会議の目的だったのでしょう。しかし、今回の事故は極めて複雑で、事前に頭の中で作られた計算コードには含まれていない現象が多く含まれています。従って、計算結果は事故現象とあまり一致していません。無理に一致させようとしてインプットをチューニングすると、事故全体の整合性が成り立たなくなります。こうした理由で、いまだに福島の事故についての明快な説明がなされていないのです。

明快な説明ができない理由は、事故現象についての物理化学的な現象解明をしないままに、コンピュータの計算に頼るひ弱い解明方法にあります。これは日米ともに同じだと感じました。私のような年寄りが出る必要はないと思い、これまで事故究明を放擲《ほうてき》していたのですが、日米の会議がこの考えを変えました。私たちが育てた後輩達にその力がないとすれば、出ざるを得ません。年寄りには辛い再勉強でした。

事故の進展や現象の解釈については、事故当初から大まかな目途はついていましたが、現象を逐一吟味し、検証していくとなると大変な労力でした。約半年間、事故現象、事故データと睨めっこして、大体解明できたと思ったところで筆を執りました。しかし、書くに連れて自分の検討に疑問が湧き出て、その解決結果が全体に影響を与えるといった考証での繰り返しが度々あり、矛盾なく書き上げるのに苦しむ日々が続きました。今は、ほぼすべてにわたって、大きな見落としなく書き上げたと思っています。

本書は福島第一原子力発電所事故における炉心溶融と水素爆発のメカニズムの考証を試みた**第一部**と、事故の原因、影響などを含めた、総合的な原子力安全と福島の復興についての考察をまとめた**第二部**に分かれていますが、本書の最大の目的は**第一部**に凝縮されていますので、ここをじっくり読んでいただければと思います。

第一部において、考証の基礎は、先ほど述べたＴＭＩとチェルノブイリ両事故の事実と、１９７５年から約10年間、米独日が中心になって行った軽水炉についての安全性研究協力の中の、燃料挙動実験と呼ばれた一連の実験結果です。その肝要な部分は**第1章**に述べてあります。福島の事故の考察はこれらの基礎知識を基に組み立ててありますので、**第1章**をしっかりと読んで、炉心溶融がどの様にして起きたかを、先ず把握して欲しいと思います。それほど難しい代物ではありません。

第2章は、福島第一 1～3号機の原子炉挙動（炉心溶融と水素爆発）を解明した部分で、本書の中心となる部分です。炉心溶融についての新しい学説ですから、福島のデータと事故現象を一つ一つ虱潰《しらみつぶ》しに検討して、部分的な現象をまず検証したのち、事故全体の進展を証明しなければ意味がありません。

そのために、同じような話が何度も出てきて、多少煩わしいところがあると思います。そんな時は斜めに読み飛ばして下さい。事故の大筋を把握することが重要で、必ずしも一つ一つの検証の煩わしさにお付き合いしていただく必要はありません。事故の大筋を理解しやすいように、特に**第1章**と**第2章**の各節の終わりにはまとめを記載し、次節の説明に役立つよう配慮いたしました。それほど、福島の事故は複雑で難解なのです。

ただし、原子力を目指している後輩達には、**第1章**と**第2章**を、しっかりと読んで欲しいと思います。しっかりと読むことによって、冒頭に述べた炉心溶融のグラフィック映像がいかに間違っていたかが、おのずから理解できるはずです。そしてその知識が今後の原子力の安全向上に役立ちます。

第3章は、福島第一４号機の爆発についての考察です。

第二部は、福島の事故にまつわる問題についての見解を、技術的観点から述べたものです。今後の原子力安全、福島の復興などに役立つと思うところを、辛口に述べてあります。役立てていただければ幸いです。

なお、今回の改定について簡単に述べて起きます。記述としての大きな変更部分は、**第一部第2・6・4章**のじくじく反応が、ジルカロイ燃料棒が高温になると実際に起きる現象であることに改めたことと、**第二部第5章**の考証結果を原子力発電所の安全性向上に直接役立つように書き替たことです。本書の全体の内容には一切変わりはありません。

では、事故現象解明の基礎となる**第一部第1章**に取りかかってください。

3号機	4号機
	(運転停止中)
原子炉隔離時冷却系（RCIC）による冷却 燃料冷却を継続できた時間	
11:36　RCIC 停止 12:35　高圧注入ポンプ(HPCI)による冷却(バッテリー使用)	
02:42　HPCI 停止（バッテリー枯渇） 燃料の露出 09:08　原子炉減圧 09:25　消防車による注水 水素ガス発生 → 12:00 頃　ベント実施	・水素ガスの流入
11:01　水素爆発	
	06:14 頃　水素爆発

福島第一原子力発電所事故の主な経過

	1号機	2号機
3月11日	14:46　地震発生　原子炉緊急停止 15:37頃　津波来襲	
	冷却・注水・減圧機能喪失 15:37　非常用復水器（IC）不作動に 燃料の露出	原子炉隔離時冷却系（RCIC）による冷却 （燃料冷却を継続できた時間）
3月12日	00:00頃　高温炉心の軟化・変形 圧力容器底部破損（炉心の分離・落下） 04:00頃　消防車による注水 14:30頃　ベント実施 15:36　水素爆発 →	・電源ケーブの損傷（給電不能に） ・ブローアウトパネルの落下
3月13日		
3月14日		13:25　RCIC停止 燃料の露出 18:02　原子炉減圧 19:54　消防車による海水注水 22:00頃　炉心溶融
3月15日		

目次

目　次

第一部　炉心溶融・水素爆発はどう起こったか

第1章　スリーマイル島原子力発電所事故

１. 溶融炉心の形状

本論に入る前に、炉心溶融事故を起こした前例、米国のスリーマイル島（ＴＭＩ）原子力発電所２号機の事故について説明します。なぜなら、炉心の溶融状況が福島第一原子力発電所のそれと非常に似ているからです。

ＴＭＩ事故が起きたのは１９７９年3月28日午前4時、今から約40年も昔のことです。溶融した炉心は、そのほとんどが原子炉から取り出され、米国アイダホ国立研究所（ＩＮＬ）に運ばれて保管されています。それでもＴＭＩに立ち入るには、高い放射能汚染のために、特別許可を必要とするそうです。科学技術大国の米国のことですから、溶融した炉心を取り出す時に、その状況を丹念に調査しました。それも国際協力下での実施で、日本の原子力関係者も大勢参加しています。もちろんその内容は日本にも詳細に伝わっているのですが、残念ながら今回の事故では、それをよく勉強した人があまりいなかったようです。

日本の若者達は、先輩達が作った安全実績に胡座《あぐら》をかいて、実際に起きた事故についての勉強を疎《おろそ》かにしていました。これが福島第一の事故時の現場対応にも現れました。ＴＭＩ、チェルノブイリの両事故を勉強していれば、現場対応も、社会への情報発信も、もっと変わっていたことでしょう。

さて、ＴＭＩは加圧水型（ＰＷＲ）と呼ばれる軽水炉です。日本では関西電力など主に西日本の電力会社が使っている型の原子炉です。福島第一の沸騰水型（ＢＷＲ）原子炉とは、タービン発電機を回す高圧蒸気を作る仕組みこそ違っていますが、原子炉そのものについてはほぼ同じといってよい軽水炉です。特に事故と関係のある、炉心構成、材料、形状寸法などはよく似ています。中でも事故の主役である炉心燃料については、形状寸法こそ若干違いますが、材料と構造は同じといってよいほどのものです。従って、福島事故での炉心溶融状況を知るには、究明の進んだＴＭＩの事故状況を理解することが、正解に至る近道です。まずはＴＭＩの炉心溶融状態から見てみましょう。

米スリーマイル島原子力発電所

まず**図1・1・1**をご覧ください。溶融した炉心を中心に描いた、ＴＭＩ圧力容器内部の断面図です。

炉心の上側にある領域①（赤黒い部分）は燃料の破片で、その主体は、溶融に至らなかった炉心上部の燃料棒がバラバラになって集積した、残骸破片の堆積物です。これら燃料の堆積物を総称してデブリと呼んでいます。おいおい述べていきますが、このデブリが形成されたプロセスが、炉心の溶融の解明に重要な役割を果たします。

次の領域②が、溶融した炉心です。周囲を囲む薄い外皮（殻）③は、溶融炉心が周辺の水で冷やされてできた卵の殻のような物で、物理的な性質は鋳物のような硬い物と理解しておけば十分です。事故時この外皮（殻）は鍋の底のような

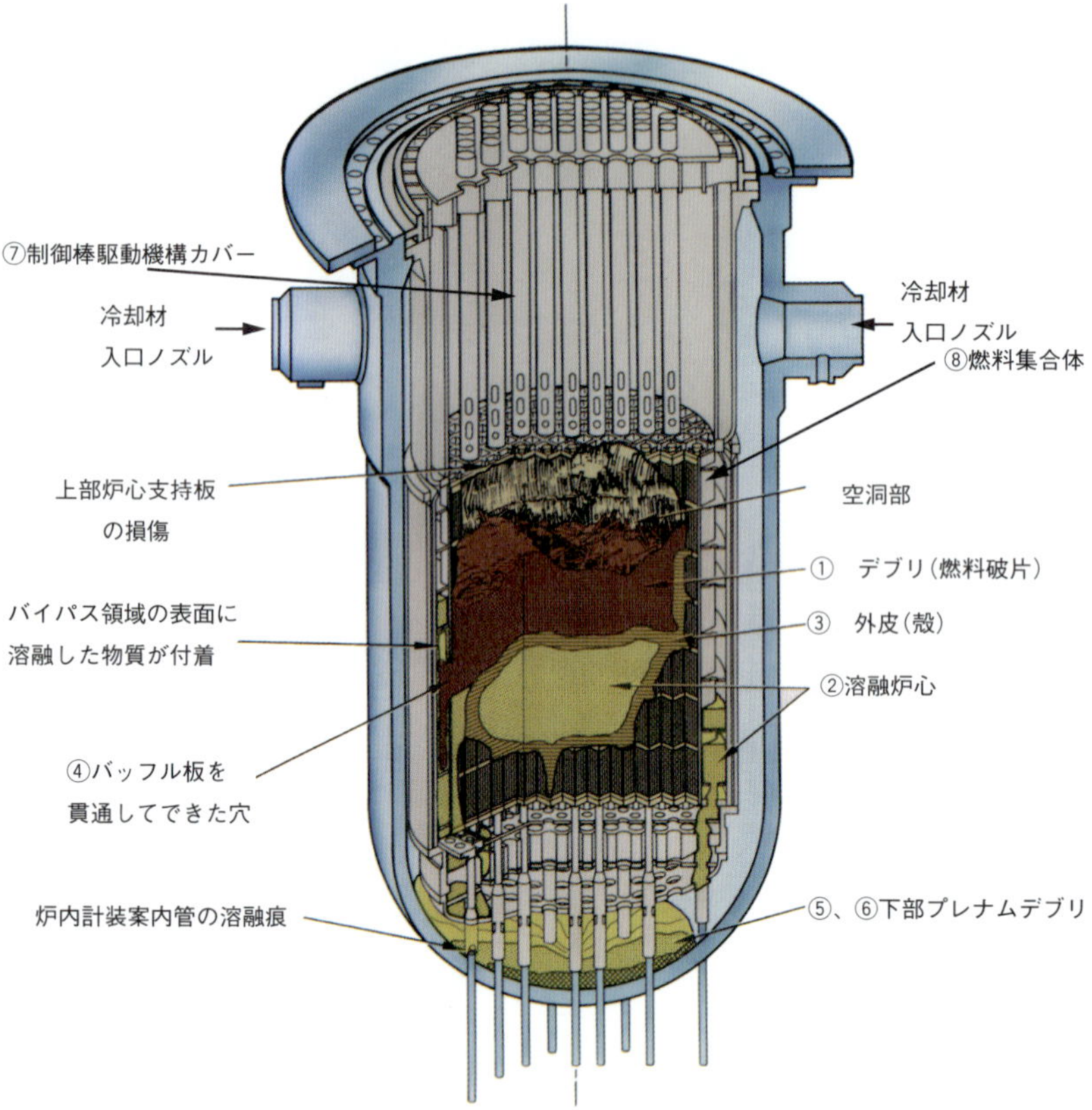

出典：NRC ホームページより
http://www.nrc.gov/images/reading-rm/photo-gallery/20071114-006jpg

図1.1.1　事故後の TMI 炉内状況

役割を果たし、どろどろに溶けて発熱を続ける溶融炉心と、その外側に存在する冷却材とを仕切っていたと考えられます。この外皮（殻）③の上面が平らなのは、上に乗っているデブリ①の重量に押されたためとみられています。

このデブリの重力によって、どろどろの溶融炉心は横方向（図の左側）に押されて、炉心を囲っている薄いステンレスの仕切り板（バッフル板）を溶かして穴④を開けました。その穴から、溶融炉心の一部がバッフル板の外側に流れ出て、圧力容器の底で層状に固まったとされています⑤。

一説によると、冷却材流路で冷やされて固まり、直径が10～15センチメートルほどのボール状⑥になって、圧力容器の下部球形部分に落下集積したともいわれています。いずれにせよ溶融炉心の一部が押し出されて、圧力容器の底に落ちて溜まったのです。

さて、この図が教えてくれる面白い点は、溶融した燃料は水と接触するとすぐに卵の殻を作ると思われることです。この卵の殻はでき上がった直後から強靱な仕切りとなって、少なくとも２０００℃以上はある高温の溶融炉心と、高々数百℃の水との接触を防いでいたと考えられることです。この現象は、炉心中央の溶融部分だけではなく、圧力容器の底に溶融炉心が存在したことからも明らかでしょう。

もしこの卵の殻の形成がなければ、高温の溶融炉心は水と接触して激しい熱的な擾乱《じょうらん》を炉心の随所で起こすので、事故の爪痕《つめあと》が原子炉内の至る所に残ったはずです。ところが、後ほど示すように、原子炉の内部には溶融炉心と水との熱的擾乱の痕跡がほとんどみられません。高温の炉心材料の持つ化学的性質は、水と接触して短時間のうちに卵の殻③を形成するという、非常に興味ある、また重要な性質を持つと考えられます。

この性質を強調する理由は、炉心溶融は二酸化ウラン（UO_2）の溶融温度である２８８０℃に近い超高温で起こると一般に信じられていて、水と接触すれば水蒸気爆発を起こすなどと連想する人が多いからです。しかし、これは間違いです。原子力技術者でさえそのように信じている人が多いのですが、これは現代の迷信です。

原子炉で水蒸気爆発が起きるのは、反応度事故のように、瞬間的で大きな発熱により高温物質（燃料）が溶融、蒸発して、内圧によって微粒子状に噴射された結果起きる現象です。それも周辺にある冷却材（水）が、常温程度の低い温度にある場合に限ります。ＴＭＩや福島事故のように、緩やかに炉心温度が上昇して溶けた場合には水蒸気爆発は起こりませんし、また実際に起きていません。卵の殻の存在が、この事実の証明なのです。

話を戻して、溶融炉心の温度を２０００℃以上と曖昧に書いたことには理由があります。一般に信じられている炉心溶融温度は、燃料である二酸化ウラン（UO_2）の融点である２８８０℃です。ところが、燃料棒が２０００℃くらいの高温となると、燃料本体の二酸化ウランと被覆管のジルコニウム（Zr）合金（ジルカロイ※）とが境界面で接触し、混入し合って、ウラン、ジルコニウム、酸素の3元素からなる混合溶融物を作ります。

この反応はとても複雑で極めて専門的です。しかし混合溶融物は、二酸化ウランの融点よりずっと低い温度で溶融することが分かっています。溶融温度は、構成する元素の成分比率によって異なりますが、ＴＭＩの場合は２２００℃程度であったといわれています。言い換えれば、ＴＭＩの炉心は、２２００℃近辺の温度で溶けたということになります。福島第一の場合も、炉心の溶融温度はこの程度と推測して話を進めます。

折角ですから、少し**図１・１・１**について、参考となる点を述べておきます。ＴＭＩ炉心の上部の空間に並ぶ棒状の物体⑦は、制御棒を上下させる駆動機構のカバーです。図は、多数のカバーが事故の影響を受けず、そのまま原型を保って残っていたことを示しています。この事実は、溶融炉心の熱的な擾乱がここまでは到達せず、また爆発などの破壊力が発生していなかったことの証明です。先ほど書いたように、ＴＭＩ事故では原子炉全体に大きな熱擾乱の痕跡は残されていないのです。皆さんの想像とは違う結果だと思いますが、炉心溶融とは比較的局部的に起きると考えてよさそうです。

ＴＭＩ事故では、制御棒はすべて炉心に挿入されました。制御棒の材料は融点の低い銀、インジウム、カドミウム合金（融点約８００℃）で、それを覆っているステンレス鋼の融点も１４５０℃です。制御棒材料は比較的早く溶けて、溶融炉心の周囲を囲む薄い外皮（殻）③の下半分に集まっていたとみられています。この事実は、たとえ制御棒が溶融炉心中で偏在しても炉心は再臨界にはならなかったという

※　ジルカロイはジルコニウム合金の一種。ジルコニウムは核分裂を起こす熱中性子をあまり吸収しないため、ジルコニウム合金の形で燃料被覆管やチャンネルボックスに利用されています。今後、ジルコニウム、ジルカロイ双方の表記が出てきますが、ジルコニウムという場合はジルコニウム原子の特性に着目した記述を、ジルカロイという場合は燃料被覆管などの合金特性に着目した記述をしていると考えてください。

ことの証明でもあります。

次に、溶融炉心の右側に細い棒状の物体⑧があります。これは溶融しなかった燃料集合体を描いたものです。

原子炉の発熱は、炉心の中央部分が高く、周辺部分は低いという分布を持ちます。原子炉の周辺部では核分裂を引き起こす中性子が外に漏れ出るので、その分だけ核分裂が減るためです。溶融せずに残った端っこの燃料集合体は、この発熱分布を証明しています。同様に、炉心下部も端っこですから、底部の燃料棒は温度が低いため溶融せず、不規則に打ち込まれた乱杭棒《らんぐいぼう》のような状態となって、「卵の殻」を支えています。

以上が**図１・１・１**の示す溶融炉心図の説明です。

ここで福島事故の炉型である沸騰水型軽水炉（ＢＷＲ※）の炉心構造について、ＴＭＩの炉型である加圧水型軽水炉（ＰＷＲ※）と比較しながら、相違点について簡単に述べておきましょう。**図１・１・２**をご覧ください。ＰＷＲもＢＷＲも燃料棒の長さはほぼ4メートルで寸法的には変わらないので、炉心の高さはほぼ同じです。

この同じ高さの炉心を中核として圧力容器を比較します。ＢＷＲの圧力容器はＰＷＲよりも太くて長い形体といえます。ＢＷＲの底が長い理由は、ＢＷＲでは制御棒を炉心の下から差し込む必要があるためです。この構造上の理由で、約2～3メートルほど底が長くなっています。

※ＰＷＲ、ＢＷＲの発電の仕組みについては巻末資料参照

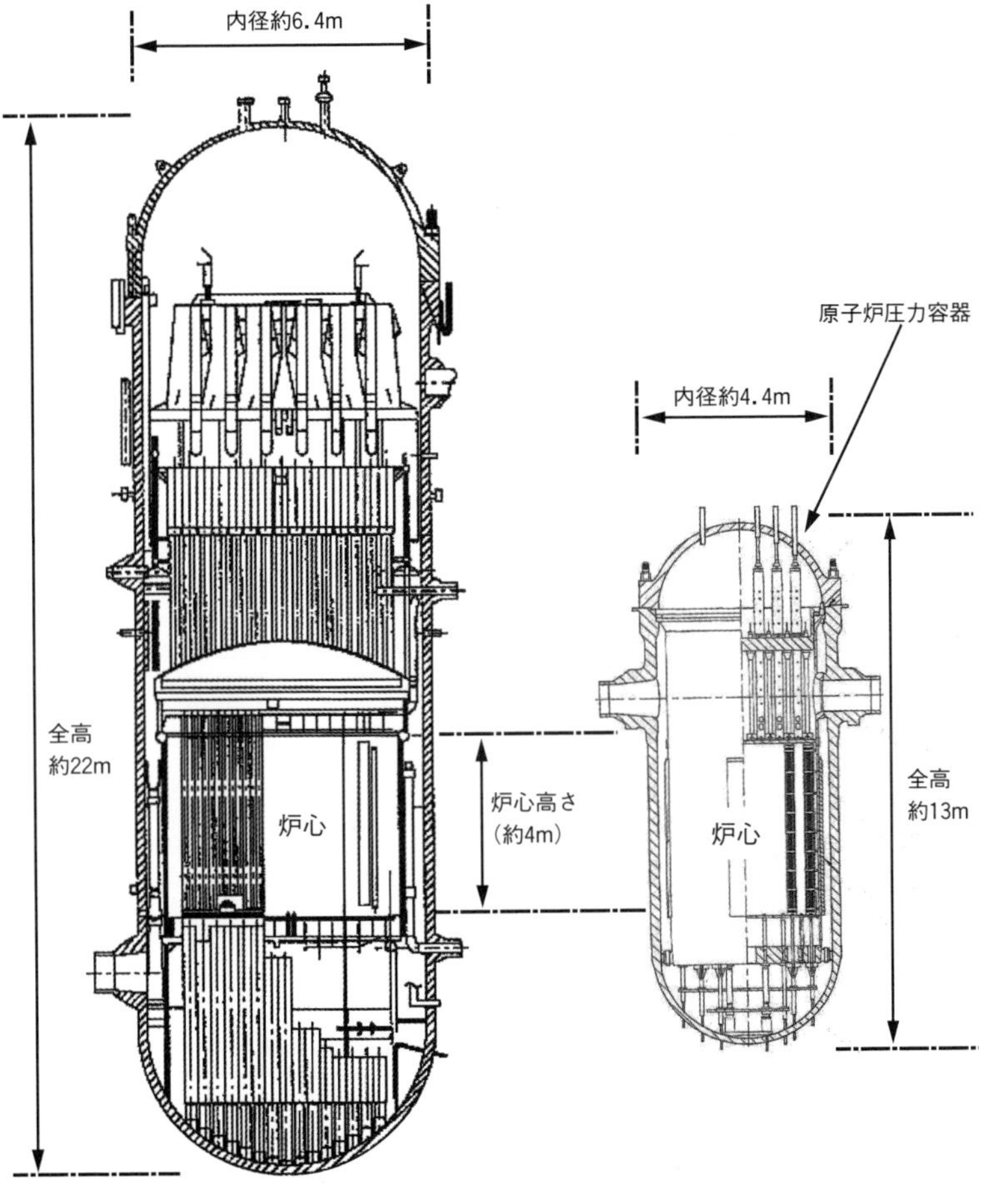

出典：BWR は東京電力『福島原子力事故調査報告書』、
PWR は「泊発電所原子炉設置変更許可申請書（３号炉)」より作成

図1.1.2　BWR と PWR の原子炉圧力容器内構造図

もうひとつの相違点は運転圧力です。ＢＷＲの運転圧力は約７メガパスカルで、ＴＭＩ（ＰＷＲ）の約15メガパスカルと比べると半分ほどです。運転圧力が低いため、ＢＷＲの圧力容器は直径を大きく作ることができます。

ＢＷＲは原子炉圧力容器が太くて長いこと、および炉心下部に制御棒を出し入れするための案内管があることから、炉内の水、特に炉心の下に存在する水量がＰＷＲよりも多いという特徴があります。この特徴が、福島第一における炉心溶融事故の進展にどのような関与をしたのか、おいおい述べていきますが、これは興味深い問題です。

2．事故時のＴＭＩ原子炉挙動

では、本題に入ります。ＴＭＩでは、どのような経過を経て、**図1・1・1**に描かれたような溶融炉心ができあがったのか、事故の詳細は省略して、そのさわりを述べておきます。

そもそもＰＷＲは、一次冷却材ポンプによって原子炉で生まれた熱を蒸気発生器に伝えるために、水を循環させる閉じた回路（ループ）を構成しています。この閉じたループの名前を、正式には一次冷却系と呼んでいます。15メガパスカルもの高い圧力の水が流れることから、原子炉冷却材圧力バウンダリとも呼ばれます。

循環する一次冷却材（水）の役目は、原子炉の熱を奪って蒸気発生器に伝えるという熱媒体です。タービン発電機を回して電気を起こす蒸気は、蒸気発生器の二次側を流れる別系統の水で作られます。これがＰＷＲの発電の仕組みです。ＢＷＲのように原子炉で作った蒸気がタービン発電機を直接回す構造ではありません。

ＰＷＲの設計の特徴は、一次冷却材に沸騰を起こさせない点です。このため、一次冷却系の圧力を15メガパスカルに保つ加圧器を備えています。加圧器は容積約40立方メートルほどのタンクで、一次冷却系の最も高い位置に置かれています。この説明は省略しますが、ＴＭＩ事故の発端は、この加圧器の天辺にある逃がし弁が開きっ放しになったことです。このトラブルに長時間気付かなかったことが、大事故に繋がりました。

高温高圧の閉ループを構築している一次冷却系の頂点に、加圧器逃がし弁という穴が開いたのです。当然、一次冷却材はこの穴から噴き出すので、一次系内の水量は減少します。水量が減れば圧力は下がり沸騰が起きます。沸騰してできた蒸気は圧力容器の頂部に溜まり、加圧器に代わって一次冷却系全体の圧力を支配するようになります。沸騰が始まると圧力の低下速度は緩くなりますが、一次冷却材の量はその後も減り続けます。

炉心溶融直前の原子炉では、炉心の水は半分くらいにまで減っていました（図１・１・３参照）。一次系の圧力も、炉心溶融の直前には4メガパスカルくらいまでに低下していました。加圧器逃がし弁が開きっ放しであることに気付き、その元弁を閉じるまで、炉心は水と蒸気の混合流（二相流といいます）で冷却されていました。

影響が最初に現れたのは、一次冷却材ポンプの振動です。回転しているポンプに蒸気が混入すると、キャビテーションと呼ばれる振動現象がポンプに起きます。キャビテーション振動は蒸気量が増えるに

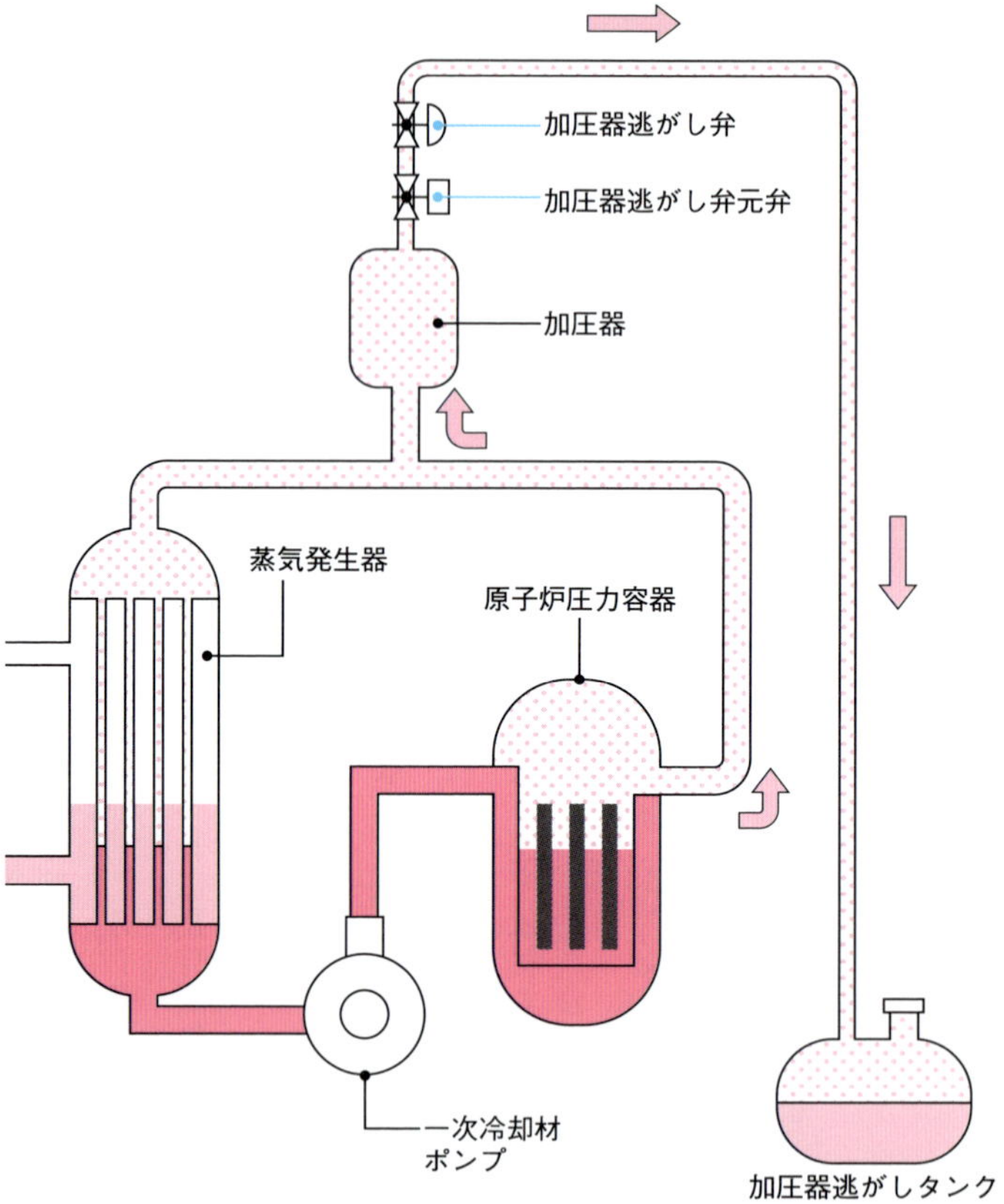

図1.1.3　TMI 事故：加圧器逃がし弁元弁閉止直前の状況参考図

従って激しくなり、遂にはポンプを壊すほどの激しいものとなります。私も日本原子力研究所時代に、研究用原子炉ＪＲＲ—２の高架水槽の試運転時に、経験したことがあります。ガリガリという大音響を伴って、ポンプが置かれた建屋を揺るがすほどの大きな振動でした。最初は大地震が起きたと思い、建屋から飛び出した思い出があります。それほど凄い振動です。

この振動に気付いたＴＭＩの運転員は、ポンプを止めました。事故後１００分ほど経過した頃です。４台ある一次冷却材ポンプのすべてが停止しました。これは誤操作ではありません。運転員として仕方のない操作といえましょう。ですが、ポンプが止まれば、炉心への水の流れが途絶え、燃料の冷却効果が失われます。当然のことですが、燃料棒の温度は上昇し始めます。

この変化を、燃料棒の側から見てみましょう。今まで冷やしてくれていた一次冷却材の流れが止まり、静止した湯に浸けられたような状態となりました。それも水量が半減していますから、冷却材に浸かっている燃料棒は下半分だけです。上半分は静水面上に顔を出しています。ただ、発生する蒸気が開きっ放しの加圧器逃がし弁に向けて流れていくため、水面より上部は蒸気の流れで涼んでいるといった状態です。例えて言えば、上半身を出して風の通る露天風呂に浸かっている状態です。「いい湯だな」と言ったかどうかは別として、まだ燃料棒は全体として冷却状態にありました。

ところが事故後１３９分、加圧器逃がし弁が開きっ放しであることに運転員が気付き、その元弁を閉じました。この開きっ放しに気付いたのは、引き継ぎのために出勤してきた交替当直員といいます。恐らく、職務の引き継ぎの時に気付いたのでしょう。

かくて、蒸気の出口が塞がれました。出口が閉じられた一次冷却系は、再び元の閉ループに戻ります。となると、原子炉の熱の行き先、出所がなくなります。崩壊熱によって原子炉の温度圧力が上昇し始めます。露天風呂が、蒸し暑いサウナ風呂になったと考えればよいでしょう。当然、燃料棒温度は上昇します。ここが炉心溶融の出発点です。

福島第一原子力発電所事故の場合も、この出発点は同じです。露天風呂からサウナへの変化、記憶に留めておいてください。

ここで崩壊熱という言葉が出てきました。この説明をしておきますので、ご存知の方は読み飛ばしてお進みください。崩壊熱とは、燃料に溜まった放射能※が出す熱をいいます。

原子燃料は核分裂を起こして熱を作り出すと同時に放射能を作り出すことはご存知だと思います。そして放射線には、アルファ（α）線、ベータ（β）線、ガンマ（γ）線という3種類があることもご存知でしょう。

たとえばγ線は、健康診断でお馴染みのX線と同じように、非常に透過力の強い放射線です。透過力があるということは、エネルギーを持っている証拠です。診療に使われるX線が電気エネルギーで作られるのとは逆に、X線もγ線も電気エネルギーに変えることが可能です。α線もβ線も同じです。皆、その本質はエネルギーです。

原子炉の運転中でも、燃料棒に貯えられた放射能から出た放射線は熱に変わります。これを崩壊熱と呼んでいます。この崩壊熱の量は原子炉出力の７％くらいあります。ですから、原子炉が停止した瞬間、核分裂による発熱はゼロとなりますが、7%の崩壊熱は残ります。放射能の減衰は半減期で定まるため、崩壊熱も時間とともに減少しますが、すぐにはなくなりません。崩壊熱の大きさは、おおよその見当として、運転停止直後で7%、1時間後に2%、1日後に0・5%、1年後に0・1%と覚えておくと、目の子計算に便利です。

崩壊熱といえば、原子力関係者の多くが炉心を溶融させるほど大きいと信じています。そう信じる理由はそれなりにあるのですが、これが誇張されて、原子炉は停止しても大きな熱を出し続けると一般に伝わっているようです。その代表例が「チャイナ・シンドローム」と呼ばれるブラックジョークです（78ページ参照）。半減期の長い放射能が生み出す崩壊熱の特徴を面白く伝えた話ですが、半減期の短い放射能の消滅によって発熱量が急速に減少することを伝えてはいません。

停止直後の崩壊熱は、停止時熱出力の7%程度です。この発熱が長く続けば、炉心を溶融しうる大きさとなるかも知れませんが、数値で示したように、崩壊熱は時間経過とともに急速に減少します。1日後には0・5%にまで減ります。ここまで下がると、もう大きな発熱とはいえません。

次章から始まる本書の主題、福島事故での炉心溶融は、最も早い1号機でも停止後丸1日以上経ってからの出来事です。これから述べるTMI事故も含めて、炉心溶融事故に関与する崩壊熱は予断を捨て

※　厳密な言葉の定義では、放射能は放射性物質が放射線を出す能力のことですが、本書では分かりやすくするため、一般的な使用に従って放射性物質も放射能と呼ぶことにします。

表1.1.1　TMI 事故の主要経緯

記号	事故発生後の時刻	
①	139分後	加圧器逃がし弁元弁 閉止操作
②	174分後	一次冷却材ポンプ（2B）起動操作
③	176分後	サイト緊急事態発令
④	192分後	加圧器逃がし弁元弁 開操作
⑤	193分後	一次冷却材ポンプ（2B）停止操作
⑥	200分後	高圧注入ポンプ起動操作
⑦	224分後	炉心溶融物質の原子炉格納容器下部ヘッドへの流下
⑧	約10時間後	格納容器内での水素爆発
⑨	約16時間後	一次冷却材ポンプ（1A）起動操作

て、さほど大きな発熱ではないと考えてお読みください。

ここから暫くは、ＴＭＩ事故での炉心溶融のキーポイントとなる一連の経緯（**表1・1・1**）を、番号付けして、順に書いておきます。これら一連の経緯が持つ意味は**本章5節**で説明しますので、ここでは目を通すだけとしてください。

①１３９分、加圧器逃がし弁が開きっ放しであることに運転員が気付き、その元弁を閉じました。その後、加圧器逃がし弁からの流出がなくなったため、原子炉圧力は徐々に上昇します。

②１７４分、先ほど停止した一次冷却材ポンプ１台を再起動しました。運転時間はおよそ19分間です。恐らく、一次冷却材圧力の上昇を食い止め、自然循環冷却を確立しようとしたのでしょう。

ところが、ポンプの再起動とともに、炉心中性子束に急激な変動がみられ、同時に急激な圧力上昇が発生しました。この圧力上昇は、２分間に５・５メガパスカルもあったといいます。後で述べますがこの時刻に炉心が崩壊、溶融を起こしました。
③176分、一次冷却材の放射能濃度が急上昇し、燃料破損が明らかになったため、サイト緊急事態が発令されました。
④192分、一次冷却系の圧力が高くなったので、運転員は加圧器逃がし弁の元弁を再び開けて、原子炉の圧力を逃がしました。
⑤193分、再起動した一次冷却材ポンプを停止しました。
⑥200分、高圧注入ポンプを働かせて、原子炉に水を注入しました。炉心はこれ以降冠水していたと考えられています。

その後、事故の約10時間後まで、運転員は自然循環冷却を確立しようと加圧器逃がし弁の元弁を開いたり、高圧注入ポンプを働かせたりの、繰り返し操作に追われますが、自然循環を阻外する原因が圧力容器頂部などに溜まった非凝縮性の水素ガスであることには気が付いていなかったようです。
⑦224分頃、溶融した炉心物質を包んでいた殻が破れて、20トン近い溶融物が原子炉容器の下部へ流下しました。これによる蒸気爆発は発生していません。

225分と230分に、小さな爆発が格納容器内の加圧器逃がしタンクで起きたと事故当初は発表されていましたが、今日ではタンクのラプチャーディスクが破壊されたと改められています。加圧器逃がしタンクとは、加圧器逃がし弁から吹き出された蒸気を冷やして水に戻す役目の小さなタンクです。いずれにしても、タンクまたはラプチャーディスクが破壊され、加圧器逃がし弁から吹き出したガスは抵抗を受けることなく格納容器に放出されるようになりました。

⑧約10時間後、格納容器内で大きな水素爆発が発生し、圧力が急上昇しました。この圧力上昇により、格納容器スプレーが作動しました。ただし、ＰＷＲの格納容器は大きな鋼鉄製の容器ですから、爆発の影響は格納容器の内部で止まっています。

⑨事故発生後16時間経って、運転員は先ほど再停止した一次冷却材ポンプのスイッチを恐る恐る入れます。確信のある操作ではなかったようですが、結果的にはこのスイッチオンが大成功でした。大きなポンプが回転を始めると、炉心の温度は急速に低下し始めました。

以上の９つの出来事のうち、①と②が炉心溶融を起こした直接経緯です。③から⑨はその直後の炉心の挙動と、それに対する運転操作です。今から、この９つの意味の説明に入るのですが、そのための準備としてさらに2つ、ＰＢＦ実験と被覆管ジルカロイの酸化反応について、理解してもらわねばなりません。読者の中には、初めて聞く話ばかりで、もううんざりかもしれませんが、ここはぜひとも辛抱してお付き合いください。決して難しい話ではありません。

3. 米国出力逸走研究施設での燃料棒溶融実験

１００万キロワット級の原子力発電所の炉心とは、４万～５万本の燃料棒を整然と並べた構造体です。炉心溶融を知るには、燃料棒の溶け方を知る必要があります。福島事故の謎解きの勉強、レッスン１は燃料棒の溶融についての勉強です。

燃料棒の溶融を実際に近い条件で実験したのが、１９７０年代後半に米国アイダホ国立研究所（ＩＮＬ）で行われた出力逸走研究施設（ＰＢＦ）実験です。実験のため特殊に作られた原子炉の中に、発電用原子炉の運転状況を模擬した流水ループを置き、その中に試験燃料を入れて、溶融状況を観察しました。その中に出力冷却不均衡（ＰＣＭ）実験といって、冷却能力以上に燃料棒を発熱させて、力ずくで溶融させようとした実験があります。参考文献〈1〉の記述に沿ってその概要を述べておきます。

針金を強く熱すると、真っ赤に焼けて、そのうちに焼き切れてしまいます。それに似た現象で、昔のボイラーの水管はよく焼き切れました。ボイラーの水管は、通常の運転状態では管内を流れる水を沸騰させるように作られていますが、ボイラーを焚き過ぎたり、管内を流れる水が減少したりすると、管の温度が急激に高くなって溶けます。この現象を焼き切れ（バーンアウト）と呼んでいます。

管の温度が急激に上がる理由は、冷却不足によって管の内壁に薄い蒸気膜ができるためで、この蒸気膜が水と管との直接の接触を阻害するため、管の温度が飛躍的に上昇して焼け切れに至ると説明されています。この温度上昇は、状況によって違いますが、数百℃から千数百℃になることもあります。

半世紀以上も昔の、原子力発電の開発初期では、燃料棒の溶融もバーンアウトにより起こると信じられていました。冷却量以上に発熱量を上げれば、燃料棒の表面を蒸気の膜が包み、水との接触を失った燃料棒は急速に高温となって溶け落ちるであろうと考えていたのです。この考え方は一般的には正しいといってよく、軽水炉の燃料棒とは材料が異なる研究用原子炉などでは、時折発生しています。この現象を英語では、Power Cooling Mismatch（PCM）、出力冷却不均衡事故と呼んでいます。

ＰＢＦでのＰＣＭ実験は10件ほどあります。ＰＣＭ―１実験はその最初のもので、長さ約90センチメートルの燃料棒の発熱を定格出力の5倍にまで上昇させて、バーンアウトが起きる状況を観察しようという試みでした。ところが実験してみると、平均温度１５００℃の灼熱状態が15分間も続いても、燃料棒は焼き切れません。計算では、燃料表面の最大温度は約２０００℃に昇り、白熱しているはずです。二酸化ウラン（UO_2）ペレットも、芯となる内側の8割くらいは溶融点を超えて、溶けているはずです。水管ボイラーでいう焼き切れ熱流束は十分に超えた状態なのですが、それでも燃料棒は一向に破損する気配を見せません。

結果は8分ほど経った頃、僅かな放射能がループの中で検知されました。変化はそれだけです。今日我々が使っている軽水炉の燃料棒は、なかなか焼き切れないのです。放射能の検知以外、何の変化もありませんので、今回はここまでと諦めて、原子炉を停止した途端に異変が起きました。冷却材の流量が急激に低下するとともに、大量の放射能がループ内に拡散したのです。燃料棒に破損が起きたのは明白です。

「灼熱状態では壊れなかった燃料棒が、原子炉を止めて冷えた途端に壊れた。その証拠に放射能が出た」。これまでに聞いたこともない、不思議な壊れ方です。

実験ループを開いてみたところ、真っ黒に焦げた燃料棒がバラバラに壊れて（**図１・１・４**）積み重なった状態になっていました。黒焦げの皮で包まれた燃料のペレットは、形状に多少の壊れや割れが観察されましたが、おおむねその形体を留めていました。ペレットの内部が溶融状態にあったと計算され

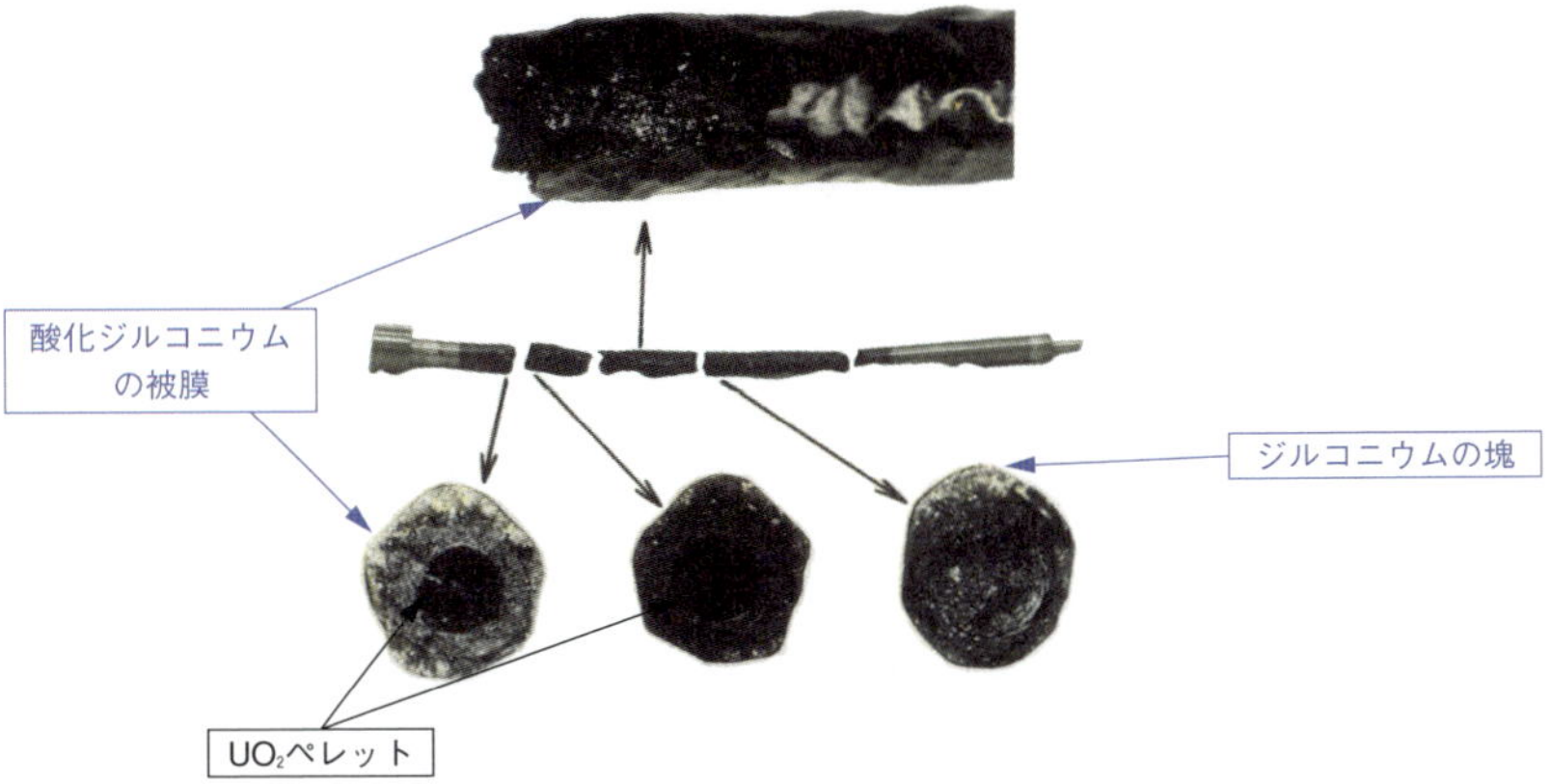

図1.1.4　NSRR実験における燃料棒の酸化および分断状況図

ているにも関わらず、積み重なったペレットが溶着し合った痕跡はなく、ペレットとペレットの間にはむしろ水の流れる隙間が形成されていたといいます。ループの流量が低下したのは、崩落した燃料がバラバラに山積みとなったために生じた抵抗の増大ですが、その隙間を冷却材は流れて燃料を冷やしていたのです

この「燃料棒は冷えて壊れる」という実験結果は、その後のＰＢＦ実験でも度々起きました。それは、後ほど紹介する日本のＮＳＲＲ実験でも同じでした。というより、私はこれまで25年間も事故時の燃料棒挙動についての実験に従事してきましたが、燃料棒がどろどろと溶けて流れ落ちるという、テレビ映像のような結果に出合ったことは一度もありません。

他の壊れ方に、燃料棒の被覆管が内圧で破裂して、中にあるUO_2ペレットが粉々になって炉内に噴出するという、違った型の燃料棒破壊はあります。この破壊は、主に暴走事故と呼ばれる事故で起きる燃料破壊です。この時、噴射された高温のUO_2粒子によって、水蒸気爆発が起きます（水素爆発ではありません、混同しないように）。これが、１９６１

年、米国で起きた有名なＳＬ―１事故での破壊原因です。興味のある方は、拙著『原子炉の暴走』を参照ください。

燃料棒は冷えて壊れる。これは軽水炉燃料棒についての実験的事実です。この理由は後ほど説明しますが、軽水炉燃料棒を構成する材料の特殊性にあります。

話をＰＢＦでのＰＣＭ―１実験に戻します。

後日の分析試験から、これまでは考えられていなかった、燃料溶融についての大切な実験事実がいくつか見いだされました。その主要な知見を述べておきます。[1] ただすべてが、福島の事故解明に直接関係する部分ではありませんので、今は目を通すだけで結構です。

第一の知見は、実験開始から８分後に検知された放射能の放出は、燃料棒の最高温度部分の燃料被覆管約10センチメートルが、高温によってβジルカロイの酸化が進み脆い酸化ジルコニウムに変化して、破損していたためと分かったことです。この部分の燃料ペレットは、外周の約15％を残して、内部の約85％が溶融していたといいますが、溶融した燃料が冷却水中に放散された痕跡は全くなかったとあります。この理由は、密着した酸化ジルコニウムが接着剤の役目を果したためと考えられています。

第二の知見は、放射能の放出が少なかった理由です。被覆管が壊れていた燃料中央部分の約10センチメートルほどを除いて、被覆管酸化膜がペレットに密着して、放射能が漏れ出ない気密状態を構成したためといいます。このため、被覆管とペレットの隙間（ギャップ）に存在する放射能は、上下にある端栓部分の空間に閉じ込められて、冷却水中に放出されなかったと推測されています。

第三の知見は、中央の溶融部を除く比較的温度の低い、燃料棒の上下部分の様相です。そのうちの約25％は粉々になって炉心外に流出していましたが、それ以外の部分は、表面が酸化ジルコニウム（ZrO_2）の被膜に締め付けられた状態で（**図1・1・4**）、分断してループの下に落下していました。粉々になった燃料は、実験が終わった後に炉心外に流出したもので、先程述べたように、例えば水蒸気爆発といった熱的な擾乱による影響は、実験中には検知されていません。

なお、**図1・1・4**はPBF実験の写真ではなく、ペレットに密着した酸化膜の様子をより明確に示すために、後ほど述べる日本のNSRR実験の結果を代用して示しました。

第四の知見は、被覆管本体のジルカロイ合金が、酸化ジルコニウムの被膜に包まれた塊となって、燃料棒の所々に存在していた事実です。その多くは二酸化ジルコニウム（ZrO_2）となっていましたが、これについては後ほど詳しく述べます。

何が何だかよく分からない、これが読者の本音でしょう。でも、ここで諦めては福島事故での炉心溶融は理解できません。これからの説明を読んで貰えば「なーんだ」ということになります。内情をお話しすると、PCM実験の担当者達も実験の直後は何が何だか分からず、困っていました。

この実験結果のトリック、からくりは酸化ジルコニウムの薄い被膜の性質にあります。

読者は「湯葉」をご存知でしょう。大豆タンパク質が熱凝固したもので、店で売っている時は乾燥していてバラバラに折れやすい品物ですが、煮ると粘り気のある膜となり、中に具を包めるほどしなやかになります。これから述べて行きますが、乾燥状態の湯葉を脆《もろ》い低温時の酸化ジルコニウム、煮た状態の湯葉を強靭な高温時の酸化ジルコニウムとイメージされるとよいでしょう。湯葉を知らない若い人は、牛乳を鍋で温めて観察するとよいでしょう。牛乳は沸騰直前に、表面に薄い被膜を作りますが、この被膜は粘っこく意外に強靭で、破れません。

一般的に酸化物は、高温状態では粘っこく強靭ですが、冷えると脆くなる性質があるといわれています。燃料棒の被覆管に使われているジルコニウムの酸化物も、実はこの性質が強いのです。

研究者達がこの性質に気付いたのは実験後のことです。ＰＣＭ―１実験は燃料を灼熱させて、ボイラーの水管のような焼き切れ現象を見ようと試みたものでしたが、焼け切れは起きませんでした。原子炉の燃料は高温になると、強靭な酸化被膜を表面に作り、焼き切れを防ぐのです。薄い被膜がしぶとく粘って、真っ赤になりながらも燃料形状を保持しているのです。

このジルコニウムの酸化被膜は非常に緻密で、一度表面にできると、その内側に容易に水を通しません。しかもその融点は２７００℃に近く、本体であるジルコニウム合金（ジルカロイ）の融点約１８００℃より、ずっと高いのです。これが、からくりのミソです。

燃料棒の発熱を焼き切れる5倍も高くして、15分間も実験を続けても被覆管が焼き切れなかったのは、この薄い被膜の融点が高く、かつ強靭で、高温の燃料と水との接触を文字通り皮一枚で防いでいたからです。被覆管が脆くなって壊れても、中から放射能が大量に出てこなかったのも、緻密な酸化膜がペレットに密着していればこその芸当です。実験後の所見で見られた、バラバラになったペレット表面に密着していた、黒色の薄い被膜がその名残です（**図１・１・４**）。この知見はＴＭＩの炉心溶融を解明する上で非常に大切な事柄です。

崩壊した燃料は、互いに溶着せず、塊となっていませんでした。燃料棒は崩れた積み木細工のように重なりあってはいましたが、その間を冷却材が縫うように流れる隙間を持っていました。

バラバラに壊れたのは、冷えると脆くなるという酸化物の性質の成せる業です。高温では強靱だった酸化被膜は、原子炉の停止によって冷えて、脆くなりました。脆くなった酸化被膜は、冷えて収縮する過程で、ひび割れが生じて破れました。燃料棒を締め付けていた強靱な被膜が、所々で破れてちぎれたのです。その場所の多くは、ペレットとペレットの狭間でした。このようにして、酸化膜という強靱な結合帯を失った燃料棒は、ペレットの境界でバラバラとちぎれて（分断と呼びます）、崩落していったのです。

このように、燃料棒は冷えてから分断しましたので、バラバラに積み重なっても互いに融着せず、水がちょろちょろ流れる隙間を残しました。この知見も非常に重要です。ぜひ記憶に留めておいてください。英語ではこの流路のことをコミュニケーションパスと表現していますが、言い得て妙の上手い表現です。

以上が、燃料棒の溶融実験、ＰＣＭ―１の実験結果とその説明です。福島の炉心溶融を考える上で欠かせない知見です。その要点をまとめておきます。

原子炉の燃料棒は力ずくで加熱しても、なかなか溶融破損しないのです。この理由は、二酸化ウランの融点が２８８０℃と非常な高温であることによりますが、もうひとつ、燃料被覆材であるジルカロイが酸化して、融点約２７００℃の強靱な被膜を作ることにあります。被膜は冷えた途端に脆くなって壊れます。また、酸化ジルコニウムは溶融した二酸化ウランに入り込んで接着材となり、燃料棒の形状を崩さない働きをします。

過熱された燃料棒の壊れ方は、焼き切れて溶融するのではありません。冷えて酸化膜が破れて分断するのです。従って、分断によって崩壊した燃料棒は、表面が冷えていますので互いに融着せず、間を流れる水によってさらに冷やされていきます。

これまでに経験したことのない、工学上の一般常識と全く違う壊れ方ですが、その理由が、被覆管材料であるジルカロイの酸化被膜の特性にあることはお分かりいただけたと思います。これから述べるＴＭＩ炉心も、このプロセスを経て溶融に至るのですが、それを理解するにはもうひとつ、**次節**のジルカロイの酸化膜についての勉強が必要です。

４．ジルカロイ酸化と燃料様相の変化

最初は、中学校で習った酸化、還元の話です。ジルコニウムは、温度が８００℃くらいになると、水または水蒸気と反応して酸素を奪い、酸化ジルコニウムの被膜を作り始めます。逆に、還元された水は酸素を失い、水素に還元されます。この水素が、福島第一でも、チェルノブイリでも、爆発を起こして世界を驚愕に陥れた張本人です。

ジルコニウムの酸化反応の研究成果は、内容も膨大で複雑なため、ここでは簡略に説明します。

まずジルコニウムは、温度が高くなるにつれて酸化反応が活発となり、反応速度が増大することによ

って、形成される酸化被膜の厚さが増していきます。温度が１３００℃を超えると、反応が止まらなくなるといわれています。言い換えれば、１３００℃以上ではすべてのジルコニウムが酸化し尽くすまで、水との反応が続くことになります。その理由は、ジルコニウムと水の反応が非常に強い発熱反応であるからです。１モル当たり５８６キロジュールという大きな反応熱が出ることによって、発熱が反応を呼び、反応が発熱を促すという、正のスパイラル現象が起きるのです。

話は少し横道にそれます。原子力発電所の安全審査の判断は、設計基準事故（ＤＢＡ）の解析結果を基に下されています。そのＤＢＡの一つである冷却材喪失事故（ＬＯＣＡ）の判断基準に、燃料被覆管最高温度が１２００℃以下であることが定められています。これは世界共通で使われているルールです。その設定根拠がいま述べた被覆管の酸化反応の知見で、被覆管の酸化反応が止まらなくなって炉心溶融が起きるのを防ぐ目的で、１３００℃から安全余裕１００℃を差し引いた値、１２００℃を安全上の制限値として定めたのです。

これについては、冷却材喪失によって空になった炉心温度が１２００℃を超えると、炉心が再冠水した時、冷却時の熱衝撃で被覆管が破断するのを防ぐため、と教える説明もあります。これは被覆管の酸化脆化から述べた説明です。

ところで我々は、ＰＣＭ—１実験を学びました。燃料表面温度が１５００℃を超えても燃料棒は溶融せず、８分間も保持された事実を知っています。一方安全基準では、ジルコニウム温度が１２００℃以上になると酸化反応が止まらなくなり、燃料棒が溶融するといいます。一体どちらが本当なのか、読者は惑われることでしょう。

正確にいえば、どちらも正しいのです。ただ、前者は実物燃料を用いて実際の原子炉で起きる状態を模擬した実験であり、後者はジルカロイの性質を調べるための理想的な実験で、相互に違った実験ですから、出てくる答えも違ってくるのです。

禅問答はやめて、具体的に示しましょう。１３００℃になると被覆管が溶融するという知見は、基礎データを得る目的で、予め温度を１３００℃に上昇させたジルコニウムを、水と反応させることで得られた答えです。ところが、原子炉で使われている燃料棒のジルカロイ被覆管は、一足飛びに１３００℃にはなりません。１３００℃に達するには、たとえば1秒毎に1℃上昇していくといったような、そこに至るまでの温度履歴があります。この差が、２つの結果に違いを与えているのです。

ところが困ったことに、この安全審査での判断基準として使われている１２００℃という基準値があまりにも有名となり過ぎたために、ジルカロイ被覆管の表面温度が１２００℃を超えると炉心が溶融すると思い込んでいる原子力関係者が意外と多いのです。

この思い込みが大変な間違いであることは、ＰＣＭ実験を勉強した我々は知っています。実物燃料は１５００℃を超えていても、燃料棒は溶融しませんでした。炉心内で毅然と立っていました。その理由は、燃料棒の温度上昇は一足飛びに１５００℃になるのではなく、温度上昇していく過程で酸化被膜が燃料表面に形成されていくからです。この酸化膜に邪魔されて、被覆管の内部にあるジルコニウムは直接水と接触できないため、それ以上の酸化は徐々にしか進みません［備考注釈１―１］。水蒸気とジルカロイとの間に酸化膜があるために、ゆっくりとしか反応できないのです。１２００℃という安全審査での基準値は、酸化反応が早くならないように余裕を持って定められた値なのです。

さて、ここで**本章2節**で述べた溶融直前のＴＭＩ燃料棒を思い出してください。温泉に浸かっていた燃料棒の話です。

燃料棒の下半分は静止した冷却材に浸かっています。燃料棒の上半分は、開きっ放しになっている加圧器逃がし弁から流れ出る蒸気で、冷やされています。事故後約１００分が経過した頃ですから、炉心の崩壊熱は定格出力の１・３％程度にまで下がっています。また原子炉圧力も、加圧器逃がし弁からの吹き出しによって、約４メガパスカル程度にまで下がっていました。

以上の状況から、燃料棒の下半分の温度は、浸かっている冷却材とほぼ同じの２５０℃程度と見ておいて間違いありません。上半分はそよ風による冷却です。睨み算ですが、最高部分の温度を５００〜６００℃くらいと見ておきましょう。平均的には４００℃くらいです。この炉心状態では、燃料棒に何の変化も起きません。通常の運転状態と変わるところのない健全な姿です。

この時の炉心状態を絵に描きますと、水面から出ている約４万本の燃料棒は碁盤の目のように整然と並んで林立しています。その周囲をゆったりと蒸気が流れて、燃料棒はそよ風に吹かれている、穏やかな風景となります。

①１３９分、ＴＭＩの運転員は加圧器逃がし弁が開きっ放しであることに気付いて、加圧器逃がし弁の元弁を閉じました。

その途端、元弁から流れ出ていた蒸気が止まります。燃料棒を冷やしていたそよ風は失われ、露天風

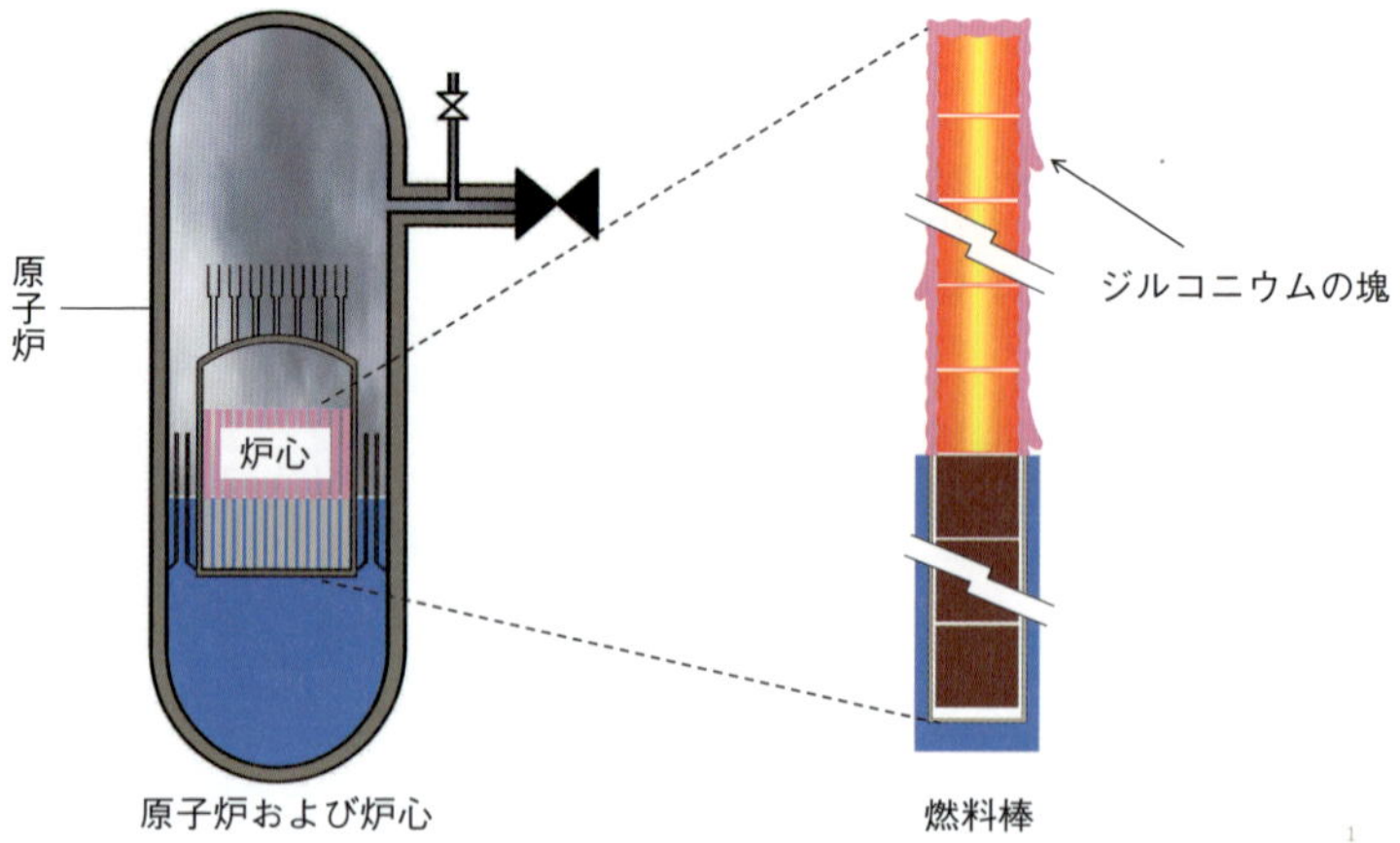

図1.1.5　ＴＭＩ事故、冷却水注入直前の炉心状態図

呂は一転してサウナに変わりました。この状態を図示すると**図１・１・５**のようになります。水に浸かっている燃料棒の下半分に変化はありませんが、上半分はサウナで蒸されるだけでなく、自分が発生する約１％の崩壊熱によって、１秒間に０・７℃程度のスピードで温度が上昇し始めます。ここがＴＭＩ事故での炉心溶融の出発点です。

このＴＭＩの炉心状態を出発点として、被覆管の基本的な挙動を模式的に述べておきましょう。

図１・１・６をご覧ください。ＴＭＩ事故時の被覆管温度と燃料棒の状態を、模式的に描いた絵です。図中の点線は、炉心の液面を示しています。また図中の「被覆管温度」は、蒸気中にある燃料棒の被覆管温度で、水中のものではありません。なお、原子炉停止後２時間の崩壊熱は、燃料棒温度を１秒間に０・７℃ほど上昇させる程度の微少な発熱ですから、燃料ペレットの温度は被覆管温度と同じと考えてください。

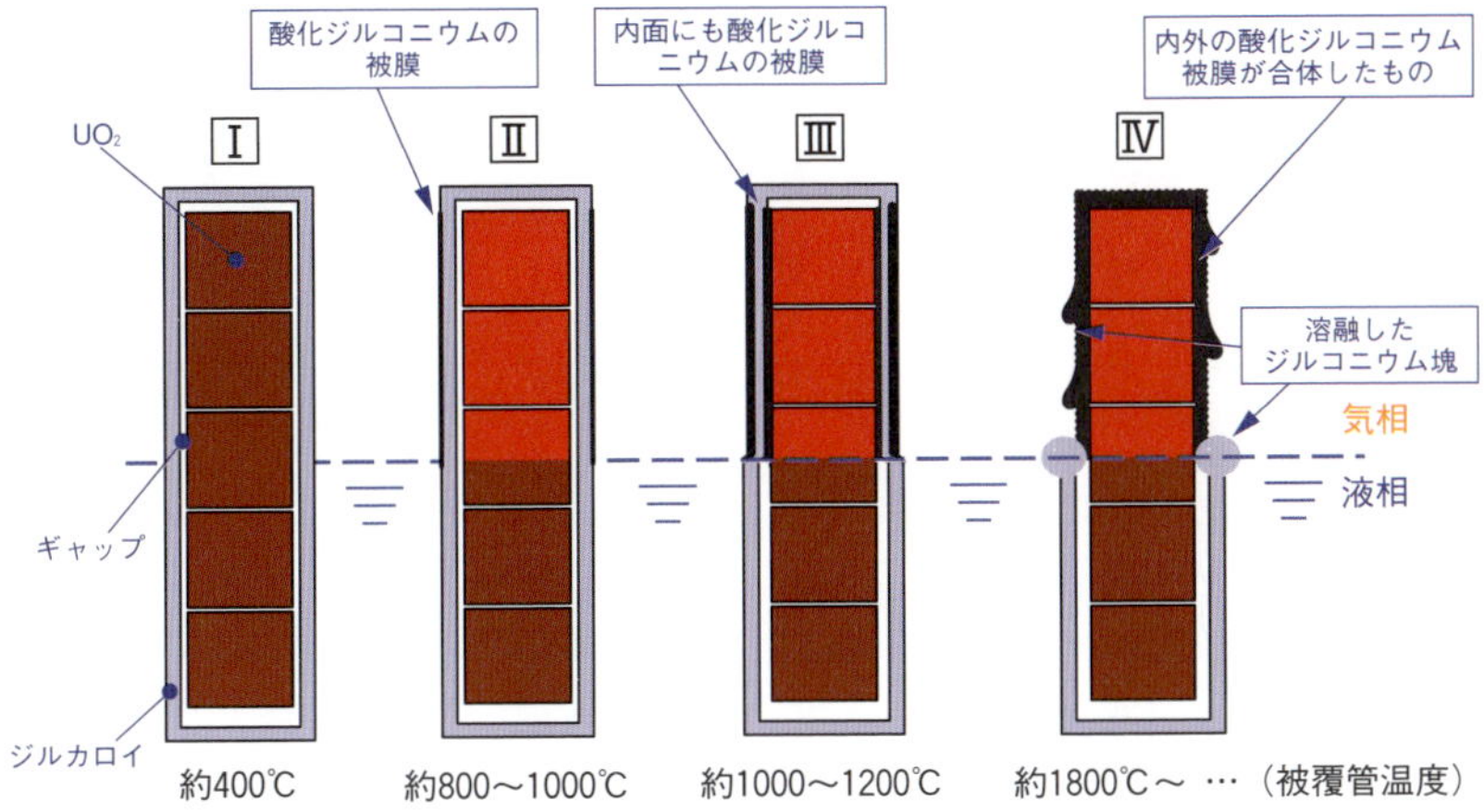

図1.1.6　事故時の被覆管温度と燃料棒の状態図

では、図の説明に移ります。

Ⅰ被覆管温度400℃の燃料状態は、TMI事故後100分の状態です。被覆管はまだ酸化しておらず、燃料ペレットもまた健全な状態にあります。ペレットと被覆管の間にはギャップと呼ばれる狭い隙間があって、そこにペレットから出てきた気体の放射能が滞留しています。この状態では、通常の運転状態にある燃料棒と変わるところはありません。

Ⅱ被覆管温度が800～1000℃になると（温度上昇開始の約10分後）、被覆管の表面を酸化被膜が覆い始めます。常温では酸化膜は黒色ですが、原子炉の中では真っ赤になっていたことでしょう。酸化膜の内側にある被覆管本体は健全な形態を保っていますが、温度の高まりとともに幾分柔らかくなり始めたでしょう。なお、酸化膜（ZrO_2）の融点は約2700℃で、被覆管本体のジルコニウムの融点（1740℃）より大幅に高い値です。

Ⅲ被覆管温度が1000～1200℃くらいになると

（温度上昇開始の約13分後）、管本体が柔らかくなって変形し始めます。これはＰＣＭ―１実験でも見られた現象です。燃料棒の周囲には冷却材の高い圧力がかかっているので、柔らかくなった管は圧されてペレットに密着します。管内面がペレットと密着すると、内面のジルカロイは二酸化ウランを還元して酸化被膜［備考注釈１―２参照］を作ります。つまり被覆管の内外両面に酸化被膜が形成されたわけで、その中にある被覆管本体のジルカロイは、酸化膜に挟まれたサンドイッチ状態となります。

なお、この状態から温度がさらに高まると、管内面の密着部分には、酸化被膜だけではなく、ウラン、ジルコニウム、酸素の３元素混合溶融物（合金）などが形成されていきます。この現象についての説明は省きますが、サンドイッチ状態はそのまま続いています。以降の燃料溶融の現象説明では、これらを一括して酸化膜として話を続けます。

Ⅳさらに温度が高まって、ジルコニウムの融点１７４０℃を超えた燃料棒の絵です（温度上昇開始の約25分後）。サンドイッチの中身の被覆管本体であるジルカロイ金属は溶融して、酸化膜の間を流れ落ち、部分的に集まって溜まりを作ります。このためジルカロイの集塊部分は変形して、燃料棒は凸凹のある形に変形します。逆に、ジルカロイの流れ去った部分は、内外２枚の薄いサンドイッチの被膜が圧着して１枚の酸化膜となり、内部のペレットを強く締め付ける働きをします。この現象もＰＣＭ―１実験でみられました。それはまるで、薄い料理用のラップで巻き締めるようにペレットを固定するので、燃料棒の直立状態に変化は起きません。燃料棒は蒸気の中で直立状態を続けているのです。

　このⅣの燃料棒状態こそ、炉心崩壊に繋がる直前の状態です。

　まるで見てきたような説明ですが、この模式図の正しさを示す実験写真があります（図1・1・7）。NSRR実験といって、旧日本原子力研究所（現日本原子力研究開発機構）が行った、反応度事故（RIA）についての燃料実験[2]の写真です。NSRR実験についての説明は省きますが、1970年代後半からPBF実験と協力して、原子炉事故時の燃料挙動を解明した実験として世界的に知られた研究です。**図1・1・7**は、これまで説明した**図1・1・6**の模式的な燃料状況、ⅠからⅣに対応した実験結果を示した写真です。先ほどから説明してきた模式的な燃料棒状況が、思考上の産物ではなく、実際に起きる現象であることが分かると思います。

　以上の説明をPCM―1実験に当てはめて検証しておきましょう。燃料棒を定格出力の5倍の出力で15分間も実験された燃料棒は、全体が灼熱状態の状態Ⅳに相当します。表面には薄い酸化膜ができて、ペレットを締め付けていました。その内側にある被覆管本体のジルカロイは溶けて所々に分散して集まり、円筒形だった燃料棒の表面は凸凹となって直立していました。被覆管は剛性こそ失っていますが、酸化膜の締め付けでPCM―1の燃料棒が15分間直立したままであったことは、実験データに何の変化もないとの報告から明らかです。

　実験を終えて発熱がなくなった途端に、燃料棒は冷却材で冷やされます。脆くなった酸化膜は冷えて

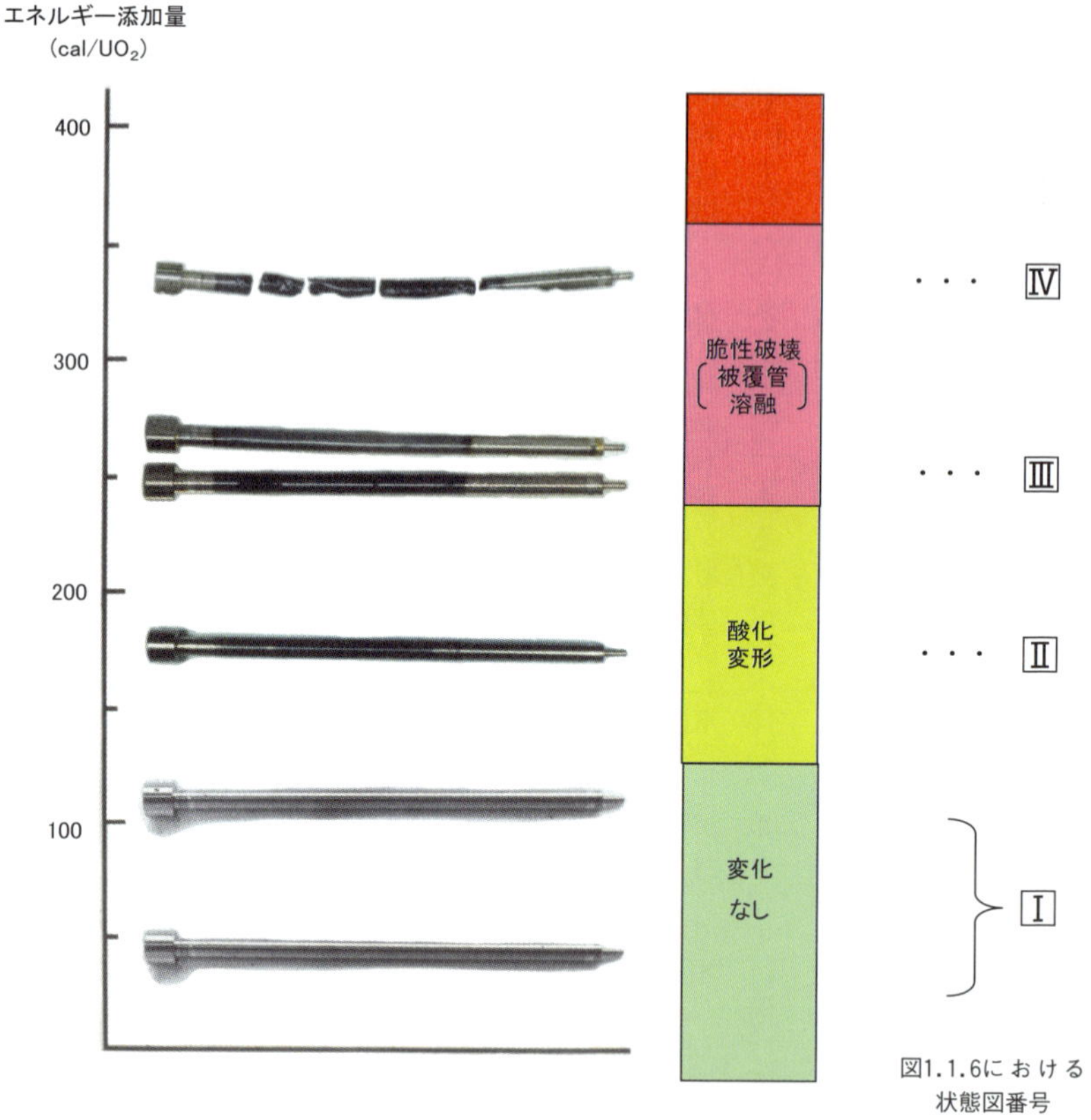

図1.1.7　NSRR 実験結果にみる燃料棒状態図

収縮して割れて、締め付け機能を失いました。このため燃料は分断され、バラバラに崩壊し（**図1・1・7のⅣ**）、冷却材中には大量の放射能が出てきました。中央の溶融していた燃料部分も、酸化ジルコニウムの密着作用によって、燃料棒形状を保ったまま分離したとあります。これが**本章3節**で説明したPCM―1実験での燃料破損の説明です。

[備考注釈1―1]

酸化被膜が存在しても、被覆管温度が上昇すると内部への酸化は徐々に進行します。その酸化速度は管外壁を流れる蒸気流量の影響はほとんど受けずジルカロイ内部での酸素の拡散速度に支配されるため、ジルカロイ被覆管の温度が高いほど大きくなります。また、温度約1600℃を境に酸化ジルコニウムの結晶構造に変化が生じるため、酸化速度は急速に増大します。ジルカロイ被覆管の温度と被覆管が酸化されるに要する時間の関係を添付表に示します。

ところで、TMI事故で分断が起きたと予想される1500℃くらいの温度では、ジルコニウム被覆管全体を酸化させるに必要な時間は（PWR被覆管厚さ約0・6ミリメート

表1.1.2　ジルカロイ被覆管の温度と酸化される時間との関係

温度（℃）	ZrO_2の結晶系	Φ_{Zr}（酸化するジルコニウム厚さ）に至る時間		
		Φ_{Zr}＝0.5mm	Φ_{Zr}＝1mm	Φ_{Zr}＝1.5mm
1,000	正方晶系	62h（2.6日）	246h（約10日）	553h（23日）
1,100	〃	22h	87h（3.6日）	196h（8日）
1,200	〃	9h	36h（1.5日）	81h（3.4日）
1,300	〃	4h	16h	36h
1,400	〃	2h	8h	18h
1,500	〃	1.1h	4.4h	10h
1,600	立方晶系	12分	46分	1.7h
1,700	〃	6分	25分	56分
1,800	〃	3.5分	14分	32分
1852（MP）	〃	3分	11分	25分

ル、同ＢＷＲ約０・８６ミリメートル）優に1時間を超えます。この時間はＴＭＩ炉心がサウナ状態となって燃料棒温度が上昇していった時間約35分と比べると、時間的にも温度的にも十分長く高いことが分かります。言い換えれば、酸化は被覆管全体に及ぶものでなく、表面の一部を形成する程度であったことが分かります。この比較から、本書では複雑な計算を避け、いったん被膜ができるとその内部に酸化は進行しないとして説明します。

［備考注釈1―2］
ジルコニウム被覆管内面と二酸化ウランペレット表面との接触面の様相は（厚さがマイクロメートルオーダーでの話ですが）、専門的には極めて複雑です。ウランがジルカロイ層に入り込んだり、ウランにジルコニウムが入り込んだり、さらには酸素がジルカロイ層に入り込んでαジルカロイと呼ばれる材料に変わったり、還元されたウラニウム金属が溶けたりと、とても複雑なことが起きています。ただ炉心溶融に至る前は、これら複雑な境界面の背後（ジルカロイ側）にαジルカロイの層があります。αジルカロイは、被覆管本体であるジルカロイ合金よりも溶融温度が高く、被覆管外側表面の酸化ジルコニウム被膜と同様、サンドイッチを作るための膜の役目をします。この結果を利用して、本書では難解な説明を避けるため、すべてをひっくるめて酸化膜と記載しました。

5．ＴＭＩ炉心の溶融

いよいよＴＭＩ事故について、時系列に沿って詳しく説明します。もう一度、**表1・1・1**を参照してください。

①１３９分、加圧器逃がし弁の元弁が閉められて、湯気の流れる露天風呂は一瞬にしてサウナ風呂に変わりました。液面の上に顔を出していた燃料棒の上半分は、温度上昇によって被覆管表面に酸化膜ができはじめます。

　１７４分直前、運転員が一次冷却材ポンプを再起動する前の原子炉状況は、加圧器逃がし弁の元弁を閉めてから、25分近くもサウナ状態が続いています。恐らく炉心上半分の燃料棒温度は１５００℃を超えた灼熱状態になっていたでしょう。ＰＣＭ実験と同様の灼熱状態Ⅳです。燃料棒はまだ直立していますが、円筒形だった表面に凸凹ができ、所々にジルコニウムの塊ができていたでしょう。

②１７４分、運転員が一次冷却材ポンプを起動し、炉心に大量の冷却材が流れ込みました。灼熱した燃料棒に冷や水が浴びせられたのです。

③１７６分、一次冷却材の放射能濃度が急上昇し、燃料破損が明らかになったため、サイト緊急事態が発令されました。

　もう説明は不要でしょう。燃料棒が急冷され、酸化した被覆管が脆くなり、水面上に林立していた燃料棒はバラバラになって崩落しました（**図1・1・7のⅣ**）。その証拠が中性子束の急激な変動です。炉心形状が崩れたので、計測器に入ってくる中性子束に乱れが生じたのです。

　この崩落で迷惑を被ったのは、水面下近傍にある健全な燃料部分です。これまで水面下にあった燃料棒部分は、発生する崩壊熱が水に伝わるので、その温度は冷却水温度とほぼ同じの２５０℃程度に保たれていました。ここに、天井からバラバラと灼熱した燃料破片が降ってきて、山積みとなって覆い被さってきたのです。水面近傍の燃料棒にとっては文字通りの青天の霹靂《へきれき》です。これまで上に抜けていた蒸気は山積みの燃料破片に遮られて停滞し、熱の除去が思うに任せない状態となったのです。

　それだけではありません。上から降ってきた灼熱燃料の熱が水面近傍で放散されます。これに加えて、高温ジルカロイと水の反応がこの場所を主戦場として始まったのです。分断された燃料棒の断面には、これまで酸化被膜によって保護されてきた高温のジルカロイが露出し、水との反応が始まります。さらに悪いことに、所々に塊を作っていた高温ジルカロイが流れ出て、大きな反応熱を発生させたに違いありません。

ポンプの作動によって大量の水が炉心に送られた結果、燃料棒が分断し、露出した大量の高温ジルカロイが液面付近を主戦場として活発な反応を開始したのです。液面付近の燃料部分やデブリ破片は、この反応熱で一挙に温度上昇して、あちらこちらで溶融しました。これまで水面下で健全な形態を保っていた炉心下部の被覆管も、この熱によって温度上昇して、反応に加わったことでしょう。このジルカロイ被覆管の発熱量が、内部の燃料本体である二酸化ウランを溶融させるに十分な大きさであることは、既に述べたとおりです。

ＴＭＩの炉心はこのようにして溶融し、**図１・１・１**に描かれた、卵の殻に包まれた様な形状と化したのです。卵の殻の形成過程はよく確かめられてはいませんが、推測が許されるならば、先ず殻の下部（鍋の底）が出来上がり、次いで散在した高温ジルカロイと水の反応によって作られた浮遊溶融物が合体連合して、鍋底の上部を覆う被膜（卵の殻）が比較的短時間に作られたのではないかと考えています。恐らく、この卵の殻形成のプロセスでは、ジルカロイの持つ溶融時の挙動が大きな役割を果たしたのではないかと考えています。

反応の終了によって反応熱がなくなるので溶融部分は急速に固化します。卵の殻は水による冷却と輻射放熱によってその厚みを増しながら、集合体によって殻を完成していったと推測しています。殻の中に取り込まれた炉心材料は、卵の殻が果たす坩堝《るつぼ》としての効果と、自らが出す崩壊熱によってゆっくりと温度上昇して溶け、最終的には比較的均質な溶融合金になったと考えます。

坩堝形成までの時間を短時間と考えたのは、ジルカロイ水反応による急激な圧力上昇の時間が約2分間であったことからです。融点が２０００℃以上などという高温の溶融物が出す輻射熱は非常に大きいので、発熱がなくなった途端に、溶融物は表面から冷えて固化します。反応で作られた溶融物の合体連合が比較的早いと考えたのはこの物理的性質からです。また、卵の殻の中で炉心溶融が起きたと考える理由は、内部の溶融物が均質であったという事実からです。このＴＭＩの知見に加え、融点が約１５００℃以上の高温物質は、坩堝なしで溶融させることは不可能という工学的常識も加わります。

以上の考察から、最初に水と反応してできた化学物質が坩堝を形成し、その中に取り込まれた炉心材料がゆっくりと溶融したと考えると、**図１・１・１**に描かれたスケッチの多くが合理的に説明できます。特に、図の説明で紹介した「炉心溶融に伴う熱的な擾乱が小さかった」という外見上の所見は、溶融が坩堝の中で起きたという事実の傍証でもあります。

興味深いのは卵の殻の上に堆積したデブリ燃料破片の集積です。このデブリの多くは、恐らく灼熱状態にあった燃料棒の上部で、被覆管本体であるジルカロイ金属が流れ落ちて、なくなってしまった部分（状態Ⅳ）と考えます。このデブリ燃料の破片は、反応熱を出すジルカロイ金属がなくなったものが多いので分断しても互いに溶着することがなく、デブリ状態のままで残ったと考えられます。炉心上部の燃料であった故に、デブリは卵の殻の上に崩落したと考えてもよく、卵の殻ができた時点ではまだデブリは炉心上部にあって分断する前の灼熱林立状態にあったと考えられます。その後の冷却によって分断

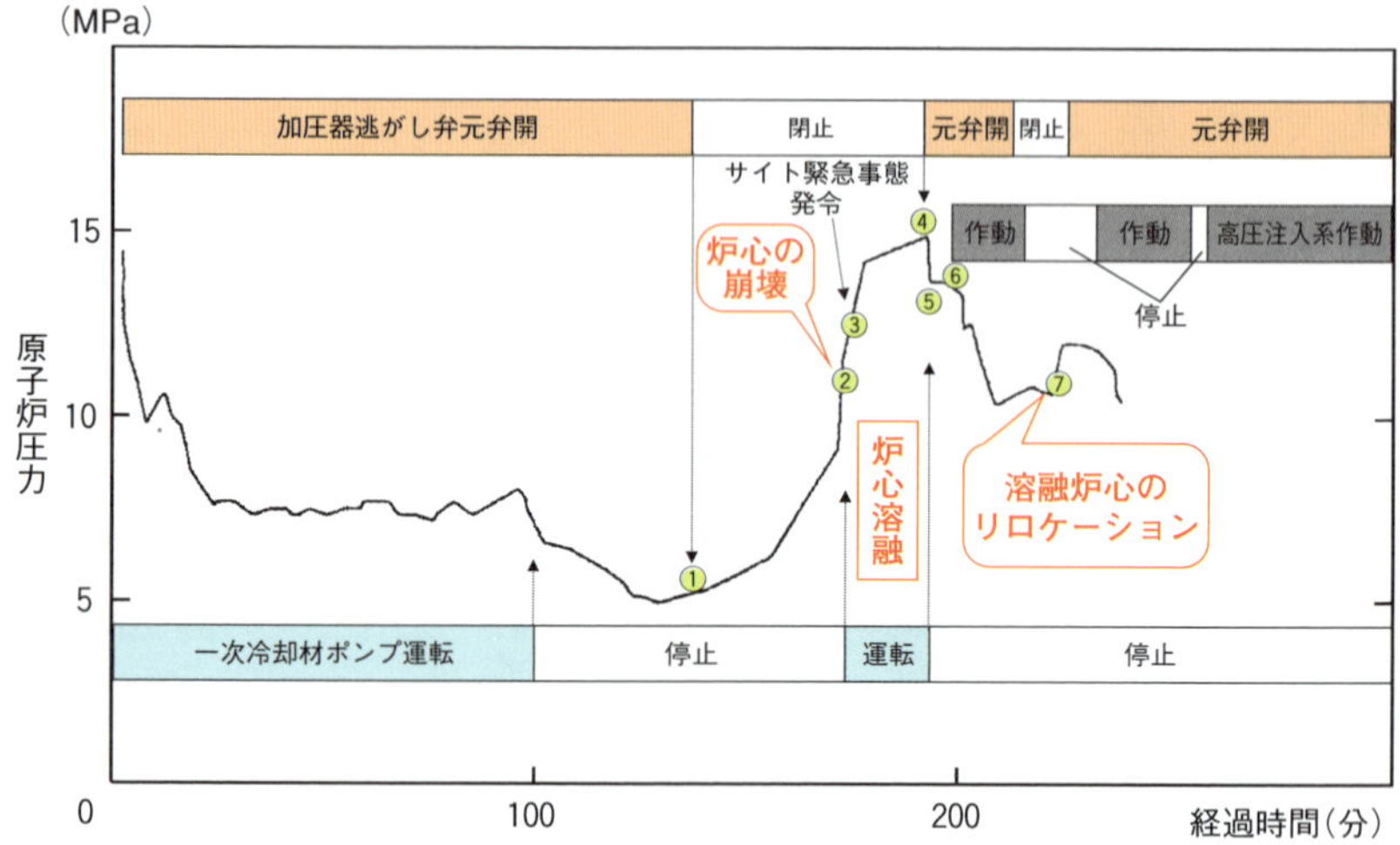

出典：「J. M. Broughton et al., Nuclear Technology 87 (1989) 34–53」に加筆

図1.1.8　TMI２号機の原子炉圧力と事故シーケンス

しました。

　ところで、この残留デブリが大変な悪戯《いたずら》をします。炉心の溶融から約30分後、卵の殻がほぼ出来上がり、まだ温度は高く柔らかだった頃の話です。内部に閉じ込められた炉心材料は崩壊熱で温度上昇して、融点近傍の流動可能な混合物状態となっていました。残留デブリの重量に圧されて卵の殻の上部は扁平となり、その力で柔らかくなった溶融混合物の一部が左横に動いて（**図1・1・1**）炉心を取り巻く薄いステンレス製のバッフル板に接触し、その一部を溶かして穴を開けました。その溶けた穴から溶融混合物の一部が押し出されて落下し、圧力容器の下部円形部分に移動したといわれています。この移動に伴って、再び金属水反応による圧力上昇が起きたことが、**図1・1・8**から明確です。これを溶融炉心のリロケーションとTMIでは呼んでいます。

　では、このTMI炉心の溶融時間はどれくらいであったでしょうか。**図1・1・8**の、事故時の原子炉内の圧力変化がそれを教えてくれます。174分頃、炉心圧力が急上昇しています。記録によれば、約2分間で5・5メガパスカル上昇したとあります。大変急速な圧力上昇です。このような圧力上昇は、金属水反応による水素ガスの発生以外には考えられません。

2分間に5・5メガパスカルの上昇、この圧力急上昇について目安の計算をしておきましょう。TMI原子炉の一次冷却系容積全体を約300立方メートルと見積もり、100立方メートルが飽和蒸気、残り200立方メートルが飽和水だったと仮定します。ジルコニウム・水反応による発熱で、例えばこれを、8・5メガパスカルから14メガパスカルまで一気に加圧するには、約4×10^7キロジュールの熱量を必要とします。すなわち約6トンのジルコニウムと水との反応が必要になります **［備考注釈1―3参照］**。

TMI事故では、総計約400キログラムの水素ガスが発生したと評価されています。約6トンのジルコニウムと水とが反応すれば、260キログラムの水素が発生しますので、大まかな見当としては合格でしょう。なお、ジルコニウム約6トンは、炉心にある燃料被覆管の約25%に相当します。

図1・1・8に示す2分間の圧力上昇は、炉心崩壊と溶融が2分ほどであったということを示しています。炉心溶融とは、このようにあっけないくらいの短い時間帯での出来事でした。いかにジルコニウム・水反応が激しいものであるかがよく分かります。その後も高温のジルコニウムと水との反応は続きましたが、それらは圧力の上昇状況からみて、一挙に炉心溶融を起こした時のような激しいものではなかったと考えられます。

卵の殻がほぼ出来上がってから約50分後、時刻約２２４分、溶融炉心のリロケーションが起きています。（**図１・１・8参照**）、まだ柔らかい卵の殻は上に乗ったデブリの重量に押されて扁平となり、その力で溶融炉心は図の左方向に移動し（**図１・１・１**）、炉心を取り巻く薄いステンレス製のバッフル板に接触し、その一部を溶かして穴を開けました。その溶けた穴から、溶融炉心の半分弱が押し出されて落下して、圧力容器の下部円形部分に移動したといいます。

このことから１７４分に燃料溶融を起こした炉は、約50分後の２２４分頃になって、卵の殻に封じられた炉心材料のほぼ全体を溶融温度の約２２００℃くらいに過熱し、均質化した合金に作り変わったことが分かります。この事実は、燃料棒の分断に始まる化学反応の発熱によってできる燃料溶融と、この燃料溶融が作る卵の殻の中で崩壊熱によって作られる溶融炉心という2つの溶融があることを示しています。この2つの溶融は明確に違ったものであり、区別して論じる必要があります。

なお、事故経緯の説明で炉心溶融を指す場合については、最も大きな燃料溶融をもって炉心溶融と呼ぶこととします。

炉心溶融は2分程度で終了しました。ジルコニウム・水反応の発する熱量はそれほど激しい、これがＴＭＩ事故の示してくれた貴重な事実です。

溶融炉心のスケッチ図

溶融炉心が卵の殻に包まれて、その上に相当な量の燃料デブリが乗っている、ＴＭＩのスケッチ図は、いろいろなことを示唆しています。

　卵の殻が出来上がった経過は明らかではありませんが、大量の水の流入によって真っ先に反応が起きた部分が、水面近傍にあった燃料部分であることは疑いようがありません。燃料棒が折れ、分断面に現れた高温のジルカロイが水と反応して燃料ペレットを幾分溶かし、合体して鍋の底となる溶融物を炉心のあちらこちらに作りました。これらが集合融着してできたのが鍋底です。

　ＴＭＩ炉心のボーリング結果からは、卵の殻の底部（鍋の底）部分にはウラン成分はあまり含まれず、炉心構造材や制御棒の合金成分が多いと報告されています。坩堝の形成を示唆する報告で、恐らく鍋の底は、最初は互いに溶着し合った UO_2 ペレットが作る網と、網目を埋める炉心材料で、不完全ながら出来上がったのでしょう。ただ、鍋の底は下にある冷却水で冷やされているので、時間とともに落下蓄積してくる色々な炉心材料が鍋の底に集まり、また燃料棒とジルカロイが主体の3元素合金が崩壊熱によって形成される過程で、ある程度の厚みのある合金の底と化していったと推測しています。

　さらに続いた流入水によって、鍋底の上部に存在していた高温ジルカロイを持つ燃料部分が分断、溶融合体し、これら溶融片が集合合体して、不完全ながら蓋のような殻を作ったと思います。卵の殻上部の形成は、より疑問も多いのですが、高圧注入ポンプによる注水で炉心が冠水する以前でも、燃料溶融領域の上方にデブリとなった燃料小片が大量に乗っており、坩堝で保温された領域と、一定の熱流動のある領域との境界層が存在したと考えています。

　この蓋と鍋底の間に残された炉心材料は、分断した後に水勢に押されて林立状態を続けている燃料棒の間に挟まって目詰まりの殻を支える役目を果たしたと想像しています。この時間はごく短いものだったでしょう。その後、半径方向にも殻が形成されると、卵の殻の輪郭は完成します。殻の外側は冷却水で冷やされます。

　殻の内部では、閉じ込められた燃料棒などの炉心材料が、残存ジルカロイと水との反応熱や崩壊熱によって加熱されて、Ｕ、Zr、Ｏの3元素合金を作り始めます。この合金の融点は、元素比率により変わりますが、大略２２００℃と考えてよいでしょう。溶融物はこのようにして、卵の殻の中で時間をかけて作られたと考えられます。

こう考えると、**図1・1・8**に示したＴＭＩ溶融炉心のリロケーションが説明できます。卵の殻が作られたのが一次冷却材ポンプを作動した１７４分、リロケーションが始まったのが２２４分です。この約50分の時間遅れは、卵の殻に残った燃料デブリを溶融点近傍にまで昇温させるに必要な時間と考えればよいのです。

それまでの間、殻の内部で起きたジルコニウム・水反応によって発生した水素ガスや水蒸気などは、できたばかりの柔らかい卵の殻を破って外に吹き出たことでしょう。ガスが抜けた後の殻はしぼんで、その上にある冷えた燃料デブリの重量に圧されて扁平になって行ったでしょう。このような事を繰り返しながら、卵の殻は溶融炉心に見合う大きさの殻となったものと思われます。

実は、このような考えに到達したのは本書の初版を出版した後のことです。溶融点が高々１５００℃の鉄でさえ溶融させるためには、溶鉱炉や転炉のような坩堝を必要とします。坩堝から取り出された溶融状態の鉄は、外に出された途端に冷えて固化します。その事実から、融点が２２００℃もある溶融炉心が形成されるには、坩堝が必要と思い至ったのです。

さらに考えると、金属水反応の熱によって溶融炉心が直ちに出来上がるのではなく、金属水反応によってできた坩堝（卵の殻）の中で、溶融炉心は徐々に熱せられて、出来上がると気付いたのです。こう考えればＴＭＩの事故現象がより合理的に説明できます。それは先述のリロケーションの説明だけではなく、スケッチ図に描かれた圧力容器内の構造物に激しい熱的な擾乱の跡がないことの説明にもなります。いや逆に、そのことが炉心溶融が坩堝の中で作られるという証拠でもあります。

日頃我々が経験する世界は、高々１０００℃くらいの温度までです。従ってあまり注意を払っていないのですが、温度２０００℃ともなれば、輻射熱による放熱が非常に大きくなります。輻射熱は絶対温度の４乗に比例して放散されるので、仮に１０００°Kと２０００°Kの放熱量を比較すると16倍も差があるのです。逆に言えば、２０００°Kの温度を維持しようと思えば、１０００°Kの16倍の大きさの熱を絶えず発生し続けないと維持できません。これは難事です。

２２００℃といった高温金属の液体が仮に出現したとしても、それが放散する輻射熱を補わないと、液体はすぐに固化してしまいます。事故直後にＮＨＫが度々放送した炉心溶融の映像（溶融炉心が流れて圧力容器の底はもちろん、格納容器の床の底までも溶かす映像）は、いまだ多くの人々の目に残像として残っていると思いますが、これが間違ったバーチャル映像であることも、チャイナ・シンドロームの筋書きが一般庶民を惑わす滑稽きわまるフィクションであることも、はっきりお分かりいただけると思います。

［備考注釈1―3］

5・5メガパスカルの圧力上昇に関する目安計算

ＴＭＩの一次冷却系容積全体を約３００立方メートルと見積もり、８・５メガパスカルで２００立方メートルの飽和水と１００立方メートルの飽和蒸気が、ジルコニウム・水反応による発熱によって14メガパスカルでＬキログラムの飽和水とＳキログラムの飽和蒸気になったと仮定します。

まず、ジルコニウム・水反応式は、

$$Zr + 2H_2O \rightarrow ZrO_2 + 2H_2 + 586\mathrm{kJ/mol}$$

ジルコニウムの原子量は約91・2であり、１トンのジルコニウムは約 1.1×10^4 mol。

１トンのジルコニウムが水と反応すると、約 6.6×10^6kJ の熱と、約 44kg の水素が発生します。

次に、８・５メガパスカルでの飽和水は１キログラム当たり０・００１４立方メートル、飽和蒸気は同０・０２２立方メートルですから、一次冷却系内に存在する水量Ｗは、

$$W = 200/0.0014 + 100/0.022 = 1.5\times10^5\mathrm{kg}$$

一次冷却系内の全内部エネルギー U(8.5MPa)は、

$$U(8.5\mathrm{MPa}) = 1328.3[\mathrm{kJ/kg}] \times 200/0.0014 + 2564[\mathrm{kJ/kg}] \times 100/0.022$$
$$= 2.0 \times 10^{8}\mathrm{kJ}$$

14メガパスカルでの飽和水は1キログラム当たり0・0016立方メートル、飽和蒸気の比容積は同0・012立方メートルですから、

$$0.0016 \times L + 0.012 \times S = 300$$
$$L + S = 1.5 \times 10^{5}$$

従って、$L = 1.4 \times 10^{5}\mathrm{kg}$　$S = 1 \times 10^{4}\mathrm{kg}$

一次冷却系内の全内部エネルギー U(14MPa)は、

$$U(14\mathrm{MPa}) = 1548.4[\mathrm{kJ/kg}] \times 1.4 \times 10^{5}[\mathrm{kg}] + 2476.1[\mathrm{kJ/kg}] \times 1 \times 10^{4}[\mathrm{kg}]$$
$$= 2.4 \times 10^{8}\mathrm{kJ}$$

$$U(14\mathrm{MPa}) - U(8.5\mathrm{MPa}) = 4 \times 10^{7}\mathrm{kJ}$$

このエネルギーをジルコニウム・水反応で供給するためには約6トンのジルコニウムが水と反応する必要があります。

また6トンのジルコニウムが水と反応すると、約260キログラムの水素ガスが発生します。

この評価では、水素ガスの発生による圧力上昇を見込んでおらず、ジルコニウム・水反応量を過大評価してい

ます。（水素ガス発生による圧力上昇への寄与は、発熱量の半分程度と見込まれている）
ＴＭＩ事故の水素ガス発生量評価には、色々な説があるものの、おおよそ４００キログラムといわれていることを考えると、この時点の２６０キログラムの水素ガス発生量はほぼ妥当なものと思われます。

6．ＴＭＩ事故の終結

溶融炉心が出現した後の原子炉は、その後どのようになっていったでしょうか。

④１９２分、運転員は加圧器逃がし弁の元弁を開放しました。水素ガスの発生によって高圧となった原子炉圧力を逃がすためです。
⑤１９３分、一次冷却材ポンプを停止しました。
⑥２００分、高圧注入ポンプを起動し、原子炉に水を注入しました。これ以降、炉心は冠水状態を保ちました。
⑦２２４分、上に乗ったデブリの重さによって、成長を続ける溶融炉心が押され、炉心を囲むバッフル板と接触して溶かし、溶融炉心の一部が圧力容器の底部に流れ落ちました。
⑧約10時間後、大きな爆発が起きたのは午後2時のことです。爆発場所は格納容器の中階あたりであったと聞いた記憶があります。

この10時間後に、大きな爆発が起きたという事実は、水素爆発を考える上で実に大切なヒントです。水素ガスは空気と混合して爆発可能な状態になっていても、着火源に出合うまでは爆発を起こさないという事実です。ＴＭＩ事故の場合、ほぼ7時間も着火源を待っていたといえます。何が着火源となって10時間後に爆発したのか、この理由は分かりませんが、着火源が無い限り水素爆発は起きない、爆発しないで待っているという事実は福島事故の解明に非常に役立ちます。

話を炉心溶融の直後に戻します。一次冷却材ポンプを回したところ中性子束が変動し、原子炉圧力が異常なまでに急上昇しました。各所で放射線レベルが上昇しました。一体全体、何事が起きているのか、運転員には見当が付かなかった模様です。困惑し、狼狽したことでしょう。

ただ幸いなことに、福島とは違って、制御室の照明は灯っていました。計測器や警報も生きていました。原子炉圧力や温度の変化を始め、すべてのデータを運転員は把握できていました。それでもＴＭＩの運転員は、まだ事故原因に気付いていませんでした。悪口を言っているのではありません。照明が灯り、計測器が動いていたという、福島とは全く違った好状況下であっても、事故状況の把握は難しいということを伝えたいのです。

以降の運転員の操作状況を、暫くの間、見ておきましょう。

一次冷却材ポンプの停止後（１９３分）、高圧注水を行い自然循環の確立（二次系での冷却）を図りましたが上手くいきませんでした。非凝縮性ガスである水素が、既に一次系の中で大量に発生して、圧力容器の上部ドームの空間全体を占めていたため、この操作は成功しなかったのです。運転員は、蒸気泡があるために一次系の自然循環が阻害されていると考え、加圧器逃がし元弁を閉止し、一次系を加圧して、蒸気泡を潰そうと試みました。続いて加圧器逃がし弁の元弁を開放して原子炉圧力を余熱除去系の運転圧力まで下げようとしましたが、これも上手くいきませんでした。

高圧注水を行っても、水素ガスがクッションになって、それほど水は入りません。さりとて注水を止めれば、崩壊熱で圧力が上昇しますので、逃がし弁を開けなければなりません。運転員はその後も、逃がし弁元弁の開閉と高圧注入を、繰り返し実施しました。

理由が分かっている読者には滑稽に思われるかも知れませんが、原因が分からない運転員は必死です。果てしのない繰り返し作業を続けました。勝手な推測ですが、運転員達は米国人がよくやる呪いの言葉を吐きながら、この果てしない繰り返し作業を根気よく務めたのではないかと思います。その情景は目に浮かびます。

事故後16時間ほど経ったところで、運転員はやっと気付きました。何か分からないが、原子炉の中に非凝縮性ガスが充満していて、一次系の循環を阻害しているのだと。正解です。
⑨事故発生後16時間経って、運転員は先ほど再停止した一次冷却材ポンプのスイッチを入れます。確信のある操作ではなかったようです。報告書には「試しにポンプを動かした」と書かれています。ポンプのスイッチを入れる時、運転員は怖かったでしょう。恐る恐る入れたに違いありません。恐ろしいキャビテーション振動でポンプを停止し、次に動かした時には中性子束の激しい変動とともに、原子炉圧力が急上昇したのですから。
この恐る恐るのスイッチオンが、結果的には大成功でした。大きなポンプが回転を始めると、炉心の温度は急速に低下し始めました。一次冷却水の循環が、ポンプが動き出した瞬間に果たせたのです。運転員の顔色には喜色が戻り、米国人特有の明るいジョークが出始めたことでしょう。「俺たち、やった

ぜ」と。その情景も目に見えるようです。

この時の運転員の気持ちは、キャビテーションが再発しようが、ポンプが振動しようが、今度は壊れるまで回し続けるぞ、との意気込みだったでしょう。このスイッチオンのお陰で、炉心は冷却していきました。**図１・１・１**に示した溶融後の炉心形状を、そのまま今日に残してくれたのです。溶融後僅か13時間ほど後の炉心状況を今に伝えてくれたのは、この自信のないスイッチオンのお陰です。このＴＭＩの溶融炉心の絵がなければ、この本は書けなかったでしょう。

さて、溶融炉心が炉心下部の燃料棒の残骸に支えられているのは、支えている燃料棒（二酸化ウラン）の融点が、溶融炉心の融点より高いので起きた現象です。溶融炉心の融点が低いのは、組成が二酸化ウランと被覆管のジルコニウムとが混じり合った、融点が２０００～２２００℃程度のウラン、ジルコニウム、酸素の3元素混合溶融物（合金）を作っているからです。この事実は、事故以前にドイツの実験で分かっていたことで、ＴＭＩ事故の発生直後に米国に伝えられたといいます。

ＴＭＩの炉心溶融図が完成したのは１９８９年頃のことです。

この図で特に興味深いのは、溶融炉心上に残るデブリの存在です。デブリは溶融炉心の殻の上で冷却されていました。デブリは溶融炉心の中に巻き込まれずに、その上で集積状態を保っていました。このデブリの存在がなければ、ＰＣＭ―１実験とＴＭＩ事故との間に一致点は存在しませんでしたし、両者の関連を証明することはできませんでした。結果として、ＴＭＩ事故の炉心溶融メカニズムを、このように説明することはできなかったでしょう。

TMI事故は、16時間後の一次冷却材ポンプの起動で実質的には終了していました。その後は、一次冷却材中に残っている水素を完全に追い出して、蒸気発生器への給水と一次冷却系の自然循環とで冷却を維持するだけでした。

以上で、TMI事故での炉心溶融と固化の話は終了です。

7．TMI事故から得られた結論

ここで、**第2章**以下で述べる福島事故の検討に必要な事実を、**本章**の結論として取り上げておきます。

一、軽水炉燃料（炉心）は出力と冷却の不均衡により温度が上昇して灼熱状態になっても、溶融によって壊れない。だが、灼熱状態にある燃料棒が急冷（クエンチ）されると、燃料棒はバラバラに分断して、炉心は崩落する。

崩落した分断燃料（デブリ）は一般的には周囲を流れる水により冷やされ、その形態を保つ。この挙動は、被覆管材料がジルコニウムである軽水炉燃料の特殊性といえる。

二、冷却材が十分に供給される場合、灼熱状態にある燃料棒は水と反応して炉心溶融を引き起こす。その時間は比較的短い。TMI炉心を溶融させた反応時間は僅か2分間ほどであった。それは高温のジルコニウムと水の反応が非常に活発で、その発熱が非常に大きいためである。

三、炉心溶融とともに大量の熱と水素ガスが発生する。溶融時間が短いため、発生した熱と水素ガスは圧力容器の内部圧力を急激に上昇させる。

四、格納容器内での水素ガスの爆発は、炉心溶融から10時間も経た後のことであった。これはガスを爆発させる着火源がなかったためだと思われる。言い換えれば、水素ガスは酸素と混じって爆発性気体になっていても、着火源がなければ、もしくは発火温度に至らなければ爆発はしない。

五、溶融炉心の組成は、ウラン、ジルコニウム、酸素の混合溶融物で、構成元素の混合比率により異なるが、ＴＭＩの場合、融点はおおよそ２０００～２２００℃であり、燃料本体（二酸化ウラン）の融点２８８０℃と比べると随分と低い。

六、事故状況から推して、溶融燃料や溶融炉心が水と接触すると、比較的短時間に、その表面に強靱な膜（もしくは殻）が作られると考えられる。この膜の形成にはジルコニウムの酸化物が強く関与しているとみられ、溶融炉心と水の直接の接触を妨げている。

以上がＰＢＦ実験とＴＭＩ事故から学んだ、炉心溶融と水素爆発についての知見です。最も大切な結論は、ＴＭＩ炉心を溶融させた原因は原子炉の崩壊熱ではなく、高温ジルコニウムと水の激しい化学反応にあります。これで予習は終了です。この結論**一**～**六**を基本として、**第2章**の福島事故の炉心溶融と爆発の検証に移ります。

8．ＴＭＩ事故の余波と余聞

ＴＭＩ事故は実質的には丸1日で終わっていたのですが、この事故が避難騒ぎにまで発展したのは、一般社会では3日目からのことです。この間に起きた出来事のうち、面白い話も多いので、お疲れ休めに気楽な話を2～3書いておきましょう。お急ぎの方は、真っすぐに**第2章**にお進みください。

ＴＭＩ事故以前は、炉心溶融（メルトダウン）といえば、炉心燃料である二酸化ウランの融点、２８８０℃という、とてつもない高温で起きると考えられていました。従って、鉄製の圧力容器（融点約１４００℃）などは簡単に溶かされて、その穴から落下した溶融炉心の崩壊熱によって格納容器のコンクリート床（融点約１６００℃）も溶かされるというブラックユーモアが、高い信憑性を持って信じられていました。そのための解析コードまでも作られていたのですから、いかに信じられていたかがお分かりになると思います。

この懸念を映画化したのが、一時世間を騒がせた映画『チャイナ・シンドローム』です。神様は、時折悪戯をなさいます。この映画の封切り上映が、ＴＭＩ事故の直前だったのですから、まさにグッドタイミングでした。ＴＭＩ事故を予言した名画であるといわれ、以降の米国世論は「原子力は怖い」と一斉に反原発に傾きました。原子炉建設の契約破棄が相次ぎました。事故が起きる前までは、10年先まで契約が残っていると豪語していた米国の原子力メーカーは、相次ぐキャンセルに事業撤退を始めます。この世論が変化して、原子力の必要性が再認識されるまでには、米国でも約20年の時間を必要としました。

「はじめに」で述べた、ＮＨＫが度々放映した福島事故での炉心溶融のグラフィックは、まさにこの懸念を絵として描いたものです。また多くの原子力関係者が、今でも思い浮かべるメルトダウン図でもあります。「炉心溶融＝メルトダウン」、この間違った観念は、今もなお大多数の原子力関係者に浸透しています。この間違いを証明したのが**図1・1・1**に描かれたＴＭＩの溶融炉心図です。溶融炉心は圧力容器の中に残るという事実は、その当時誰一人として考えなかったのです。

安全の神様はＴＭＩ事故によって、私たちに機械設備だけに頼る安全確保は間違いであるという教訓を下されるとともに（**第二部第3章参照**）、溶融炉心の図を残すことでチャイナ・シンドロームのような極端な心配は無用との暗示を下されたのかも知れません〔**備考注釈1―4**〕。

先ほども書きましたように、3月28日午前4時に発生したＴＭＩ事故は、実際には発生後、丸１日で終了していました。ところが、世の中が騒ぎ出したのはこの後のことですから、皮肉なことです。マスコミが騒いで作り出す世の動揺、風評被害とは恐ろしいものです。

ＴＭＩ事故でも、発生から約3時間後に行われた緊急事態宣言の後も暫くは、きちんとした事故情報が伝達されず、事実誤認に基づく様々な憶測や混乱した情報が乱れ飛び、住民を不安と混乱に陥れた時間がありました。何しろ世界最初の原子力発電所の事故です。米原子力規制委員会（ＮＲＣ）も事故発生当初は、誰も炉心溶融が起きているとは思っていなかったようです。油断もありました。

ＮＲＣのハロルド・デントン局長が、部下を引き連れて事態収集のため発電所に出向いたのが、事故発生後3日後の3月31日午後のことです。同じ日に、ペンシルベニア州知事は水素爆発による放射能災害を恐れる州民には、自主避難をしてもよいと勧告を出しました。ですが、水素爆発は事故発生後約10時間後の28日午後2時ごろに既に起きており、その影響は格納容器内に止まっていましたから、自主避難は実質的には空振りだったのです。

「喧嘩過ぎての棒千切り」という俚諺《りげん》がありますが、自主避難はまさにこの諺《ことわざ》通りの出来事でした。既に終わっていた水素爆発を心配して、反対派やマスコミの激しい騒ぎに煽られたパニック行動から、無駄な避難騒ぎが起きてしまいました。状況は正反対ですが、**第二部第1章**で取り上げる福島事故の避難にも同じことがいえます。福島の場合は逆に早すぎたために被害が起きました。

大きな事故や災害が起きた時、世間ではこういう無駄な被害がまま起こります。風評被害などはその最たるものです。災害時にその被害や影響を過大に強調することは、悪質な愉快犯だと断罪されるべきではないでしょうか。

もっとも、ＴＭＩでの自主避難については、知事の計らいは粋でした。「自主避難をした人は、特別休暇扱いとして給料は出す」というものでした。有給の特別休暇ですから、陽気な米国人がこれを利用しないはずはありません。十数万人の人達が、遠方の親戚知人宅を訪れたといいます。この粋な計らいの余韻でしょう、地元での原子力発電所の評判はそれほど悪くはなりませんでした。

事故から半年ほど後に、私がＴＭＩを訪れた時のことです。発電所の前に訪問客用の土産物の屋台店ができていて、「デントンさん大好き」と原子炉が抱きついている図柄のＴシャツを売っていました。事故に対する地元の評判はそれほど悪くなかったのです。目くじらを立てて反原発を標榜し始めたのは、遠く離れたカリフォルニア州などに住む知識人でした。

デントン局長は、人柄の良い正直な人です。「僕はとりたてて何もしていないよ。発電所の情報を全部集め、検討吟味して、その内容をマスコミに発表しただけ」と、いつも謙遜されます。事実、彼が取った行動はその言葉通りの情報の一元管理と、正確な判断に基づく事故状況の発表と説明でした。危機管理責任者の行動を教える教科書さながらの職務遂行でした。この結果、情報混乱が招いたＴＭＩ騒ぎは旬日にして収まりました。

４月７日、デントン局長は終息宣言を出し、４月28日には一次冷却系内の水素が完全に抜けて、発電所の危機状態は終了しました。事故は実質的に収まりました。

以上が、ＴＭＩ事故の顛末《てんまつ》です。ＴＭＩの炉心溶融は、炉心上部の燃料棒が灼熱状態となって溶けたのではなく、水の中にあった健全な燃料領域が溶融したという事実には驚かれたかも知れません。奇想天外の出来事と思われたでしょうか。しかし、これが現実に起きたＴＭＩ炉心溶融のプロセスでした。繰り返しになりますが、その証拠が**図１・１・１**、ＴＭＩの炉心溶融図です。

これまで炉心溶融といえば、燃料棒の温度が上昇して３０００℃近い溶融点に達し、どろどろと溶け落ちるメルトダウンと考えられていました。ＴＭＩ炉心が全く違うプロセスを経て溶けたことが明確となったのは、事故から約10年後のことでした。この長い歳月が、ＴＭＩ事故を忘れさせたのです。

日本だけではなく全世界的な傾向ですが、これまで実験を中心に進められてきた原子力の安全性研究は、この間にコンピューターによる机上の思考研究へと変化していました。一つには、最終的には実物原子炉を使って計画的な事故を起こさせて調べるという実験には大変な費用を必要としたことがあります。また、過去の実験によって、軽水炉についての安全は設計指針が作られ、世界的に合意され、採用されるまでになった時代背景もあります。

この間、安全設計指針で定めた設計基準事故を超える事故（過酷事故）がＴＭＩやチェルノブイリで起きましたが、その原因は安全設計指針の遵守不足（コンプライアンス）や安全文化の不足にあったとして、いずれの場合もソフトの充実に主眼が置かれました。この気運の高まりを受けて、過酷事故の研究もコンピューターを使っての机上の研究となっていったことは否めません。

事実、設計要求として極めて厳しい単一故障指針（**第二部第2章**）に基づいて設計された原子力発電所は、過酷事故の出現ルートを探そうにも、その答えを出せる人は誰一人いませんでした。原子力発電所の安全設計基準は、それほど論理的によくできています。答えが出始めたのは、米国の9・11後のテロ対策（**B5b：第2部4・4章**）以降です。日本では津波災害につい原子力界が気付き始めた矢先に事故は起きたといってよいでしょう。厳しく言えば、気付かないまま、不勉強のまま、30年以上が経って、２０１１年3月11日がやってきたのです。福島の炉心溶融をＴＭＩに擬した人が、事故当時の指導者には誰ひとりいなかったのがその証しです。炉心は溶融していないと、東京電力も、原子力安全・保安院も、政府も、2カ月間言い張りました。

炉心溶融がジルコニウム・水反応の反応熱で起きるとは想像もしていなかった、との感想をお持ちの方も多いと思います。燃料棒の構成材料が持つ特質を知らないということもありますが、我々が日頃経験している温度領域がせいぜい１０００℃以下で、溶融炉心という２０００℃付近の温度領域での物体の挙動は、全くの経験外であるというところが大きいでしょう。

そもそも、事故が災害に至るのは想定外の事柄が起きるからです。既存の計算のモデルに入ってない事態だから災害になるのです。想定できていれば、それは計算機の解答は出ていますから、対策は取ら

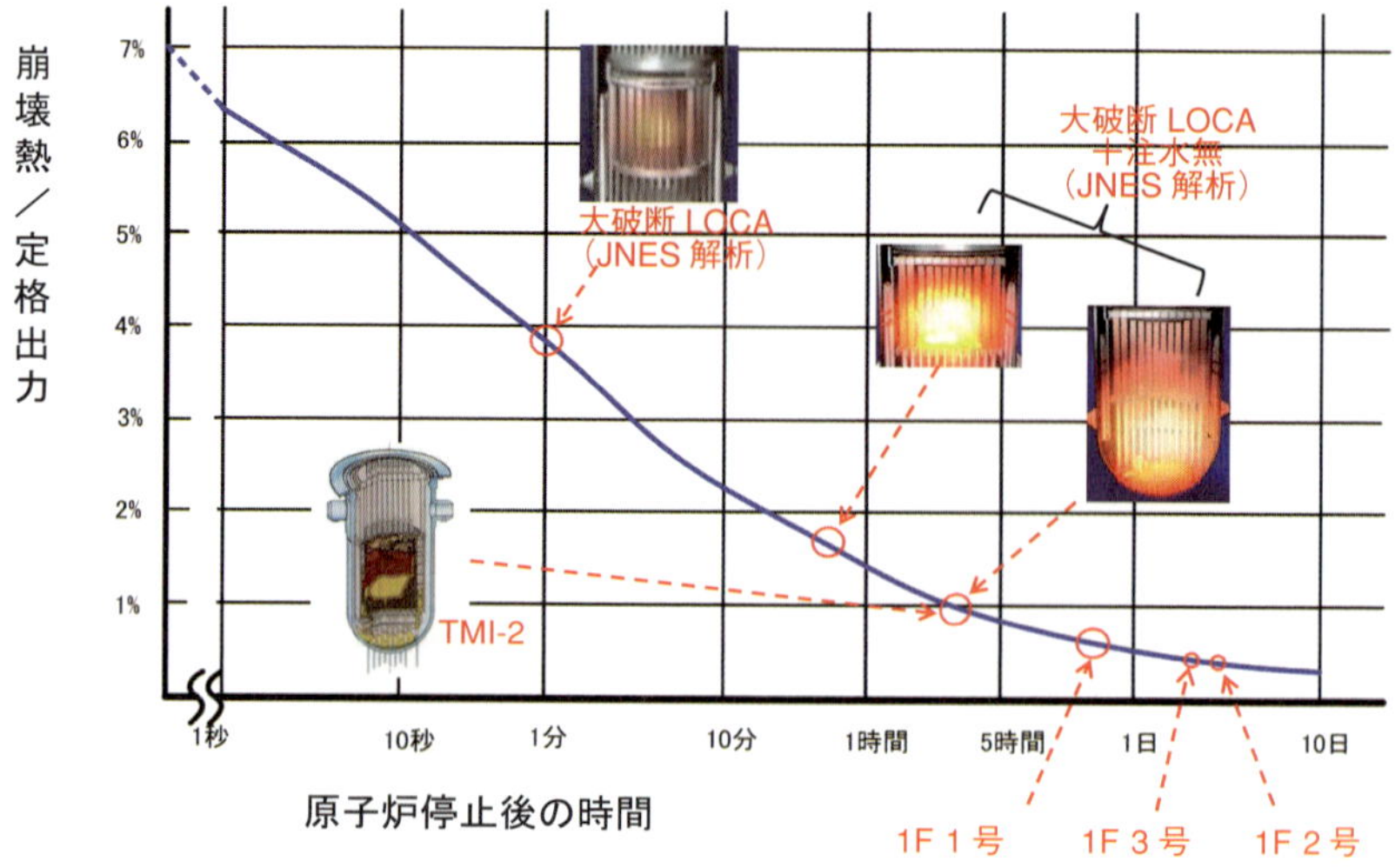

図1.1.9　炉心状態の実際と解析予測の比較

れているはずです。事故が起き災害に至ったのは、計算機にない予想外のことが起きたからで、いかに計算機のインプットをチューニングしてみても、解が実際と違うのは当然のことです。計算機に頼る前に、事故データを基に事故プロセスを頭の中で整理分析して、事故に至った物理的現象を推考することが必要です。

解析も事故も**図1・1・9**が示すように、原子炉停止後ほぼ3時間で炉心溶融が起きていますが、溶融に至るまでの炉内の状況には大きな差があります。解析では、非常に太い配管が破断して事故が起きたと仮定するので、破断後1分ほどで原子炉内の水は全て失われ、30分後には炉心溶融が始まり、3時間後に圧力容器の底に落下するとなっています。事故発生から3時間、冷却水が一滴も注入されなかったので炉心溶融が起きたという計算の結果です。溶融を起こす熱は、燃料棒が出す崩壊熱としてこれまで解析では考えられてきました。

これに対してTMI事故では、炉心に水が半分ほど残っている状態でポンプを回して水を炉心に入れた途端に炉心溶融が起きたことは**1・2章**で述べました。冷却水がある状態から炉心が溶融した、これがTMIでの炉心溶融です。冷却水があるのに炉心溶融が起きた、よほど強烈な発熱源が原子炉にはあるということになります。

これまで炉心溶融事故の原因と考えられてきた崩壊熱以外の発熱が、TMI事故にはあったということを示しています。この発熱源は、原子炉を構成する材料を考えると、ジルコニウム・水反応以外には考えられません。意外なようですが、炉心溶融を導く熱は原子炉が持つ崩壊熱ではなく、化学反応熱であったのです。過酷事故解析に携わる人たちは、机上の思考だけにとらわれず、幅広く現実に目を注いで欲しいものです。

第2章にすすむ前に、もう一つ注意してほしいことがあります。溶融という文字は液体を連想させますが、融点に達したからといって必ずしも水のように流動するのではないということです。さらに溶融炉心は高温ですから、輻射熱が非常に大きいという事実が加わります。この輻射放熱の大きさが、低温の世界しか知らない我々人間にとっては、案外分かりにくいのです。

現在の科学力では、融点2500℃ほどの物質を溶かすのが精一杯といいます。高温物体は、レーザーで加熱して溶かすのだそうですが、溶けて液体になると重力落下して加熱ターゲットから外れ、輻射熱で冷えすぐに固化するといいます。輻射熱はこれほど大きいのです。我々が対象とする溶融炉心は、融点の約2200℃に近い高温の物体です。坩堝なしでの溶融状態を維持することは無理だと専門家はいいます。坩堝ができれば、中に閉じ込められた燃料材料は、自分が発する崩壊熱でゆっくりと加熱されて、均一な溶融炉心になったと考えられます。これが卵の殻の中にある、ウラン、ジルコニウム、酸素の3元素合金を主体とした溶融炉心で、融点は２２００℃前後であるといわれています。

炉心溶融は、事故直後にＮＨＫのグラフィック映像が報道したような、溶けて流れて圧力容器の底に溜まるような流動液体ではありません。溶融炉心は非常な高温物質であり、坩堝なしでは誕生しません。炉心溶融を考えるときには、まずこのことを念頭に置いてください。

これらの点に注意しながら**第2章**に入ってください。

［備考注釈1―4］チャイナ・シンドロームはブラックジョーク

「炉心溶融事故が起きると、炉心の出す崩壊熱によって溶融炉心はさらに熱せられて、高温の塊となって落下し、圧力容器はもちろんのこと、格納容器の底も溶かし、さらには重力の作用によって地中深く溶かし続けて永遠に止まらない。この事故が原子力発電の多い米国で起きると、地球の反対側にある中国に溶融炉心が突き抜ける」――というのが、チャイナ・シンドローム（中国の悪夢）と名付けられたブラックジョークです。荒唐無稽な話ですが、半減期の長い放射能が発生する崩壊熱の特徴を面白く伝えている反面、**図1・1・9**に示した、半減期の短い放射能の消滅によって崩壊熱の発熱量は急速に減少するという事実は伝えてはいません。

〈1〉“Behavior of a failed fuel rod during film boiling operation”（PCM-1 test in the PBF）; B.A Cook and others, Transactions of the ANS, Jan. 1976.）

〈2〉「ＮＳＲＲ実験に現れた燃料破損挙動」、石川迪夫、大西信秋。原子力学会誌。Vol.28、No.5

第2章　福島第一原子力発電所事故　1～3号機編

1．福島第一原子力発電所の概要

２０１１年3月11日の東日本大震災当時、東北から関東にかけての太平洋沿岸には５つの原子力発電所があり、15基の原子炉が設置されていました。北から順に紹介すると、東北電力東通原子力発電所１基（青森県）、同女川原子力発電所３基（宮城県）、東京電力福島第一原子力発電所６基（福島県）、同福島第二原子力発電所４基（福島県）、日本原子力発電東海第二発電所１基（茨城県）となります（図1・2・1）。

東日本大震災では、これら５つの発電所のうち津波による被害を受けたのは、女川、福島第一、福島第二、東海第二の４発電所です。このうち女川と福島第二は外部送電線が生き残っていました。また東海第二では、外部電源はすべて喪失しましたが、２台の非常用ディーゼル発電機が起動し、電気を供給できました。福島第一以外は、すべての発電所で電気が使えたのです。いや、電気が使えたからこそ運転員達の努力が実り、原子炉の停止、冷却が達成できたのです。

津波の被害は様々でした。数多くの被害を乗り越えて、発電所を事故に至らせなかった運転員達の技量は、「立派だった」の一言に尽きます。原子力に反対する人達が言う「人間は原子力を制御できない」が、間違いであることを実証して見せてくれたのです。電気さえあれば、原子炉は人間の手で制御できます。それは、水と食べ物さえあれば、動物は生きていけるというのと同じです。

悲劇は、電気を失った福島第一で起きました。地震および津波により外部電源が10日間にもわたって

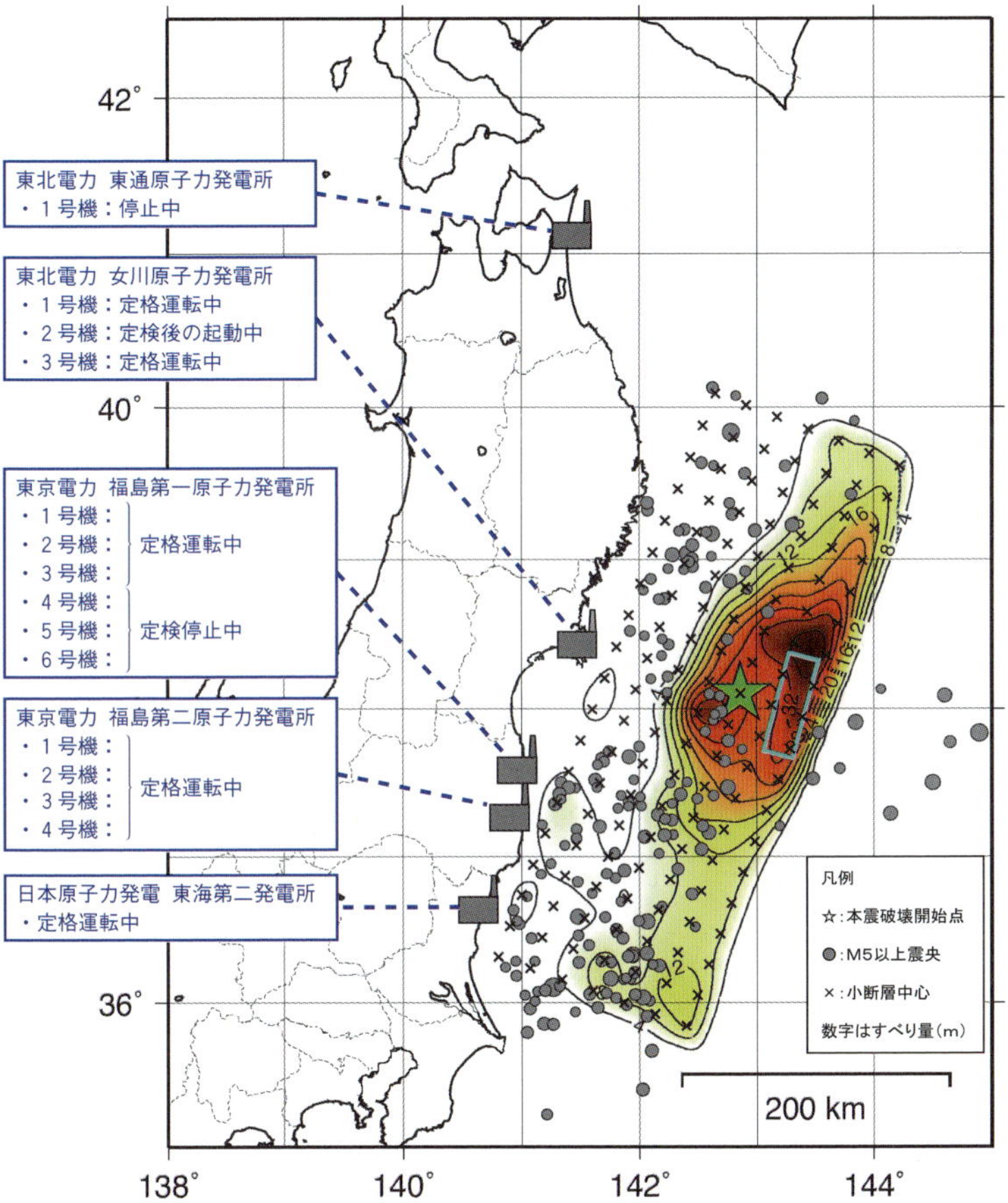

出典：気象庁資料に筆者加算

図1. 2. 1　東北地方太平洋沖地震と東北および関東太平洋沿岸の原子力発電所関係位置図（震災直前）

停止したところが、女川、福島第二および東海第二と違っています。発電所員の懸命な努力も、電気の力がなくては、残念ながら蟷螂《とうろう》の斧《おの》でした。発電所にある6基のうち、4基の原子炉で炉心溶融や爆発が起き、放射線による近隣住民の緊急避難を招きました。

本章では、どうしてこの福島事故に至ったか、その中心となる炉心溶融と水素爆発についての技術的な検証と解説を試みます。

福島第一は東京の北々東約220キロメートル。太平洋に面した福島県浜通り地方の中央部、双葉郡大熊町と双葉町にまたがって位置しています。

発電所の敷地は高さ約35メートルの丘陵にあり、その面積は延べ約350万平方メートルで、海沿いの南北に約3キロメートル、東西にほぼ1・5キロメートルの長方形をしています。海岸には、約0・7キロメートルの沖合に向けて、2本の防波堤が三角形状に張り出して構築され、その防波堤の中には船着き場と荷揚げ岸壁があります。

6基の原子炉のうち、1〜4号機は敷地南側に位置し、南から4、3、2、1号機の順に配列されています。5、6号機は少し離れた北側に位置し、南から5、6号機の順に並んでいます（**図1・2・2**）。

1号機の電気出力は46万キロワット、2〜5号機は78・4万キロワットです。原子炉本体は沸騰水型軽水炉（BWR）で、マーク（MARK）I型と呼ばれるドーナツ状の水溜まりである圧力抑制プール（SC＝サプレッション・チェンバー）をもった格納容器に収められています（**図1・2・3**）。6号機

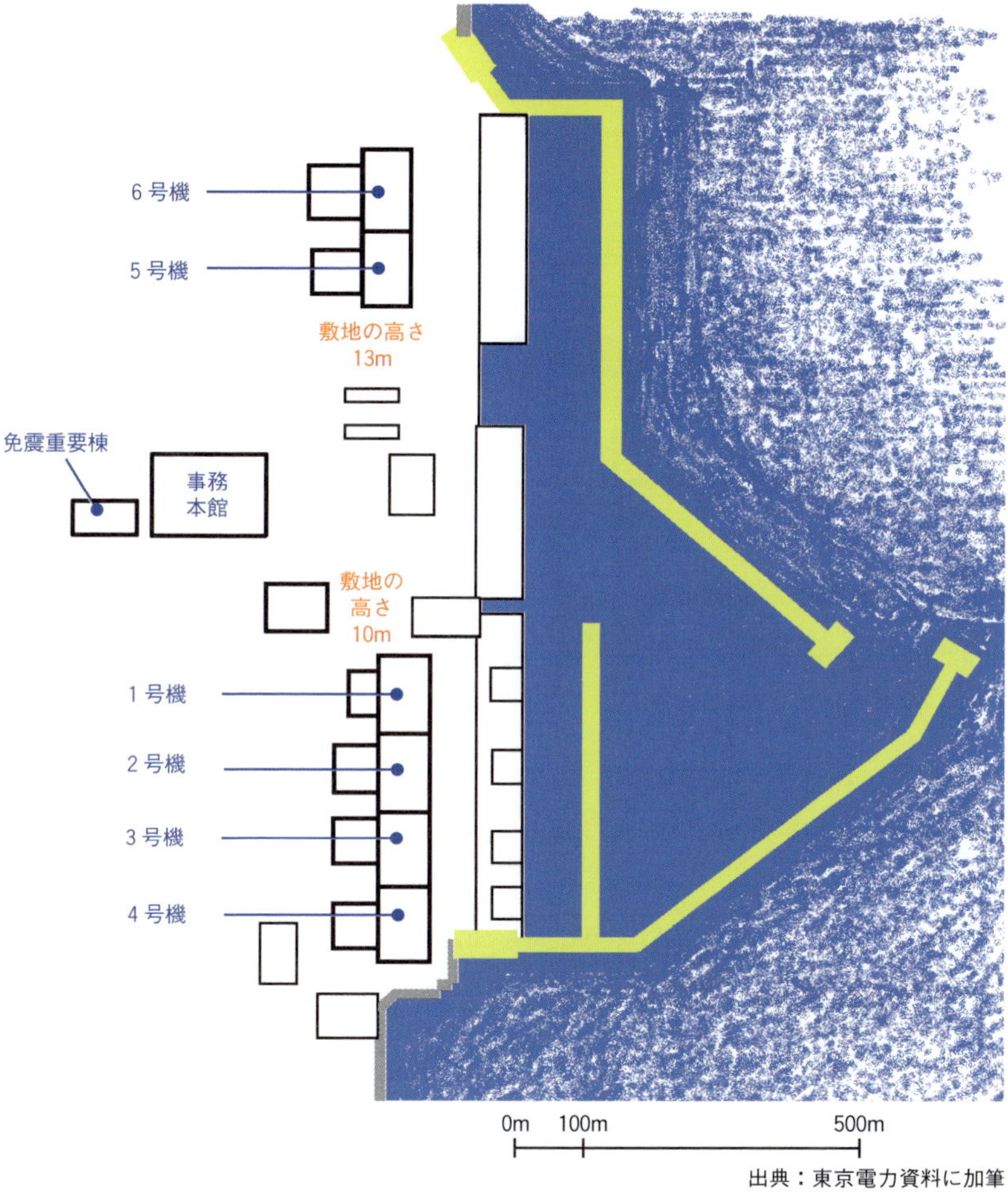

出典：東京電力資料に加筆

図1.2.2　福島第一原子力発電所構内配置図

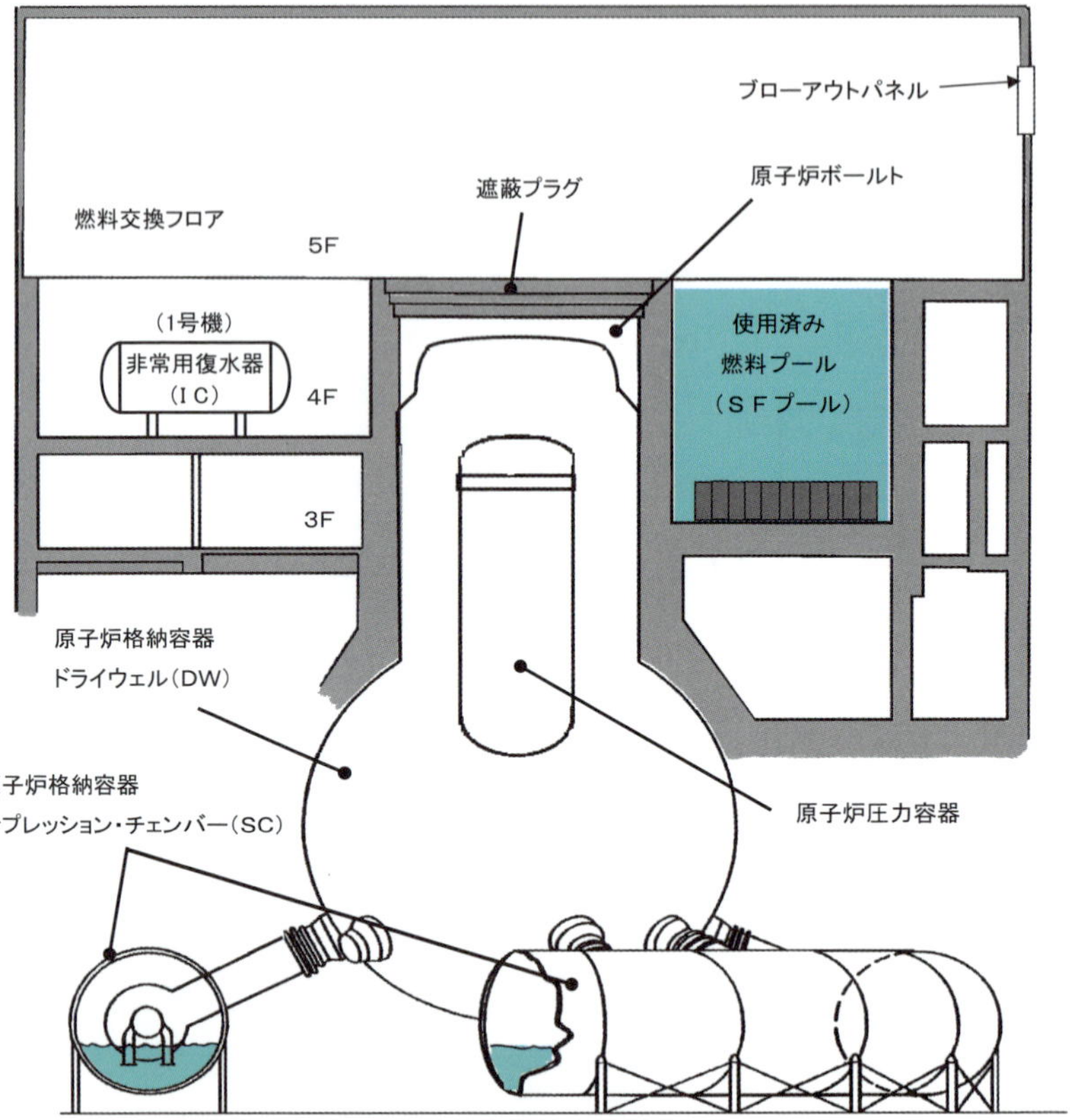

図1. 2. 3　MARK－Ⅰ型原子炉格納容器

は出力110万キロワットのBWRで、格納容器はマークⅡ型で他と違っていますが、事故とは無関係ですので、その説明は省略します。

発電所の主要な建屋（原子炉建屋、タービン建屋など）は、1～4号機は海抜10メートルで、5、6号機は13メートルに設置されています。これらはいずれも、高さ約35メートルの丘陵の土砂を削り取って整地されたものです。この敷地高さの選定については、今日色々と取り沙汰され、批判を浴びていますので、その所以については**第二部第2章3節**で簡略に説明します。なお、原子炉の冷却に重要な役割を果たす海水ポンプの設置高さは4メートル、当然のことながら海岸近くに配置されていますから、津波で全滅の被害に遭いました。

以上が、福島事故を検討する上で必要と思われる発電所の概要です。

2. 事故の始まり――地震と津波

その日、2011年3月11日は、全6基の原子炉のうち1～3号機の3基が運転中で、4～6号機は定期検査で停止中でした。

地震が起きたのが午後2時46分、岩手県沖から茨城県沖にかけての広い海域を震源域とする東日本大震災の始まりです。地震記録を見ると、午後2時46分に三陸沖を震源とするマグニチュード9・0の地震は前記海域全面に広がり、午後3時25分までの約40分の間に、8回もの震度5弱以上の地震が連動誘発しています（**表1・2・1**）。過去に類を見ない大きさの大地震でした。

この地震によって遮断器が損傷したり、鉄塔が倒れるなどして、7回線も引き込まれている福島第一

表1.2.1　東北地方太平洋沖地震の余震活動

No.		発生時刻					震央地名	深さ	M	最大震度
		年	月	日	時	分				
1	本震	2011	3	11	14	46	三陸沖	24	9	7
2		2011	3	11	14	51	福島県沖	33	6.8	5弱
3		2011	3	11	14	54	福島県沖	34	6.1	5弱
4		2011	3	11	14	58	福島県沖	35	6.6	5弱
5		2011	3	11	15	6	岩手県沖	29	6.5	5弱
6		2011	3	11	15	7	茨城県沖	20	6.5	4
7	(領域外)	2011	3	11	15	8	静岡県伊豆地方	6	4.6	5弱
8		2011	3	11	15	8	岩手県沖	32	7.4	5弱
9		2011	3	11	15	12	福島県沖	39	6.7	5弱
10	最大余震	2011	3	11	15	15	茨城県沖	43	7.6	6強
11		2011	3	11	15	18	茨城県沖	41	4.7	5弱
12		2011	3	11	15	25	三陸沖	11	7.5	4
13		2011	3	11	15	29	三陸沖	15	6.9	3
14		2011	3	11	15	59	福島県沖	50	6.8	3
15		2011	3	11	16	14	茨城県沖	25	6.8	4
16		2011	3	11	16	17	福島県沖	20	6.5	4
17		2011	3	11	16	28	岩手県沖	17	6.6	5強
18		2011	3	11	16	30	福島県沖	27	5.9	5弱
19		2011	3	11	17	12	茨城県沖	32	6.6	4
20		2011	3	11	17	15	福島県沖	32	6.5	3

(出典：気象庁 HP からの抜粋)

への送電線が、すべて使用不能となりました。普通の言葉で言えば、送電線が切れて発電所が停電したのです。これを専門用語では外部電源喪失といいます。

加えてこの地震は大津波を誘発し、青森から茨城にかけての沿岸各所に大被害を与えました。地震発生の約45分後、午後3時27分頃に潮位4メートルほどの津波第1波が福島第一原子力発電所に来襲し、続いて同35分頃に第2波が来ました。この第2波は、潮位計を遙かに超えるほどの高い津波で、東電は高さ約13メートルと推定しています。1～4号機は津波で被水しました。

我々のイメージでは、津波とは猛スピードで押し寄せてくる大波と感じますが、その実態は、非常に奥行きの深い大きな高潮と理解するのが正しいとのことです。従って、津波は一度来襲すると、ある程度の時間その場所に居座ります。言い換えれば、津波による被害とは水を浴びるのではなく、堰き止められた水溜まりに浸かるに等しいのです。ですから、被水した建物にはたっぷりと水や泥が入り込むので、中にある機械設備はほとんどが使用不能となります。

発電所の地下室および1階に設置されている機械設備類は、その多くが津波でたっぷりと水に浸かって使用不能となりました。停電対策として設置していた非常用ディーゼル発電機の多く、総数13台のディーゼル発電機のうち、12台までの発電機本体、または関連設備が、水に浸かって使用不能となったのですから津波の凄さが想像できます。それだけではありません。機械設備に電気を分配する配電盤も地下室または1階に設置されていたため、その多くが被水して使えなくなりました。従って、仮に電源が復旧しても、おいそれと機械を動かすことはできません。津波による電気設備への被害は、このようにダブルパンチでした。運転員の苦労はこの苛酷な現実に始まります。

福島第一の運転員のレベルは一流だった

話が横道にそれますが、幸運にも生き残った1台は、6号機の非常用ディーゼル発電機でした。5、6号機の当直操作員はこの1台を頼りに、電気をやりくりしながら操作を行い、2基の原子炉の冷温停止状態を維持し続けました。事故当時、5、6号機は定期検査中で停止していましたが、それでも崩壊熱は出続けていましたから、見事な操作だと思います。この一事をみても、福島第一の運転員の熟練度の高さが、女川や福島第二と比べて遜色なく、世界一流のレベルにあったことが分かります。

この実績は、事故直後に調査に来たＩＡＥＡの調査団が感嘆して発表したので、海外のマスコミでは紹介されました。不思議なことに、当事国日本の報道では、津波の被害を受けても電気さえ生きていれば事故は阻止できたという事実は伝えられていません。

さらに、我が身を顧みず事故防止に当たった福島第一の関係者の奮闘も、事故は東電の責任との菅政権の烙印によって、あまり取り上げられませんでした。中でも4号機爆発後、さらなる状況悪化が懸念される中で、それを食い止めるために残った運転員たちは、海外では「フクシマ50（フィフティー）」などと英雄のように紹介されたにも関わらず、です。歴史の証人として、福島第一での成功と奮闘を、一言書き残しておきます。

さて、問題は1～4号機です。外電喪失に加えて、非常用電源も直流電源（バッテリー）も、最終的にはすべての電気を失う非常事態に陥りました。機械が動かないだけではありません。計器の指示も、警報も失われ、運転制御室の照明すらないのです。窓のない原子力発電所の制御室は真っ暗闇でした。専門用語ではこの状態を全電源喪失状態といいます。

この全電源喪失状態は10日ほど続きました。3月20日頃、仮設電源が現場に設置されてやっと電気が戻りました。その結果、発電所の状況は徐々に落ち着き始めました。電気が戻って安定し、発電所は危機的な状態をようやく脱したのです。

言い換えれば、電気を失って事故が起こり、電気が戻って事故状況から抜け出す道が見え始めたといえるでしょう。この電気のない間に、本書の主命題である炉心溶融、爆発、放射能の放出といった、あらゆる重大事態がすべて起きています。こう考えると、福島第一原子力発電所が事故に至り、災害を引き起こした原因は、第一に津波ですが、第二に全電源喪失状態が10日間も続いたことが原因と分かります。

長期間の全電源喪失、これが地震、津波に劣らない事故の主因です。

3. 福島事故の全体像

最初に、福島事故の全体像を概説しておきましょう（**表1・2・2**）。

12日の朝、1号機の炉心が溶融し、午後3時半頃に原子炉建屋に水素爆発が生じました。災害発生の第1弾です。この爆発で、2号機の冷却に期待が持てなくなりました。何故なら、運良く津波に生き残った2号機配電盤の一部に電源車を接続し、応急で電動高圧注入ポンプ等を駆動させるため用意したケーブルが、爆発によって損傷してしまったからです。これにより冷却に必要な電源復旧が困難になったのです。

3号機の炉心も13日に崩壊し、14日午前11時には同原子炉建屋で水素爆発が起きました。3号機炉心

表1.2.2　福島第一原子力発電所事故の発生と全体像

	1号	2号	3号	4号
地震発生	3/11　午後２時46分			
津波到達	3/11　午後３時35分			
炉心溶融	3/12 午前４時頃	3/14 午後10時頃	3/14 午前10時頃	—
破損時刻（構築物）	3/12 午後３時36分 （原子炉建屋）		3/14 午前11時１分 （原子炉建屋）	3/15 午前６時14分頃 （原子炉建屋）

溶融の側杖《そばづえ》を食らって、すなわち3号機から流れ込んで来た水素によって、15日早朝には4号機も爆発しました。

14日午後10時頃には、2号機の炉心は溶融しましたが、爆発は免れました。その理由は、1号機での爆発によって、2号機原子炉建屋のブローアウトパネルが開き、そこから水素が建屋の外に流れ出たからです。ただしその反面、格納容器から直接漏れ出た放射能によって周辺環境に重篤な汚染を引き起こしました。

ところで、**図１・２・４**が示す正門付近での放射線レベルは乱高下していて、一見複雑です。しかしよく見ると、炉心溶融によりバックグラウンドとなる線量が上昇するとともに、ベント操作などによって、不定期に、短時間に高く上昇する線量が数多くあることが、全体として分かります。さらに子細に分析すると、バックグラウンド線量は2度にわたって上昇していることが観察できます。

最初のバックグラウンド線量率の上昇は、12日午前4時頃の1号機の炉心溶融に伴う上昇です。1号機のベント作業の開始は12日午前10時頃ですので、この上昇はベントとは無関係です。この問題については、後ほど詳しく検討しますが、炉心溶融によって燃料中に閉じ込められていた放射能が、微量ながら建屋から直接放出されたものと考えられます。

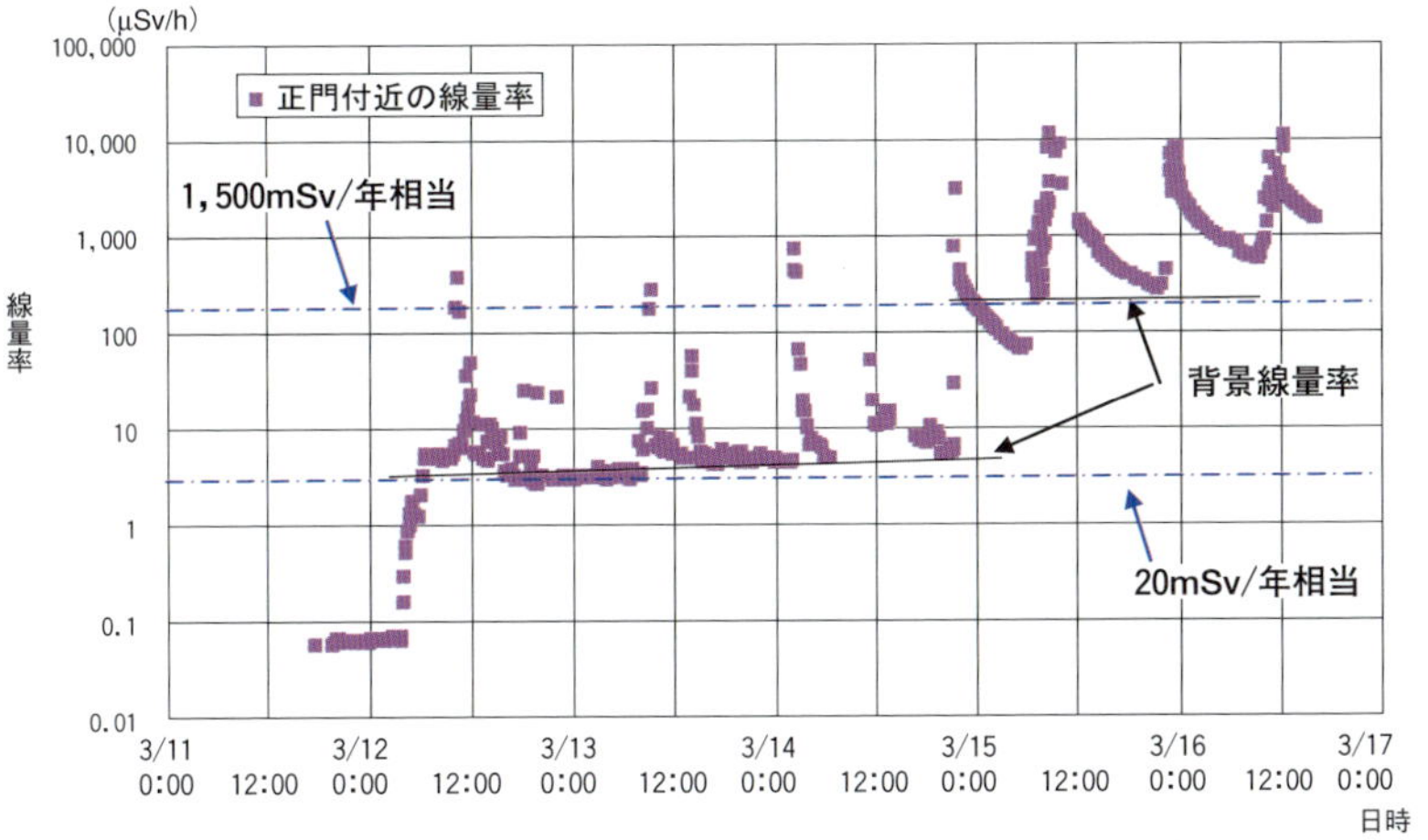

出典：東京電力『福島原子力事故調査報告書』より作成

図1.2.4　福島第一原子力発電所の正門付近での線量率の変化（測定値）

その結果、発電所正門付近で毎時約４マイクロシーベルト程度の放射線上昇が起きました。この線量は住民避難を必要とするほど高いレベルではありません。そしてこの状態は、その後のベントを通じた放射能放出や3号機の爆発にも影響されず、15日まで続きました。

しかし15日朝になると、2号機の格納容器の破損によって、炉心の放射能が直接放出され始めます。この直接放出によって、正門付近の放射線量率は毎時約３００マイクロシーベルトにまで、一気に１００倍近くも上昇しました（**図1・2・4**）。この線量は住民避難を必要とする高いレベルです。

ところが、実際の避難はそれよりもずっと早く、11日深夜に始まっていました。その代わり、避難計画も避難準備も何もないままの、大慌ての緊急避難でした。世上非難を浴びている緊急時迅速放射能影響予測ネットワークシステム「ＳＰＥＥＤＩ（スピーディ）」の不使用の問題は、この準備不足ぶりをよく表しています。準備不足は避難民に混乱と不満を生んだばかりでなく、避難に伴い、７つの病院および介護老人保健施設で少なくとも60名に上る人命が失われました。〈3〉避難問題については、放射能の放出と合わせて**第二部第１章**で再述します。

今ひとつ、福島事故で忘れてならないのは、自衛隊ヘリコプターによる空中散水、東京消防庁による高層ビル用の消防車の出動など、特に４号機の使用済み燃料プール（ＳＦプール）の冷却を巡って繰り広げられた注水大作戦です。この大作戦は、本書が目的とする炉心溶融や水素爆発といった原子炉の事故とは別の事件なので、論評を差し控えます。

３月20日すぎになると、事故現場に仮設電源が、ようやく設置されました。これまで真っ暗闇だった現場に照明が点き、事故処理は捗《はかど》り始めました。炉心溶融や水素爆発の元凶である崩壊熱も１％以下に落ち着きました。炉心の冷却さえ継続してくれれば、想定外の驚愕が新たに起きる可能性も低くなりました。やっと愁眉を開くことができたのです。電気が戻って、溶融炉心に掛け流す水も海水から真水に変わり、流れ落ちた廃液が原子炉施設の地下に溜まって、その処理が問題となり始めました。低レベルの汚染水の放出により、韓国やその他の近隣諸国から非難を浴びたのが、４月５日のことでした。

発電所員の苦労は並大抵のものではありませんでした。数百名の所員が、地震と津波に耐えた免震重要棟と呼ばれる緊急時対策建屋での集団生活です。着のみ着のまま、床の上にごろ寝して、休みなしで慣れぬ事故処理業務に対応しました。食事は冷えた貯蔵食だけという籠城生活が続きました。

それでも彼らは音を上げませんでした。事故の重大性を認識し、最も心を痛めていたのは、発電所で働く彼らだったのではないでしょうか。彼らの多くは地元に住み、家族は強制避難となりましたが自分は発電所に残った人達です。その間家族との音信はほとんどなかったといいます。このような状態に改善の兆しが見えたのは約2カ月後のこと、政府・東電が行った「福島第一原子力発電所・事故の収束に向けた道筋」の第1回改訂（２０１１年5月17日）によってです。

発電所員の涙ぐましい苦労話について書けば1冊の本となりますが、本書の目的から外れますので、ここで止めます。5月24日に現場を視察したＩＡＥＡの事故調査団が、発電所員の行動に対して〝運転員による非常に献身的で強い決意を持つ専門的対応は模範的であり、非常事態を考慮すれば、結果的に安全を確保する上で最善のアプローチ〟との賛辞をおくったのは、発電所の現場を知る者として、言わずにはおけぬ感想だったのでしょう。

さて、6月になり、米仏の協力もあって、現場に溶融炉心を冷却するための循環冷却設備ができあがりました。溜まっていた廃水の放射能を取り除き、炉心冷却水として再使用するパイプライン設備が、突貫工事の末、できあがったのです。この設備の完成で、原子炉の冷却は余裕を持って実施されるようになり、原子炉周囲の温度は徐々に低下し始めました。その結果、1～3号機から放出される放射能量は著しく低下し、事故後3年経過した２０１４年時点では、事故当時の最大放出量の1億分の1にまで減少しています。

廃炉問題が話題になり始めたのは、政府の中間事故報告書が発表された後、事故後1年ほど経った２０１２年の春頃からだったでしょう。4年内に計画を作り、40年くらいで工事を完了するという東京電力の廃炉計画について、20年ほど昔、日本原子力研究所のＪＰＤＲ（動力試験炉）を廃炉にした経験がある私は、マスコミの人達からその是非を度々尋ねられました。この点についても**第二部第4章**で後述することとして、事故の概要説明はここで終了することとします。

4．1号機の場合

1号機が竣工し、運転を開始したのは１９７１年3月です。日本で3番目のＢＷＲです。先輩格の米国では原発建設ブームだった時代で、主要部分の設計製作のほとんどは米国ゼネラル・エレクトリック社（ＧＥ）の手によるものです。

原研のＪＰＤＲもＧＥ製で、１９６３年に初発電に成功した日本で最も古いＢＷＲです。次いで古いＢＷＲが、商用原子力発電を目指した、日本原電の敦賀発電所1号機です。これもＧＥ製です。福島第一の1号機の設計は、今日使われている他のＢＷＲとほぼ同じで、出力が約46万キロワットと少し小型です。

1号機の特徴を挙げれば、古い設備に見られるように、機械的な機構に頼る仕掛けが多いことです。この意味では進化途中の発電所といってもよいでしょう。例えて言えば、今日の自動車が電子制御によるオートマ車であるのに対し、一昔前の車が手動のマニュアル操作であったのと似ています。でも、自動車の性能にオートマ車とマニュアル車の差がないように、発電所としての性能に甲乙はありません。発電所員の中には、マニュアル車である1号機の方が「人間味があって好き」という人も多いのです。

このような話を書いたのは、1号機は40年も経た老朽化した原子炉だから事故を起こしたなどと、実情もわきまえずに知ったかぶりの批評を繰り広げ、短絡的な主張を展開する人が少なくないからです。事故は津波によって起きたもので、発電所の老朽化問題とは無関係です。

4・1　IC（非常用復水器）について

1号機の特徴のひとつは、非常用復水器IC（Isolation Condenser）の存在です。事故時に働かなかったと、その設置が問題となっているICは、JPDR、敦賀1号機、福島第一1号機といった、3基の古いBWRにのみに採用されています。

2号機以降のBWRは、ICの代わりに、原子炉隔離時冷却系RCIC（Reactor Core Isolation Cooling System）を採用しています。この意味では1号機は古い型の原子炉といえるでしょう。RCICについては2号機のところで説明をしますが、ICもRCICもその役目は、今回の事故のように原子炉がタービンと切り離された（隔離された）場合に出動して、炉心冷却を果たす安全設備と記憶しておいてください。

ここでICの仕組みについて簡単に説明しておきましょう。**図1・2・5**に示すように、ICの中心は単純な冷却用熱交換器で、原子炉より高い位置に配備されているのが特徴です。原子炉から上昇してきた蒸気が熱交換機のチューブを通って冷却され、水に戻って原子炉に帰るという、自然循環の原理を利用した冷却回路です。重力を利用した信頼度の高い装置で、このICが期待通り働いていれば1号機の炉心溶融や水素爆発はなく、事故の様相はずっと軽微なものであったでしょう。

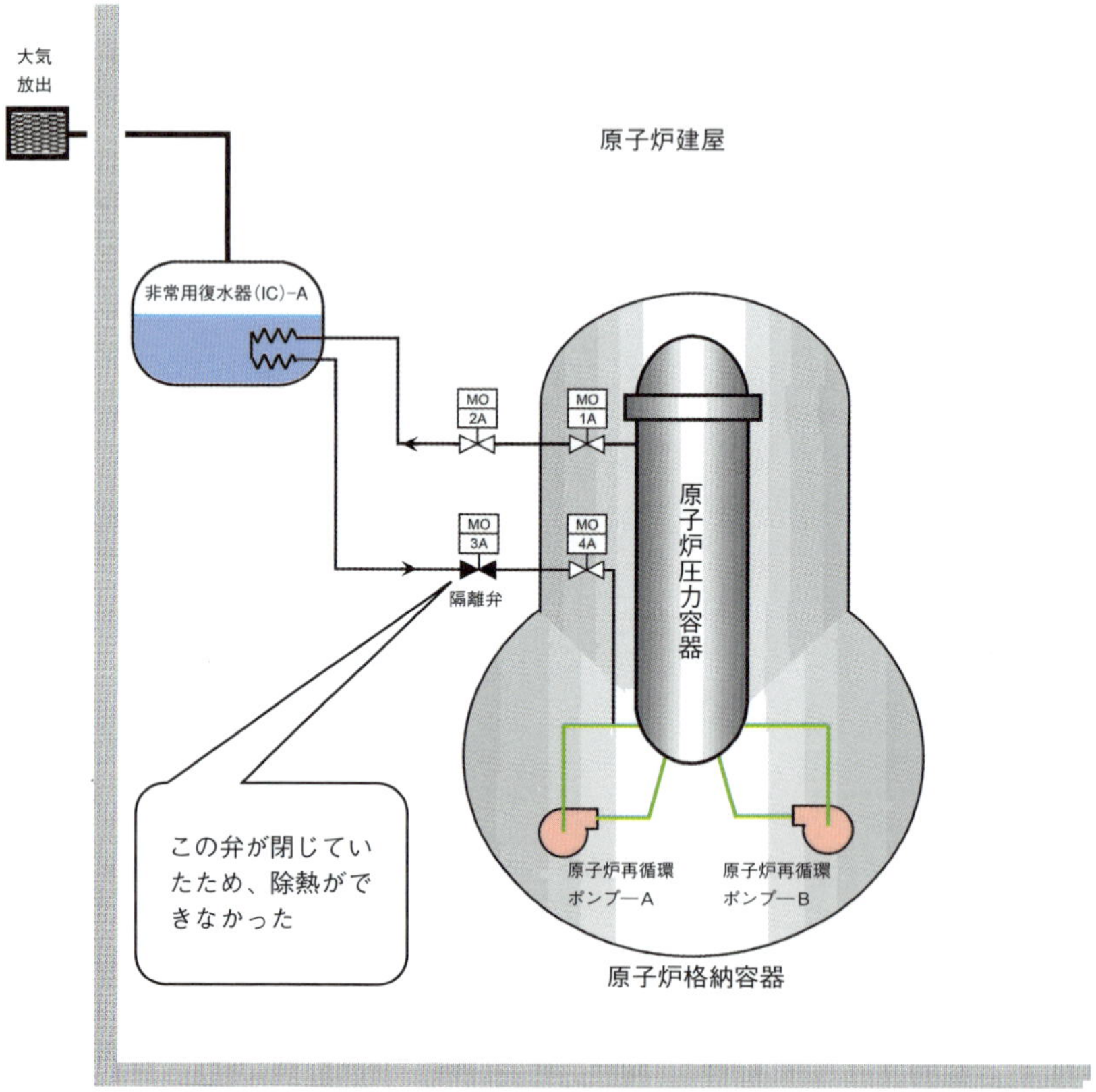

図1.2.5　１号機非常用復水器（IC）の系統図

ＩＣの熱交換器の二次側には１００トンもの大量の水が蓄えられていて、停止後8時間は補給なしで原子炉を冷やし続けることができるよう設計されています。もちろん、二次側に水を追加すれば、冷却時間を延長することは容易なことです。１号機にはこのＩＣがＡとＢの2系統ありました。

事故時にＩＣが期待通り働かなかった理由はこの後で述べますが、問題はＩＣが働いていないという事実を、東電の司令部とも言える現場対策本部も本店対策本部も共に把握しておらず、働いていると思い込んでいたことです。この誤った思い込みが、事故を災害に広げた原因の一つといってよいでしょう。津波直後の東京電力首脳の関心は、出力が大きく、原子炉水位やＲＣＩＣの運転状態が不明であった2号機に向けられていて、出力も小さく、自然循環冷却のＩＣを持つ1号機は大丈夫だと思い込み、注意を払っていなかったと思われます。

この信頼性の高いＩＣが作動しなかった原因は、原子炉とＩＣを繋ぐ配管の格納容器貫通部に置かれた隔離弁（ＭＯ―３Ａ）が閉じられたためです。

ＩＣに関わる弁は多数あります。事故時における作動の有無については、各弁について論争の中にあります。これらを詳しく述べるのは本稿の目的から外れますので、ＩＣの挙動については運転員が操作したＭＯ―３Ａ弁の作動に特化して述べることとします。

では何故、このＭＯ―３Ａ隔離弁は閉められたのでしょうか。

3月11日午後2時46分、地震発生により原子炉は自動停止しました。合わせて停電が起きて、自動的に主蒸気隔離弁が閉じました。ところが、原子炉は停止しても崩壊熱は発生し続けています。主蒸気隔離弁が閉じられると、崩壊熱で作られる蒸気は行き先がないので、原子炉の圧力を上昇させます。原子炉停止の6分後、午後2時52分に原子炉圧力高の信号を受けて、設計通りにICが自動起動しました。1号機はICによる冷却に移ったのです。

起動直後のICの冷却速度は非常に大きいのが特徴です。ICの冷却チューブ内に溜まっていた冷たい水が、一斉に原子炉に流入するためです。私も原研時代に、JPDRのICが動くのを観察した経験がありますが、作動直後は本当によく冷えます。敦賀発電所では原子炉停止後の冷却操作に、時折ICを使って非常時訓練を行っていたと聞きますが、福島第一1号機の運転員にとってはICの使用は初体験であったようです。

午後3時3分、ICの運転が始まって約10分後、運転員はあまりにも速い原子炉の冷却速度に、IC冷却をいったん停止します。この停止で、問題となるMO―3A弁が使われました。これは間違った操作ではありません。運転規則には、原子炉の冷却速度は毎時55℃を超えてはならないと定められています。この時運転員は、後で津波が来て事故が起きるとは露ほども知りませんから、運転規則に従って冷却をいったん止めたのです。運転員としての当然の職務行為です。

暫くして原子炉の温度圧力が回復し始めたので、運転員は一系列のICを運転状態におき、隔離弁（MO―3A）を開閉操作して原子炉の冷却速度を手で制御をすることとしました。この操作は数回行われたようです。運の悪いことに、運転員がMO―3A隔離弁を閉じた直後に津波が来襲したといいます。津波により、1号機の電源はすべて失われました。MO―3A弁を動かす電源が失われたのです。かくしてICは動作不能になりました。

先ほども書きましたが、1号機のＩＣ作動については事故後色々と取り沙汰されています。それに対する見解は私なりに持っていますが、それは本書が目的とする炉心溶融の検討分析とは違った論議ですので、ここで打ち切ります。

ただ、ＩＣ作動の有無は炉心溶融を起こすか否かの瀬戸際です。原子炉の生死を分けるような重大問題です。このことは運転員も知っていたはずです。しかし、地震に津波、加えて停電による暗闇です。非常時の運転操作や正確な情報の記録や伝達、これらすべてに運転員の完璧を求めるのは酷でしょう。それよりも、ポータブルの発電機かバッテリーが1台でも用意されていれば、ＭＯ—３Ａは開くことができたかも知れません。こうした準備が整っていれば、運転員の気付き方もまた違っていたでしょう。この点については**第二部第3章**で述べます。

ＩＣの停止は福島第一事故の明暗を分けました。東電の司令塔がＩＣ停止に気付くのが遅れたことは、事故対応での最大のミスと言ってよいでしょう。しかし繰り言を言っていても前には進みません。津波が来た時点でＩＣの機能が喪失して、1号機の炉心冷却が失われたとして稿を進めましょう。

4・2　燃料温度の上昇

発電所を浸水させた第2波が来たのが午後3時35分頃です。地震発生から約50分を経て、ＩＣは動作不能になりました。

しかし、この50分間だけでもＩＣが働いてくれたことは、1号機にとって大きな幸運でした。それは、原子炉停止の直後には定格出力の7％もの大きさであった崩壊熱が、50分後には2％くらいにまで減少しているからです。炉心溶融を起こす原因である崩壊熱が、スタート時点で2%に下がっていることに相当します。出発時点で大きなアドバンテージを貰ったようなもので、このため炉心溶融に至るまでの時間は、ＴＭＩに比べて大幅に長くなります。

でも残念なことに、東電はこの幸運を生かせませんでした。肝心要の司令塔が、ＩＣが動いていないという事実に気付いていなかったからです。早いうちに分かってさえいれば手は打てたはずです。現場の放射線量がまだ十分低い時間帯ですから、暗闇さえ克服すれば、どんな手でも打てたでしょう。

ＩＣは単純な自然循環回路ですから、弁さえ開いていれば、電気なしでも原子炉は冷却されます。だからこそ、ＩＣは働いていると思い込んでいた現場司令官も参謀達も、１号機の状況には注意を払いませんでした。それが命取りとなりました。

現場司令部が、１号機が危機状態にあると気付いたのは、恐らく11日午後10時頃から11時頃にかけて、原子炉建屋内の放射線量が急速に高くなった時ではないかと思います。

東電の解析によれば、その頃、原子炉の水は空になっています。が、これは少し割引して考えた方が良さそうです。何故なら、原子炉水位が下がり燃料棒が水面上に頭を出すと、そこから出てくるγ線は炉心の外に飛び出すので、崩壊熱として働かなくなるからです。

この理由を述べると長くなり話が逸れてしまいますが、そこには原子炉事故の考察検討上、重要な事柄も含まれていますので、**本節**の末尾に**［備考注釈４・１］**として書くこととします。興味のある方はご覧ください。

ではここで、ＩＣが停止した後の1号機の炉心状態の推移をまとめてみましょう。

ＩＣが停止したのは、原子炉の停止から約1時間が経った頃です。崩壊熱の大きさは定格出力の約2％、具体的に示すと約3万キロワットの発熱となります。この熱で炉心の水が蒸発して原子炉の圧力が上昇し始めます。圧力が10％ほど高くなると、逃がし安全弁が自動的に開いて中の蒸気を格納容器に排出するので、原子炉圧力を再び約7メガパスカルに戻します。圧力が戻ると弁は閉じます。この逃がし安全弁による蒸気の吹き出し、停止の繰り返しが、非常用復水器の停止以降、何度も何度も原子炉で続きます。

この逃がし安全弁による蒸気の吹き出しは、言ってみれば、内部に留保している水を蒸発させることによって、原子炉を冷却しているということです。例えて言えば、蛸が命を永らえるために、自分の足を食うのと同じです。いずれにせよ長くは続きません。原子炉の水は失われ、水位の低下が続きます。逆に、蒸気が放出された格納容器の溜まり水は、蒸気を受けて温度・圧力が上昇していきます。

簡単な目の子計算をしてみましょう。この熱による水の蒸発量は1時間当たりに約75トンと計算されます。東電の計算によると、炉心上約5メートルもあった水位が、3時間後（11日午後6時頃）には炉心上部にまで下がり、約5時間後（同午後8時頃）には炉心底部に達しています（**図1・2・6**）。この計算は、蒸気発生による水位低下の単純な計算ですから、先ほど述べたように少しオーバー気味ですが、おおむね信頼できます。炉心の長さ、約4メートルの水位低下に要した時間が約1・5時間ですから、炉心での水位低下速度は毎時約2・7メートル、1分間に4・5センチメートルほどの減り方となります。

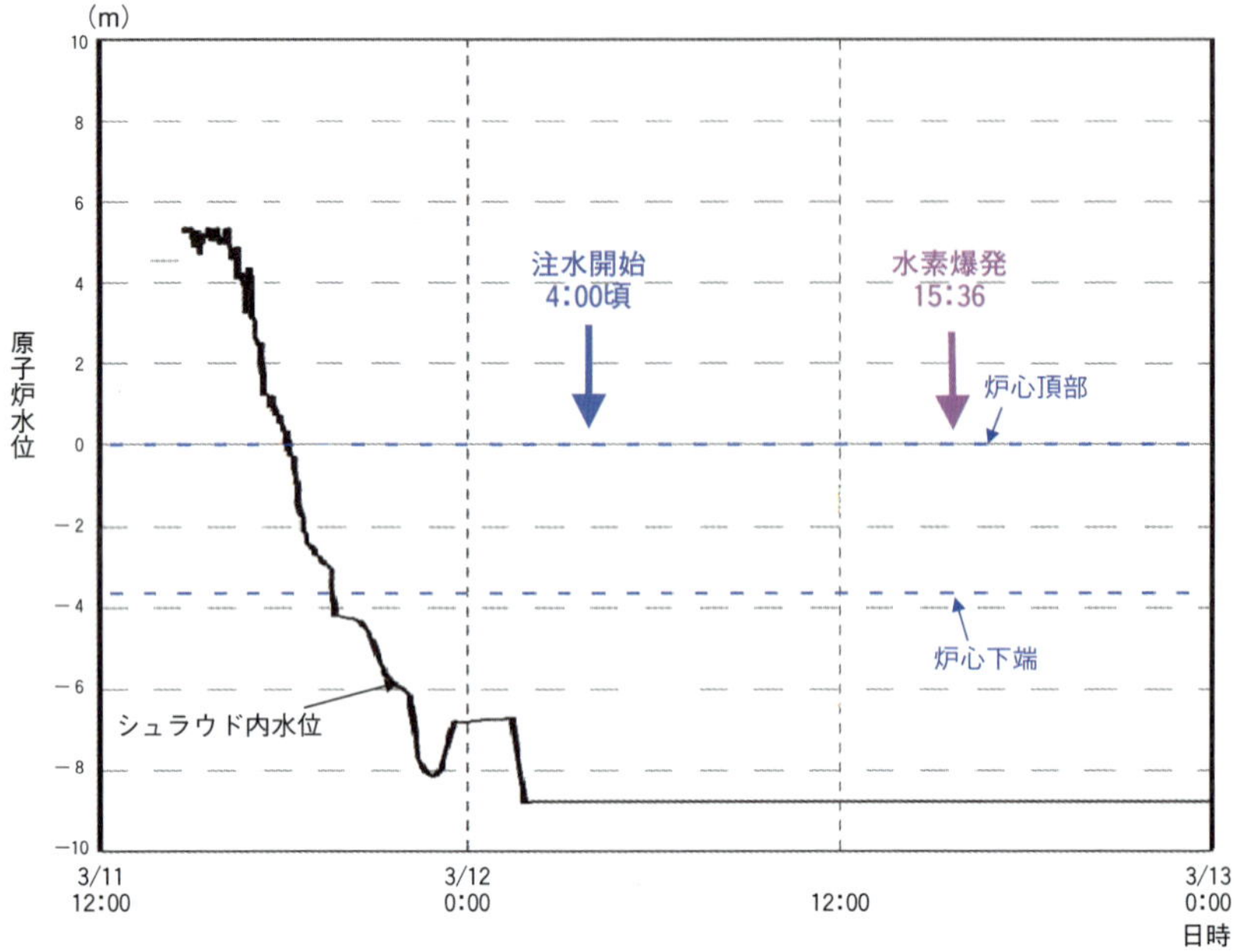

出典：東京電力『福島原子力事故調査報告書』より作成

図1.2.6　１号機の水位変化（解析値）

さてそれでは、ＴＭＩ事故との比較のために、水位が炉心の真ん中くらいにまで下がった時点での燃料状態を、見てみましょう。

逃がし安全弁が閉じている時間帯は、原子炉内の水は穏やかに沸騰しているだけです。ＴＭＩ事故で加圧器逃がし弁の元弁が閉じられたのと同じ状態で、燃料棒はサウナ風呂に入った状態です。蒸気の蒸発速度は、目の子計算で毎秒１・５センチメートルくらいですから**［備考注釈４・２］**、そよ風もないサウナです。ですが、圧力が上がり、逃がし安全弁が開いた時には、蒸気が原子炉から流れ出ますから、燃料棒はある程度冷やされます。水の上に出ている燃料棒は、サウナで熱せられたり、蒸気流で冷やされたりで忙しいことですが、水位がさらに低下するに従って徐々に温度は上昇していきました。

水の上に出ている燃料棒の上部では被覆管が酸化し始め、表面は薄い酸化膜に覆われたでしょう。柔らかくなった被覆管本体はペレットに圧着して、その表面には酸化膜ができていたと思われます。ＴＭＩ事故での状況と同じですが、ＴＭＩに比べると1号機の崩壊熱が少ないので、燃料の状態は**第1章4節**の模式図（**図1・1・6**）のⅡからⅢの間の状態にあったと考えてよいでしょう。

ＴＭＩでは崩壊熱が高いため燃料棒の状態はⅣでした。ここで一次冷却材ポンプが回りました。そして炉心が崩壊しました。**第1章5節**をご参照ください。冷たい冷却水が大量に炉心に流れ込んで、燃料棒が分断し、炉心が崩壊して、炉心溶融が起きました。福島事故の場合は、水位が半分になったのは午後7時頃とみられますが、停電でポンプは動きませんから、炉心に流れ込む水は期待できません。従って、燃料の分断も、炉心の崩壊も起きません。燃料棒は**図1・1・6**の**Ⅱもしくは**Ⅲの状態を保ちながら、辛抱強く頑張っています。

この状態はさらに続いていきます。ただ、炉心の水位が下がれば下がるほど、水面下にある燃料棒の長さが短くなるので、水の蒸発量が減り、その分だけ炉心上部での蒸気過熱度が高くなります。言い換えれば蒸発に使われていた熱が蒸気の温度を高めるのに使われるわけです。その結果、炉心上部の燃料温度はその分上昇していきます。燃料棒状態は、徐々にⅢからⅣに移行していたことでしょう。

11日深夜には、原子炉の水位は完全に失われました。炉心に発生する崩壊熱は燃料棒温度を上昇させるしかありませんが、それに連れて輻射による放熱が多くなります。これからの検討は輻射熱を放散しながら温度上昇を続ける燃料の様相、その輻射熱を受ける炉心構造物、原子炉圧力容器、さらには格納容器に至るまで、輻射熱の授受による周辺構造物の温度上昇を、炉心溶融と共に考慮していかねばならない事態となります。

炉心の水位が半分以下に下がると、ＴＭＩ事故というお手本がなくなります。ここから後は、海図のない航海です。自分の頭を使って、注意深く炉心の状態を考え出す以外、解明する方法はありません。考えなければならない問題は数多いのです。

ところで、１～３号機に起きた炉心溶融のうち、一番難しいのが1号機です。そこで1号機の検討を一時中止して、ＴＭＩというお手本に近い2号機、3号機の炉心溶融の検討を先に済ませ、そこから新しいお手本を求めようと思います。その方が説明も易しく、読者の納得も得られやすいからです。

［備考注釈４・１］

原子炉の水位計算は、蒸気として失われる水量を原子炉水量から差し引いて、残水量から計算されます。この計算自体は単純で、コンピュータなら間違いようはありません。

燃料棒が水に浸かっている時は、出てくる蒸気はすべて飽和蒸気です。水位が下がって燃料棒が水面から顔を出し始めると、そこに来た飽和蒸気は熱を貰って熱せられ、過熱蒸気となって温度が上昇します。それは焚き火をすると空気が熱せられるのと同じ現象です。炉心の水位が下がるにつれて、水面下にある燃料棒の長さが短くなるので、蒸発する蒸気量は減り、その反面、蒸気の温度が高くなります。言い換えれば蒸発に使われていた熱が、蒸気を暖めるために使われているわけです。従って、炉心蒸気の過熱度が上昇していきます。

さらに水位が下がって、燃料棒の底近くになった状態を考えます。水に浸かっている長さが短いので、蒸気の発生はほとんどなくなります。その代わり蒸気の過熱量は多くなり、過熱蒸気の温度は高くなり、炉心上部の燃料温度もまた上昇していきます。ここまでの計算については、コンピュータは間違いません。

しかし計算上で十分考慮できていない点があります。炉心の水が失われて蒸気に置き換わると、蒸気の空間が多くなって、炉心内部で発生するγ線が炉心の外に飛び出すことにより、炉心の発熱が減ることが一つです。加えて、蒸気空間の中では、燃料棒温度が高くなると、輻射熱となって放熱される量が飛躍的に多くなることです。この2つの考慮が、事故解析用の計算コードでは十分モデル化されていないようです。実証実験もそこまでは行っていませんから、検証のしようもありません。

γ線はその性質から水の無くなった炉心を通過して、原子炉圧力容器やその他の構造体に入り込み、そこで発熱します。

崩壊熱の半分はγ線発熱ですから、崩壊熱がそのまま蒸気発生に使われたとした計算は、ざっとみて、蒸発量を2～3割近く多く計算していることになります。この補正は、水位が下がれば下がるほど大きくなることは、炉心の下まで水位が下がった状態を頭に浮かべて貰えば分かります。

次に輻射熱です。燃料棒温度が千数百度を超える状態になると、原子炉圧力容器など比較的低温の構造物への熱輻射も考慮しなければなりません。輻射熱は、熱を出す物体の持つ温度の4乗で放熱されるので、温度が高くなればなるほど大きくなります。この輻射熱計算も、計算機は十分な精度でモデル化できていないでしょう。

あれやこれや合わせると、水位が炉心の半ばくらいになった頃から後は、崩壊熱が水に伝えられる量は激減し、沸騰による蒸発量が減って、原子炉内の水位低下は鈍るはずです。ですが、そういった計算配慮がなされたとは報告書は記載していませんし、解析が示す水位減少カーブは直線的です。仮想的な安全解析での評価は別として、事実を追いかける事故検討には、このような補正が必要です。

[備考注釈4・2]

逃がし安全弁の吹き出し圧力を約7メガパスカルとすると、7メガパスカルの飽和蒸気の比体積は1キログラム当たり0・0274立方メートル、飽和水の比体積は同0・00135立方メートルですから、蒸気と水の体積比は約20となります。
原子炉水位（飽和水）の低下速度が毎分４・５センチメートルなので、飽和蒸気の流速は毎分90センチメートル＝毎秒１・５センチメートルとなります。

5．2号機の炉心溶融

2号機が運転を開始したのは１９７４年、1号機の3年後です。最も大きな違いは、発電所の出力が1号機46万キロワットであるのに対し、2号機は78・４万キロワットと、約70％も増えている点です。発電容量の増加に従って各設備の寸法は大きくなっていますが、発電所の設計思想は大きく変わっていません。

強いて違いを示すと、1号機のところで述べたように、原子炉隔離時の冷却設備がＩＣからＲＣＩＣに変わったことと、制御設備の多くが電気式に変更されたという変化です。それよりも、1号機の機器設備の多くがＧＥ製であったのに比べて、日立、東芝といった日本製品が多く使われていることのほうがより大きな違いでしょう。もちろん、本書の目的である炉心構造については、1号機も2号機も変わらないと思ってお読みください。

5・1　原子炉隔離時冷却系（ＲＣＩＣ）

地震発生により2号機は停電しました。原子炉も停止しましたが、運転員操作によって、原子炉隔離時冷却系（ＲＣＩＣ）を使っての冷却過程に入っていました。ＲＣＩＣは1号機のＩＣと同じで、原子

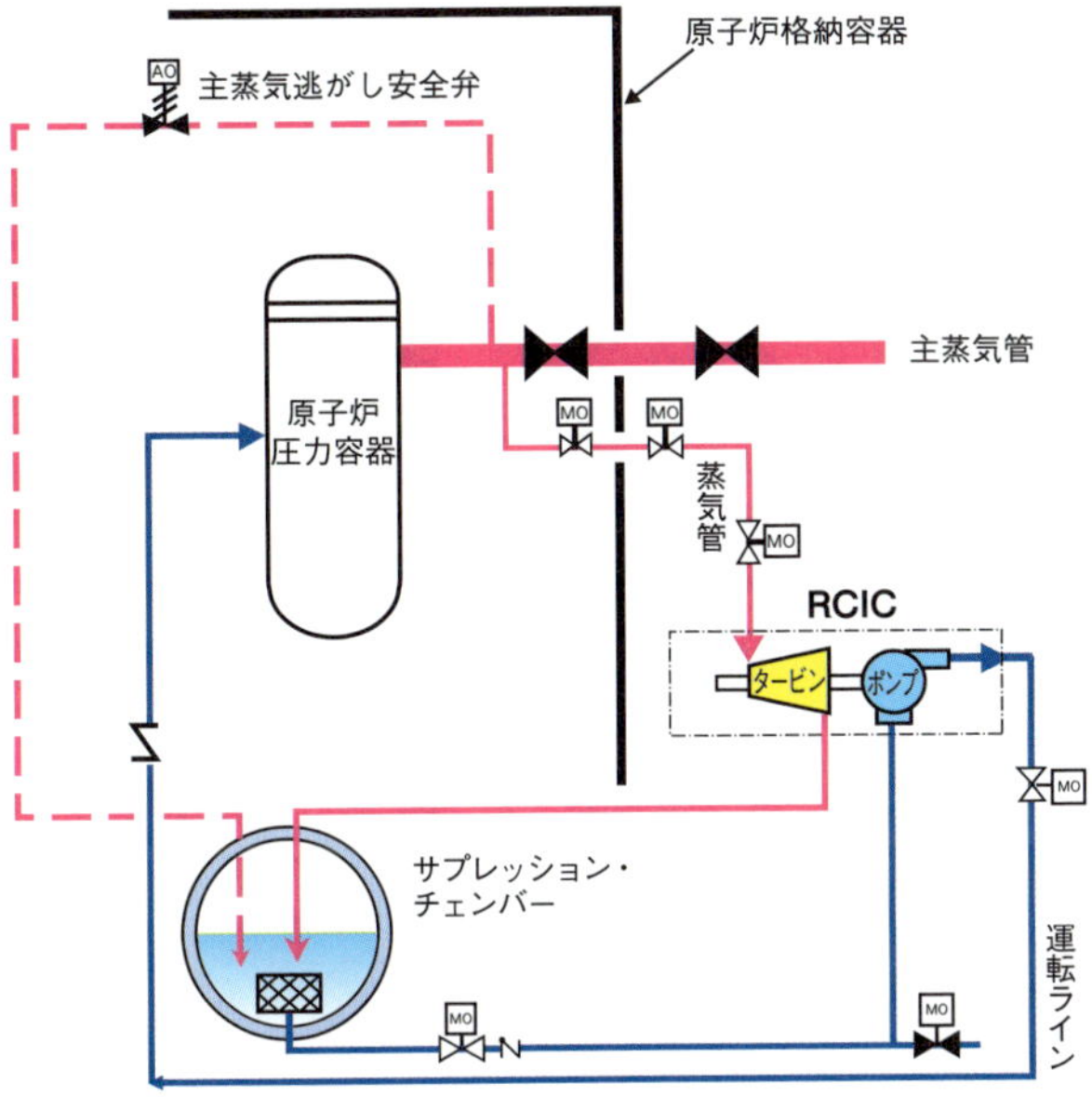

図1. 2. 7　原子炉隔離時冷却系（RCIC）系統図

炉が隔離された時の冷却設備です。

ＲＣＩＣとＩＣとの相違点は、ＩＣが自然循環を利用した冷却であるのに対して、ＲＣＩＣは蒸気タービン駆動ポンプを使用する冷却で、電気による制御を必要とします。

ポンプを駆動する蒸気は炉心の崩壊熱で作られるので、停電時でも動力の確保に心配はありませんが、ＩＣと比較して考えると、制御が行えるメリットと、制御のために直流電源（バッテリー）を必要とするデメリットとの比較は微妙です。ただ今回は、この弱点を津波に突かれました。バッテリーが被水して制御不能となったからです。

ここでＲＣＩＣの仕組みを説明しておきましょう。

通常の原子炉停止では、崩壊熱は蒸気となってタービン復水器で冷やされます。しかし今回の事故では、海水を汲み上げる循環水ポンプが停電だけでなく、津波で損傷を受けて全く動かないので、タービン復水器へ蒸気を流すわけにはいきません。そこでRCICの登場となるわけです。

RCICポンプの水源は2つあります。格納容器の下部にある水溜まりのサプレッション・チェンバー（SC）と、復水貯蔵タンクです。ただ今回の事故では、3月12日早朝の切り換え以降、復水貯蔵タンクの水は使われていませんので除外し、水源としてはSCのみを考えることとします。**図1・2・7**をご覧ください。

RCICシステムの仕組みは、崩壊熱で発生した蒸気が原子炉から出てRCICタービンポンプに行き、RCICポンプを回して冷却水を汲み上げ原子炉に水の補給を行います。補給する水は、原子炉の水位を一定に保つよう制御することが必要ですから、制御用の非常電源が必要となります。2号機の場合、制御用電源が津波で被水して使えなくなりましたが、幸いにもポンプがまわり続けてくれたので、原子炉への水の補給が約3日間も続きました。

問題は、たった1つの水源SCで崩壊熱を処理していることです。RCICを使っての原子炉冷却とは、格納容器の溜まり水による循環冷却ですから、水量的には差し引きゼロです。その代わりに、冷却容量（能力）は溜まり水の量で支配されるということになります。マークI型の格納容器に貯えられるSC水量は約3000トンです。仮にその半分の水が蒸発するまでRCICが使えるすると、原子炉を3日ぐらい冷却できることとなります。

余談になりますが、福島第二原子力発電所や女川原子力発電所にある原子炉の多くが、東日本大震災を受けて、停止後の炉心冷却にこのＲＣＩＣを使いました。津波による機器の被害があって運転員はかなり苦労したようですが、原子炉のすべてでＲＣＩＣによる冷温停止を達成しています。

この事例からも分かるように、ＲＣＩＣによる水の注入が続いている限り原子炉は冷却できます。崩壊熱の大きさは高々、定格出力の７％しかないのですから、ＲＣＩＣが動いている限り燃料棒の温度はそう高く上昇しません。冷却水とほぼ同じ３００℃程度と考えてよいのです。燃料の溶融とか被覆管の酸化膜などといった大げさな話とは、おおよそ縁遠いものです。ＲＣＩＣが動いている限り炉心溶融は起きないと考えてよいのです（**図1・2・10の㋑**）。

午後3時35分頃、2号機にも津波が来襲しました。この津波でバッテリーが被水してＲＣＩＣの制御ができなくなりました。しかしＲＣＩＣの本体設備は、すべて津波に浸水されない原子炉建屋にありました。運の良いことに、ポンプを動かすタービンが制御電源なしで回転を継続し、原子炉に水を注入し続けてくれました。

東電の報告書には、11日午後10時頃の原子炉水位が、炉心の上３４００ミリメートルであることが確認され、また翌朝12日午前3時頃には、暗夜の現場で運転員がＲＣＩＣが運転していることを確かめたとあります。この報告は東電にとって朗報だったでしょう。「よし、いけるぞ」と、現場の意気は上がったことでしょう。

さらに注目すべきは、東電報告書の水位計の記録（**図1・2・8**）に示されているように、11日夜確かめられたプラス３４００ミリメートルという水位が、14日の午前10時頃までほとんど変化せずに、一

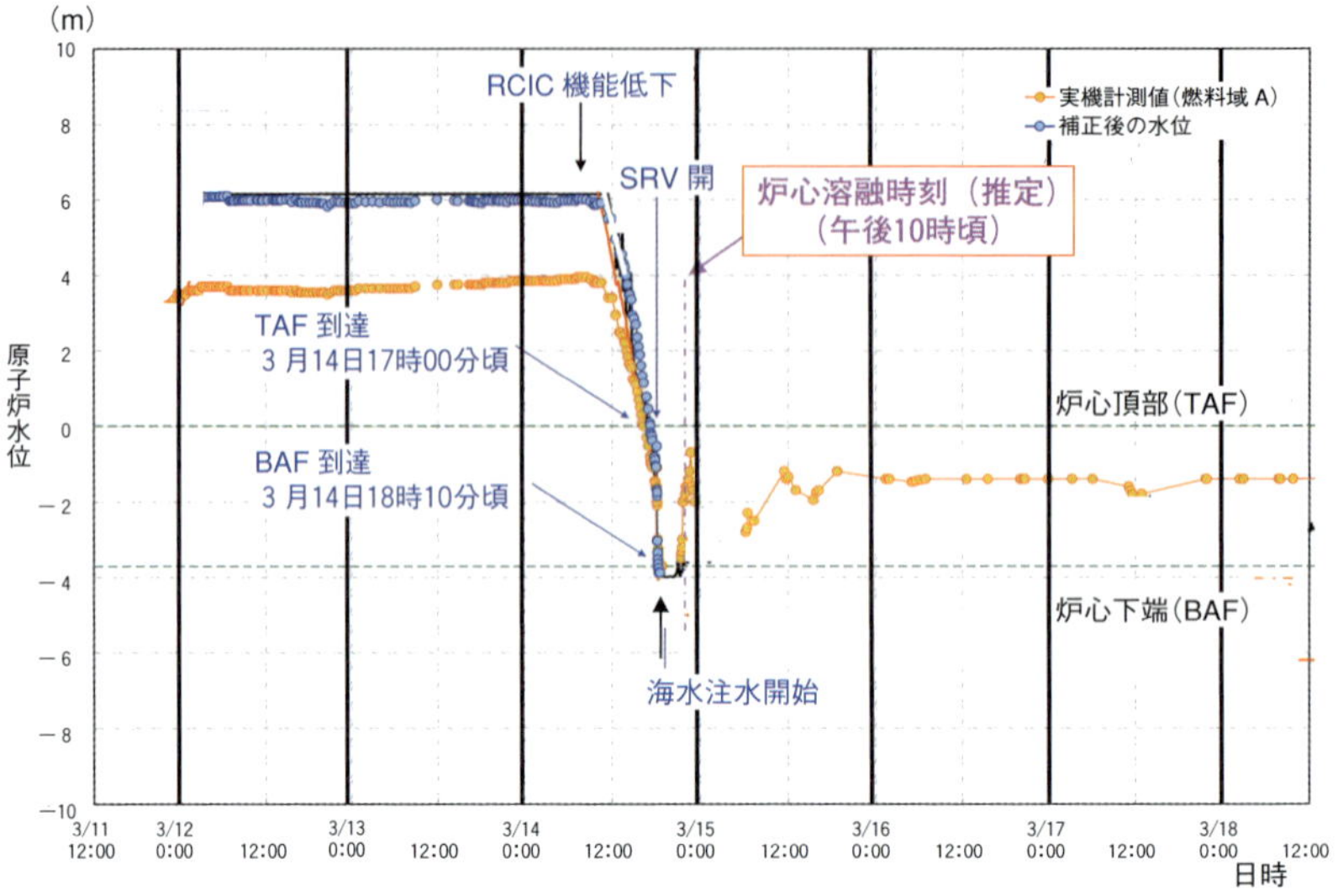

出典：東京電力『福島原子力事故調査報告書』より作成

図1.2.8　２号機の原子炉水位変化（測定値）

定に保たれていたことです。ＲＣＩＣポンプは、事故以来３日間も制御なしで運転を続けていたことになります。これは驚きです。というのは、ＲＣＩＣのような隔離時冷却設備は、８時間の停電に対して設計されているものだからです。８時間設計の機械が、制御もない悪条件で、丸３日も運転し続けたのです。事故が起きたため悪口を言われていますが、発電所の安全設備は伊達ではありませんでした。期待以上に働いてくれたのです。なお、この８時間の設計時間は、例外はあるにせよ、世界共通です。

報告書によれば、このプラス３４００ミリメートルという測定水位は、事故による水位計の狂いを補正すると、プラス６０００ミリメートルになると書かれています。理由は省略しますが、この補正は信用してよいでしょう。プラス６メートルの水位といえば、気水分離器の頂部を超えた高さですから、そこから分離された蒸気は劣悪で、水分が多く混じっていたと想像できます。ＲＣＩＣ駆動用タービンの回転翼は、蒸気に混じった水分でかなり傷んだことと思います。

14日午前11時以降、原子炉水位が低下し始めています。同午後1時25分、水位が極端に低下したことから、発電所長はＲＣＩＣの機能喪失を判断したと報告書にあります。恐らくＲＣＩＣポンプは午前11時頃に水を汲み上げなくなっていたのでしょう［備考注釈5・1］。

ＲＣＩＣが働かなくなって以降の原子炉の状態は、水の蒸発によって崩壊熱が除去され、それに伴って原子炉の水位が低下する状況となります。炉心冷却状況は1号機と全く同じ状況になったわけです。2号機の炉心溶融問題は、ＲＣＩＣが停止した14日午前11時頃から始まるということになります。

偶然ですが、同じ時刻の14日の午前11時1分に、3号機の原子炉建屋で爆発が生じています。この爆発によって、2号機の注水のために準備した仮接続したホースと消防車が損傷を受け、使用できなくなりました。また、格納容器の減圧のために準備していたベント弁の作動装置も使えなくなり、2号機のベントが困難になりました。2号機の現場はこの対応に追われて、炉心への注水が同日午後8時頃まで遅れます。

後ほど述べますが、この遅れが、2号機の炉心溶融を起こさせました。

話を炉心に戻します。ＲＣＩＣポンプが止まれば炉心への注水が止まりますから、燃料棒はサウナに

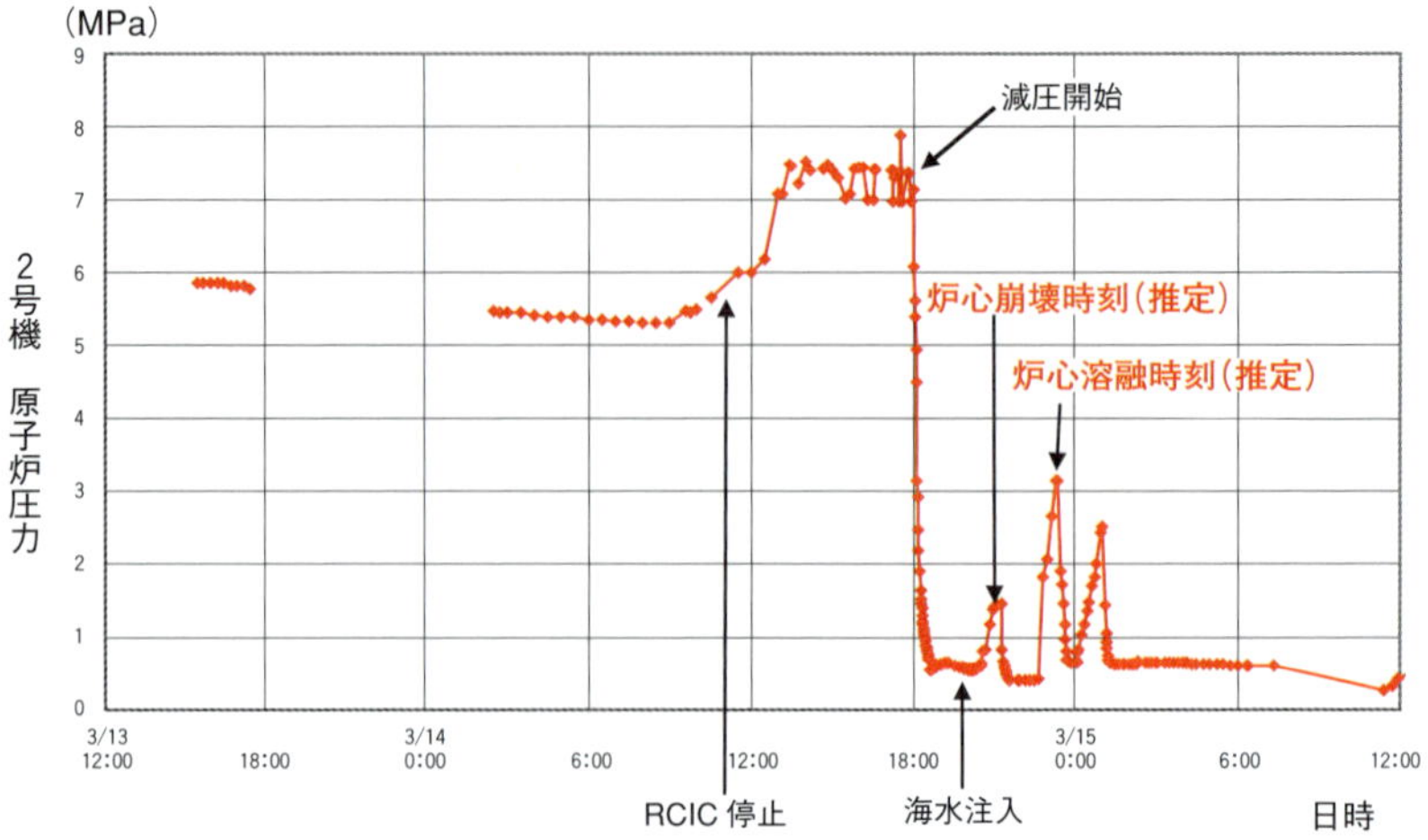

出典：東京電力『福島原子力事故調査報告書』より作成

図1.2.9　２号機の原子炉圧力変化（測定値）

入った冷却状態となります。また、炉心の水が蒸発して水位が低下し、燃料棒温度が上昇して被覆管の酸化が始まるのは時間の問題です。

図1・2・8を見ますと、14日午前10時にプラス6メートルであった水位は、午後6時頃にはマイナス4メートル、ちょうど炉心の底に達しています。午後6時頃には炉心から冷却水が全くなくなったのです。

念のため、RCICが停止した午前11時頃から、炉心から水のなくなった午後6時頃までの間のデータを調べておきましょう。**図1・2・8**を見る限り、炉心水位の低下状況は非常にスムーズで、予想外の変化は一切見られません。原子炉圧力は（**図1・2・9**）水の蒸発によって午前10時頃から上昇し、午後2時を過ぎる頃から午後6時頃までは逃がし安全弁の作動によって、ほぼ一定値の約7・5メガパスカルに保たれています。すべてのデータは予想通りで、特段の変化は見られません。

原子炉の圧力データも、水位データも順調に推移しているということは、午後6時頃まで炉心はある程度冷却されていて、炉心溶融など問題が起きていないことを示しています。何故なら、仮に炉心溶融が起きていれば、ジルコニウム・水反応が生み出す膨大な発熱によって、炉心水位は急速な変化を示すはずです。また、原子炉圧力も水素の発生によって急上昇するはずです。このような突発的な変化がないということは、午後6時頃までは、炉心溶融がなかったという証拠です。

この結論は極めて常識的にみえますが、非常に大切なことを意味しています。炉心から完全に水がなくなり空焚き状態になっているにも関わらず、原子炉は溶融していないということを示しています。この明示は、今回の福島事故で初めて明らかになった事柄で、ＴＭＩ事故を超えた知見です。今後の原子炉安全に当然、活かされるべき新事実といえます。

さて、午後6時頃には、水位は炉心の最低部にまで下がりました。この水位低下の過程で生じた燃料の温度上昇は、ＴＭＩ事故とは異なり崩壊熱が０・４％程度に減少していること、また水の蒸発によるそよ風程度の除熱がありますので、それ程高く上昇することはなく、最も高い部分でも１０００℃にはなっていなかったであろうと推測しています。**図1・1・6**でいえば、燃料状態はⅠ、精々Ⅱといったところでしょう（**図1・2・10の㋺**）。

この時刻、14日夕刻までは、炉心はまだ溶融に至っていません。炉心溶融が始まるのはこれからです。

5・2　海水の注入と炉心溶融

午後6時2分、逃がし安全弁を開固定し原子炉圧力を開放低下させます。
午後7時54分、消防車を使っての原子炉注水が始まります。
この2つが、炉心溶融を引き起こした一連の操作です。

本節のタイトルは炉心溶融です。炉心溶融が起きるには、**第1章7節**の結論一、二にあったように、燃料棒が高温の灼熱状態にあること、水が大量にあることの2つでした。この2つに目を光らせながら、読み進めてください。

本論に入る前に、炉心状況の把握のための計算をしておきます。

第1章4節で述べたように、停止後2時間で炉心溶融に至ったＴＭＩ事故での崩壊熱の大きさは約1％強で、この熱による燃料棒の温度上昇は毎秒０・７℃ほどでした。2号機の場合、停止後丸３日も経っていますから、崩壊熱はさらに減って約０・４％以下です。炉心から水がなくなり燃料棒の除熱がないと仮定すれば、燃料棒の温度上昇はＴＭＩのほぼ3分の1となり、1秒で０・２℃、1分間で12℃、1時間で７００℃ほどの温度上昇という計算となります。

午後6時2分、運転員は逃がし安全弁を開いた状態に固定して、炉心圧力を強制的に下げました。原子炉圧力は約７・５メガパスカルから一気に０・５メガパスカルくらいにまで下がっています。減圧に要した時間は30分程度だったでしょう。

この減圧で、原子炉の下部に存在する水は、急激な減圧沸騰を始めました。減圧沸騰とは、圧力減少に伴う飽和温度の低下が起こす自己沸騰現象ですが、この減圧沸騰による冷却水の減少は馬鹿になりません。目の子計算では、減圧沸騰によって炉心の下にある水、約30トンが蒸発したとの評価になります。この計算は、**本節の末尾**に備考注釈として示しておきますので興味のある方は参照してください〔**備考注釈5・2**〕。

この減圧沸騰によって、原子炉の水位は、炉心の下1メートルくらいにまで下がりました。加えて、これまではサウナ状態で1000℃近くにあった炉心燃料は、減圧沸騰の蒸気によって冷やされ、水の飽和温度に近い150〜160℃くらいにまで温度低下したと考えられます。

燃料棒温度は、減圧沸騰により非常に低くなりました。もし、この減圧の直後に海水が原子炉に注入されていれば、炉心の溶融は起きなかったでしょう。何故なら、温度が低ければ、酸化膜で包まれたジルカロイは水と反応しません。ジルコニウム・水反応が起きなければ、仮に燃料棒が分断、崩落したとしても、炉心溶融は起こりません。分断された燃料デブリは水で冷却されるからです（**図1・2・10の㈧**）。

思い出してください。**第1章3節**で述べた、ＰＢＦのＰＣＭ実験を。コミュニケーションパスのことを。ＴＭＩ炉心の上に、冷却された燃料デブリの塊があったことを。

残念なことに、待望の海水が炉心に入ったのは午後7時54分でした。減圧が開始されてからほぼ2時間が過ぎています。この間に、大部分の燃料棒温度が1500℃くらいに達していたであろうことは、先ほどの目の子計算から分かります（**図1・2・10の㊁**）。

今や、灼熱状態となって林立している燃料棒の表面には酸化膜があり、その内側では被覆管材料のジルカロイが柔らかくなり、部分的には溶けて、所々に集合して溜まりを作っていたことでしょう。そこへ冷たい海水の注入です。もし海水が炉心の頂部から散水されていれば、酸化膜は燃料の頂から冷えて破れ、燃料棒はバラバラに分断されて炉心が崩落したであろうことは、ＰＢＦ実験、ＴＭＩ事故の先行事例から明らかです。炉心は一瞬にして崩壊し、デブリの山と化したでしょう。でも、こうはなりませんでした。

注水は、炉心の頂部からの散水ではなく、原子炉圧力容器の側壁にある配管からの流し込みでした。それも消防ポンプによる細々とした流し込みです。壁面に沿って流下した海水は、一部は蒸発したことでしょうが、大部分は原子炉圧力容器の底部に溜まって、原子炉水位を上昇させる役目を果たしたと考えられます。

消防署に問い合わせたところ、消防車のポンプは、2トンのタンクを放水する時間が3分から5分とのことでした。1時間当たりに直すと24トンから40トンですから、減圧沸騰で失われた水を補充するのに、ほぼ1時間が必要という計算になります。

図1・2・9、原子炉圧力の変化図をご覧ください。14日の午後9時頃に、小さな圧力の急上昇が見られます。午後9時といえば、注水が始まってほぼ1時間経った頃です。原子炉圧力容器の水位が炉心の底まで回復したと考えてよい時刻です。上昇してきた水が、高温の燃料棒の下部と接触して、幾分かのジルコニウム・水反応が起きたのではないかと疑われます（**図1・2・10の㋭**）。

恐らく接触した水は部分的に沸騰して、周囲に水を跳ね上げながら蒸発していったことでしょう。逆に、高温の燃料棒は冷たい水と接触して分断し、流れ出た溶融ジルカロイが水と反応し、水素を発生させたことでしょう。この水素の発生が、原子炉圧力を一時的に１・５メガパスカルほど上昇させたのではないかと考えます。

しかし反応は、全面的な炉心の溶融を起こすほどの大きなものではありませんでした。理由は、反応する水が不足していたからです。

ＴＭＩ事故における炉心溶融時間は2分間ほどです。一次冷却材ポンプの運転時間は僅か19分間だけでしたが、配管中に溜まっていた冷却材を大容量のポンプで注水したため、最初の数十秒間に約28トンもの冷却材が炉心に送られたと考えられています。この大量の注水が一気に流入したため、炉心に擾《じょう》乱《らん》を与え、炉心上部の燃料棒を破断し全体的な炉心崩壊を起こさせるとともに、炉心に残っていたジルカロイを一気に酸化させ、大量の水素を発生させたと考えられています。

これに対して2号機の場合、消防ポンプによる細々とした注水です。消防車のポンプの注水速度は１時間当たりに直すと24トンから40トンですから、ＴＭＩとは60倍近くも違うのです。水が十分に供給されなければ酸化反応は進みません。ＴＭＩのように短時間での炉心溶融とはいかなかったのです。炉心溶融に至るまでには、更なる海水の追加が必要です。

なお、ここでいう炉心溶融とは、炉心で最初に起きた混合溶融物と水の大きな激しい反応で、ジルカロイ全体の3～4割くらいの反応と考えておいてください。残りのジルカロイと水の反応は、状況に応じてその後も起きていたであろうと考えます。

ここで復習をしておきます。炉心溶融を起こす熱は、崩壊熱ではなく、被覆管材料のジルコニウムと水との酸化反応が生み出す膨大な反応熱でした。でも、この反応を一気に起こすには、燃料棒温度が高く、水が十分あることが必須です。消防車を用いての注水では、一気に反応を進めるには十分な水量ではなかったのです。

別の角度から計算してみましょう。２号機で発生した総水素量を、東京電力は４６０キログラムと推定しています。丸めて５００キログラムとして計算します。水素の分子量は2、水の分子量は18ですから、重量比で水素1を発生させるには水９が必要となります。５００キログラムの水素を発生させるには、最低でもその９倍の４・５トンの水が必要となります。注水された総水量の何割が反応に貢献するのかは見当が付きませんが、仮に50％と見積もっても必要水量は約９トンとなります。実際はもっと多いでしょう。消防車で注入するには、少なくとも15分から30分を必要とします。

以上は荒っぽい目の子計算ですが、２号機の炉心溶融が、ＴＭＩのように大量の水による一気の反応ではなく、かなり時間を必要としたであろうことはお分かりいただけたと思います。

実はその証拠が、**図１・２・９**の原子炉圧力の図に現れています。14日の午後９時頃から15日の未明にかけて、原子炉圧力がピクピクと、３回にわたって、一時的な急上昇を示しています。時間目盛りが粗いので断定はできませんが、この不規則な圧力急昇は、ジルコニウム・水反応による激しい水素ガス発生以外に考えられません。消防車による海水注水によって、2号機の炉心溶融は、14日の夕刻から15日の朝にかけて、間歇的《かんけってき》に3回にわたって進んだと考えられます。

その最初のピークが起きるまでの時間が、先ほど述べた、減圧沸騰で減った水約30トンあまりを穴埋めするのに必要な時間です。**図1・2・9**にあるように、最初の圧力急上昇が現れたのが、注水後の約1時間であったことが、その有力な証拠でしょう。

このような状況証拠を頼りに炉心状況を推定してみましょう。燃料は14日午後6時2分に始まった強制減圧による蒸気の放出によっていったん冷えましたが、注水が遅れた2時間、海水が炉心の下部に達するまでの1時間を合わせると、3時間が経過しています。この間に燃料棒温度は2000℃近くにまで上昇していたでしょう。

燃料棒は、それでもなお頑張って体型を崩さず、林立していました。そこに消防車による海水注入が始まります。消防車による冷たい海水が炉心の下部を浸し始めると急激な沸騰が起き、沸騰によって動揺を起こした海水が燃料棒表面を冷やしました。その部分の酸化膜が破れ、燃料棒は分断され、崩落していったことでしょう。部分的な炉心崩壊が起きたのです。

炉心下部支持板の上には、寸断された燃料デブリが堆積します。酸化膜に保護されて所々に溜まっていた高温ジルコニウムの幾分かは、分断によってできた裂け目に露出し、水と出合って酸化反応を起こします。この発熱によって炉心の下部では局部的な溶融が起き、また水素が発生したことは疑いを入れません。この水素が最初の圧力上昇です。

炉心の周部から上部にかけては、支えのある燃料棒がまだ残っているのではないかと推測します。炉心の底の付近には鍋の底ができて、水と溶融炉心の直接接触を防いでいたことでしょう。

もうこの辺りは、色々と憶測できます。混沌としたカオスの世界です。皆さんもひとつ自由に想像してください。そして、このようなカオスの世界が数時間続いていたことが**図1・2・9**から窺《うかが》えます。

このような時間が2時間ほど過ぎて、燃料棒温度も上昇し、炉心下部の水位が再び十分に上昇した後に、水と燃料棒との直接再接触が再び始まったと考えられます。本格的な炉心溶融の開始です。特に14日深夜から15日早朝にかけて、2・5メガパスカルから3メガパスカルに達する大きな原子炉圧力の急上昇が2度記録されています。大きなジルコニウム・水反応が2度にわたって起きたことに間違いありません。

2回目の反応は午後10時頃です。ちょうどこの時刻、正門付近の放射線量率が大きく上昇しています。明確な時刻は定められませんが、14日深夜を2号機の炉心溶融時刻とします（**図1・2・10の㋬**）。

5・3　水素ガスの発生と放射能汚染

今度は、これまでの様子を格納容器の圧力変化から眺めてみましょう（**図1・2・11**）。格納容器圧力は、ドライウェル（DW）と呼ばれる原子炉容器を覆う空間と、サプレッション・チェンバー（SC）と呼ばれるドーナツ型部分があります。DWとSCの間は接続配管で結ばれています。SCには大量の水が貯えられて、その上部には空間部分があります。原子炉の逃がし安全弁から吹き出る蒸気は直

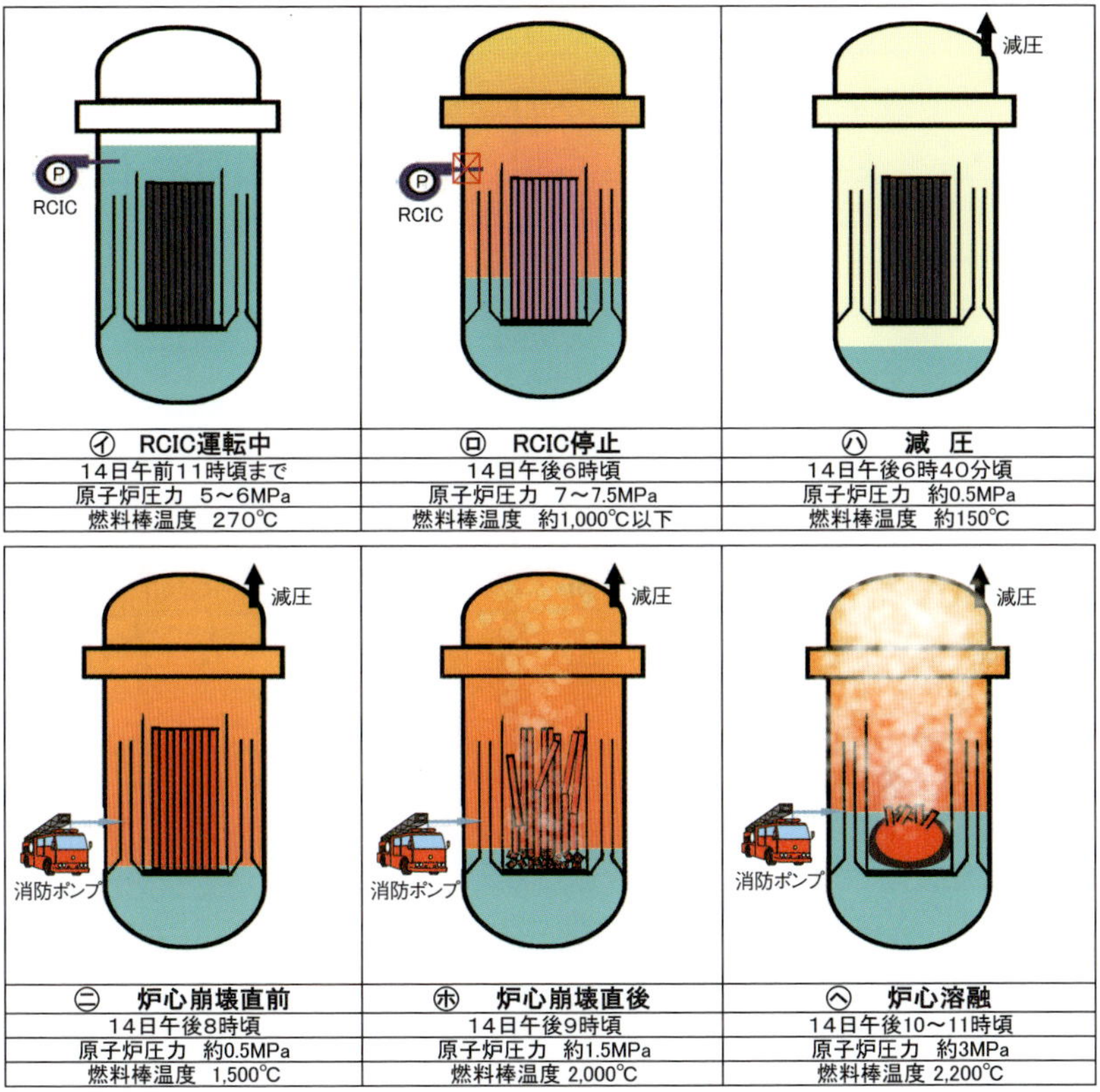

図1.2.10　2号機の炉心状況の進展（模式図）

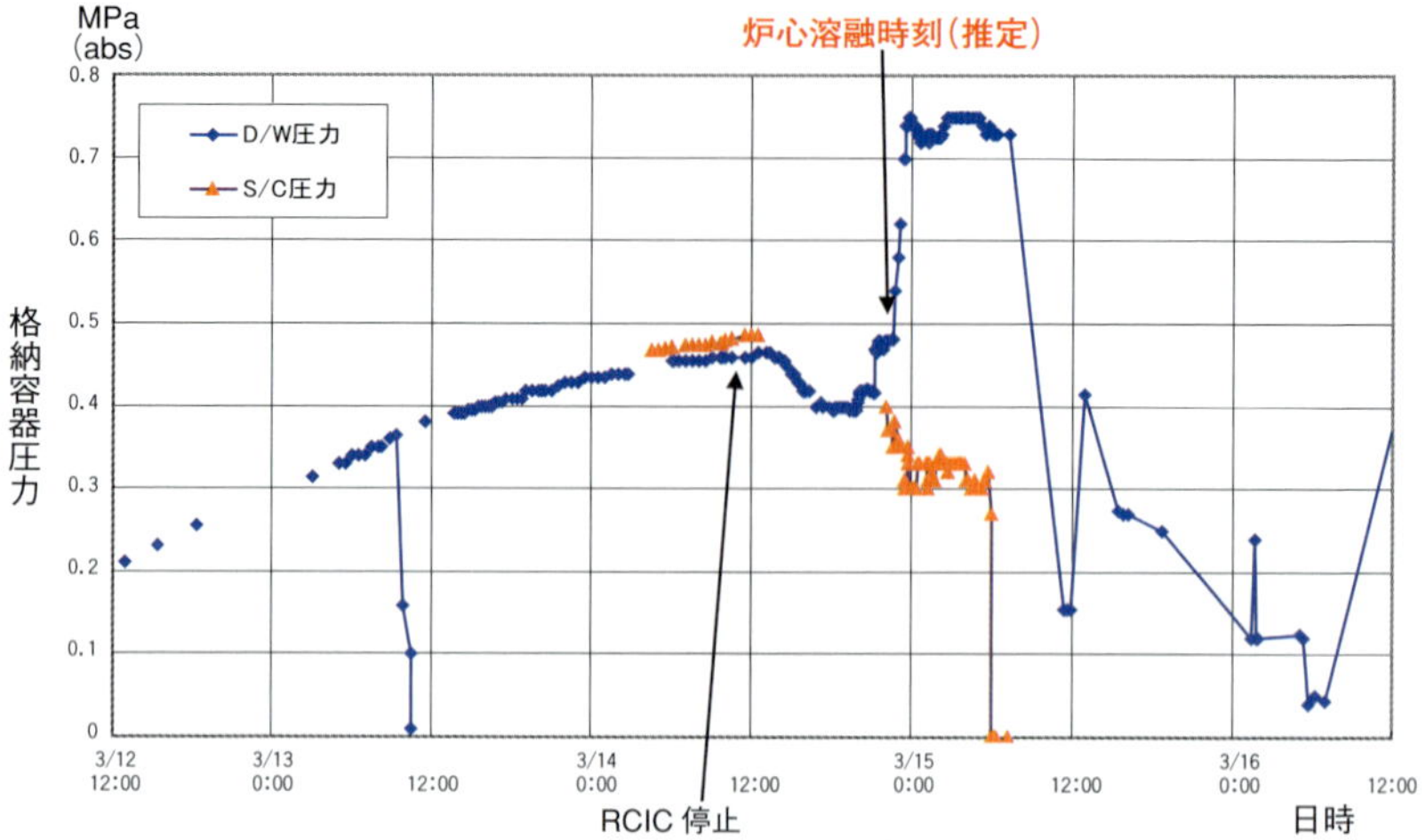

出典：東京電力『福島原子力事故調査報告書』より作成

図1.2.11　２号機の格納容器圧力変化（測定値）

接ＳＣに送られ、ＳＣ水で冷やされて水に戻ります。

次に原子炉から出た水素ガスについても考えておきましょう。ＤＷに出た水素ガスは、接続配管を経由してＳＣ水を潜り抜けて、ＳＣ空間部に入ります。空間部には、平常時は開かずの扉となっているベント配管が設けられています。このベント配管の途中に問題の破裂板が差し挟まれています。なお、緊急の場合、ベント配管を開けば、ＳＣに入ってきたガスは破裂板を破って、煙突（スタック）を経て大気に放出されます。

以上がマークⅠ型格納容器の説明です。なお、ＤＷ室にもベント配管はありますが、今回の事故には関係していませんので、説明は省略します。

ところでＤＷおよびＳＣには、それぞれに圧力計が配置されています。当然のことに両方の圧力はほぼ同じです。この両者、14日昼過ぎまでは同じ圧力を示していますから、そこまでの測定値は信頼できます（**図1・2・11**）。

しかし、それ以降午後10時までは、データはDWしかありません。困ったことに、午後10時頃回復したSC圧力はDW圧力と全く正反対の挙動を示していて、かつ翌日午前6時頃から測定不能になっています。困りました。実は、どちらのデータを採用しても合理的に説明できない部分があるのです。以降の説明では格納容器圧力のデータはDWが正しいとして稿を進めますが、私は急激な圧力上昇によって、2つの圧力計はどちらも傷んでいたと思っています。

原子炉圧力（**図1・2・9**）は、RCICポンプが止まる2時間くらい前の午前9時頃からやや上昇に転じ、逆に格納容器圧力は（**図1・2・11**）、午後1時頃から少し下がっています。これはRCICポンプの回転が正常でなくなり、ポンプで消費する蒸気量（原子炉の除熱）が減少してきたことを表しています。このため原子炉圧力は上昇傾向を示し、逆にSC水に流入する蒸気量の減少によって、格納容器圧力は低下傾向を示すことになります。

午後2時頃、原子炉圧力は約7・5メガパスカルに上昇して、逃がし安全弁から間歇的に蒸気が吹き出します。この時点でDW圧力が幾分下がり傾向にありますが、これは原子炉圧力に変化がなくても、水位が高いうちは、液相流出が支配的であった原子炉からの流出が、水位の低下に伴い気相流出が支配的となり、質量流量が減少したためと考えられます。格納容器は、質量およびエネルギーの流入があっても、その圧力が減少している事実から、この時点の格納容器の放熱量が大きいことが実感できます（**図1・2・12**）。

DW圧力は、午後8時頃からやや上昇傾向に転じ、午後10時頃には0・4メガパスカルから0・8メガパスカルに急上昇します。この急上昇が炉心溶融による水素発生の激しさを示しています。2号機の

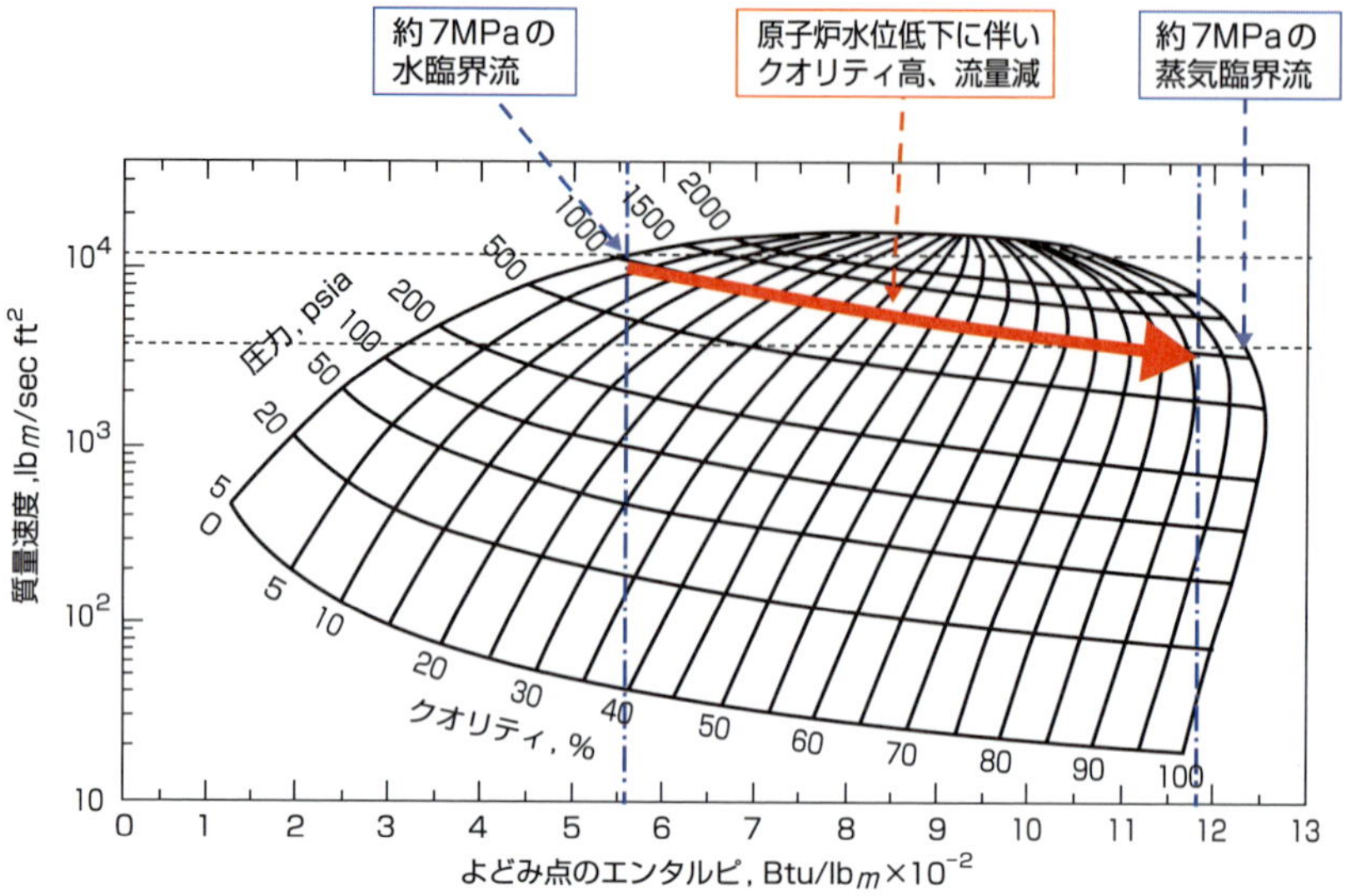

臨界水蒸気ー水流量の予測図

出典：Fauske, H. K., "Two-Phase Critical Flow," Paper presented at the M. I. T. Two-Phase Gas-Liquid Flow Special Summer Program, 1964.

図1.2.12　質量速度とクオリティについて

場合、格納容器のDW容積は約4000立方メートルほどあります。この容積の圧力を一挙に0・4メガパスカルも上昇させるには、大気圧に直して1万6000立方メートルもの膨大なガスが必要となります。

水素ガスは溶融炉心から発生しますから、その温度は溶融炉心とほぼ同じ約2000℃でしょう。1万6000立方メートルの容積を、この温度の水素ガスだけで賄うとすれば、約2000キログラムとなります［備考注釈5・3］。**本章5・2節**で述べた2号機での全発生水素量500キログラムの約40%です。この圧力急上昇は水素ガスの発生でしか説明できません。逆にいえば、この圧力上昇の存在が、炉心溶融時刻の証明ということになります。

余談ですが、格納容器の設計圧力は約0・4メガパスカルです。しかしその倍くらいの圧力までは構造強度上保たれることが、これまでの試験で確かめられています。とはいうものの、約０・８メガパスカルもの高温水素の圧力によく耐えたものと、私は感心しています。

さて問題は、格納容器の温度です。このデータはありません。東京電力はこの時刻での格納容器温度を１５０〜１７０℃と計算していますが、さてどうでしょうか。私の推定は違います。2号機の格納容器は、12日の昼頃から３００℃近い高温の蒸気が間歇的に逃がし安全弁から放出され、格納容器全体の温度をある程度上昇させていたと考えられます。この予熱があった上での、午後9時頃からの水素ガス放出です。格納容器上部の温度は、少なくとも原子炉の飽和蒸気温度の３００℃以上になっていたと推測しています。

ここまで高い温度になると、考えねばならないのが熱膨張です。格納容器の蓋を閉めていたボルトが熱膨張によって伸びれば、蓋の締め付けが緩んで、そこに圧力が加わると蓋に隙間ができます。格納容器の上蓋は圧力に押されて持ち上がります。ここから水素ガスが抜け出しました。東電報告では、漏れ止めのシール材料が高温で劣化したとしていますが、これもあったでしょう。しかしシールからの僅かな漏れだけでは、大量の水素ガスの放出は説明できません。少なくとも数ミリメートルほどは蓋が持ち上がり、蓋の周囲から水素は吹き出したと推測しています。上蓋は内圧によって持ち上げられたのです。

図1・2・3をご覧ください。格納容器の上に原子炉ボールトと呼ばれる３００立方メートルほどの小さい空間があります。この上に、燃料棒交換作業などのときに取り外す、大きなコンクリート製の遮

蔽プラグが置かれています。プラグの大きさは、直径約13メートル、厚さ約2メートルで、重量は約６００トンあります。取り外すには大型クレーンが必要です。

格納容器の蓋を押し上げて漏れだした水素は、原子炉ボールト空間に吹き出ます。原子炉ボールト空間の下は大きな空間が連なっていますが、その間が狭くなっていて、急激に吹き出た大量の水素は、簡単に下部空間に抜け出せない構造になっています。

水素ガスの吹き出しに連れて原子炉ボールトの圧力は上昇します。実はここに、多くの人が失敗する思考過程の落とし穴、盲点があります。

何しろ重量６００トンの重いコンクリート製のプラグですから、床と同じように動かないものとの思い込みがそれです。簡単に計算してみましょう。コンクリートの比重は２・３くらいですから、単位面積にかかる厚さ2メートルの重量は、水柱に換算すれば5メートルほどです。これを圧力で表すと、僅か０・０５メガパスカルにしかすぎません。水素の吹き出しで原子炉ボールトの圧力が０・０５メガパスカルを超えると、遮蔽プラグの底全体にこの圧力がかかって、巨大な遮蔽プラグは宙に浮き上がるのです（**本章6・5節参照**）。

ほとんどの人は、遮蔽プラグは重くて動かないと思い込んでいますので、原子炉ボールトに吹き出された水素は、遮蔽プラグと床との接触面をすり抜けて上に出たと即断します。これは間違いです。接触面の隙間をすり抜ける程度の少ない流量では、水素爆発は起きません。少なくとも数ミリメートルの隙間を必要とします。

それよりも、圧力源となる容積４０００立方メートルの格納容器のＤＷ圧力は０・８メガパスカルもあります。格納容器からごく僅かな水素が吹き出せば、容積が僅か３００立方メートルしかない原子炉ボールトを０・０５メガパスカルに上昇させるのは容易なことです。恐らく原子炉ボールトの圧力は０・０５メガパスカルを優に超える圧力となって、遮蔽プラグをある程度の時間持ち上げ続けたことでしょう。その間、格納容器の水素ガスは燃料交換フロア室に一挙に流れ出ました。流れが止まったのは、原子炉ボールトの圧力が下がり遮蔽プラグを持ち上げる力を失った時です。

ところで2号機の原子炉建屋は、12日に起きた1号機の爆発によって、燃料交換フロア室の密閉壁にあるブローアウトパネルが外れて、大きな穴となって開いていました。そのため、原子炉ボールトから吹き出された水素ガスは、この穴から原子炉建屋の外に流れ出ました。時刻は午後10時頃、格納容器のＤＷ圧力が最高値（約０・８メガパスカル）を示した時です。

個人的な見解ですが、恐らくこの水素ガスの流出状況は、原子炉ボールトからブローアウトパネルを経て外界へ、焚き火の煙のようにプルーム（柱状の煙）となって流出したのではないかと考えます。そのため原子炉建屋内に水素は残留せず、結果として建屋の爆発を免れたと思っています。プルームを想定した理由は水素ガスが非常な高温であったことで、熱い焚き火の煙がプルームとなって流れることがヒントとなりました。

図1・2・4は、福島第一の正門付近での事故直後の放射線量の測定結果です。この詳細については後ほど述べますが、14日午後6時頃から15日一杯までの変化に注目してください。

14日の午後10時頃と15日の午前6時頃と、２回にわたって線量率のピークが見られます。この時間帯、既に爆発している1、3号機のデータに目立った変化はありませんから、この2つのピークは2号機からの放射能放出と断定できます。

1度目のピークは、炉心溶融時刻とほぼ同じ午後10時頃に起きています。先ほど説明したように、炉心溶融と同時に発生した大量の水素ガスは、格納容器の蓋と遮蔽プラグとを持ち上げて燃料交換フロアに流れ出て、ブローアウトパネルを通って大気中に放散したものです。

2度目の放出ピークは、15日午前6時14分頃、格納容器圧力が急降下してSC圧力指示がダウンスケールしたと東電報告書に記載がありますが、それです。2度目のピークが格納容器の破れ目からの放射能放出であることは間違いないでしょう。DW圧力の低下に5〜6時間ほどかかっていることに注目してください。2度目の放出も格納容器から直接放出されたものですが、溶融の進行によって放射能濃度がさらに濃くなっています。

1度目、2度目の放射能放出は、何れもDWからの直接放出です。後述する1、3号機のように、SCの水で1回洗われた放射能とは違い、非常に放射能濃度が濃いのです。スタック経由の放出と異なり放出される放射能が風で希釈されることがありませんし、それに加えて地上放出ですから、濃度は高くなります。この2度の放射能放出によって発電所周辺の地域の放射能レベルは高くなり、強制避難を必要とする事態に至りました。この点については**第二部第1章**で述べます。

なお、1度目の放出後の格納容器圧力は、DWもSCも有意な圧力指示値を示したままですので、その時間帯に格納容器に大規模な破損は起こっていないと判断できます。しかし2度目の放出後には、D

W圧力が極端に低くなっており、格納容器の破損は明白です。このため、1度目よりも2度目の方が放射能放出量は多く、線量率の値も高くなったと思われます。

以上で、2号機の炉心溶融と放射能放出の説明は終了です。

5・4　まとめ

随分と長い説明となりました。この辺りで2号機の炉心溶融と水素ガス放出の模様をまとめておきましょう。

2号機は津波による全電源喪失状態に陥りましたが、崩壊熱を利用したRCICポンプが頑張って、約3日間原子炉を冷却し続けてくれました。しかし14日午前11時頃、RCICポンプも力尽きて停止し、原子炉の冷却手段は完全に失われました。

冷却手段を失った原子炉は、水の蒸発によって崩壊熱を除去しますので、原子炉水位は低下していきます。水位が低下するとともに冷却不足となった燃料棒の温度が上昇し始めます。午後6時頃、原子炉水位は炉心の最下部にまで低下しました。それでも、この間の燃料棒温度は、水の蒸発によるそよ風の除熱があるのでそれほどには高くならず、目の子ですが、1000℃以下ではなかったかと思われます。

ほぼ同じ時刻の午後6時2分、原子炉圧力を低下させるために逃がし安全弁を開固定状態にしました。高圧の蒸気が逃がし安全弁から吹き出し続け、原子炉圧力は約8メガパスカルから0・4～0・5メガパスカルにまで急降下しました。この減圧による沸騰で燃料棒は冷やされ、その温度は水の飽和温度(150～160℃)近くにまで降下しました。

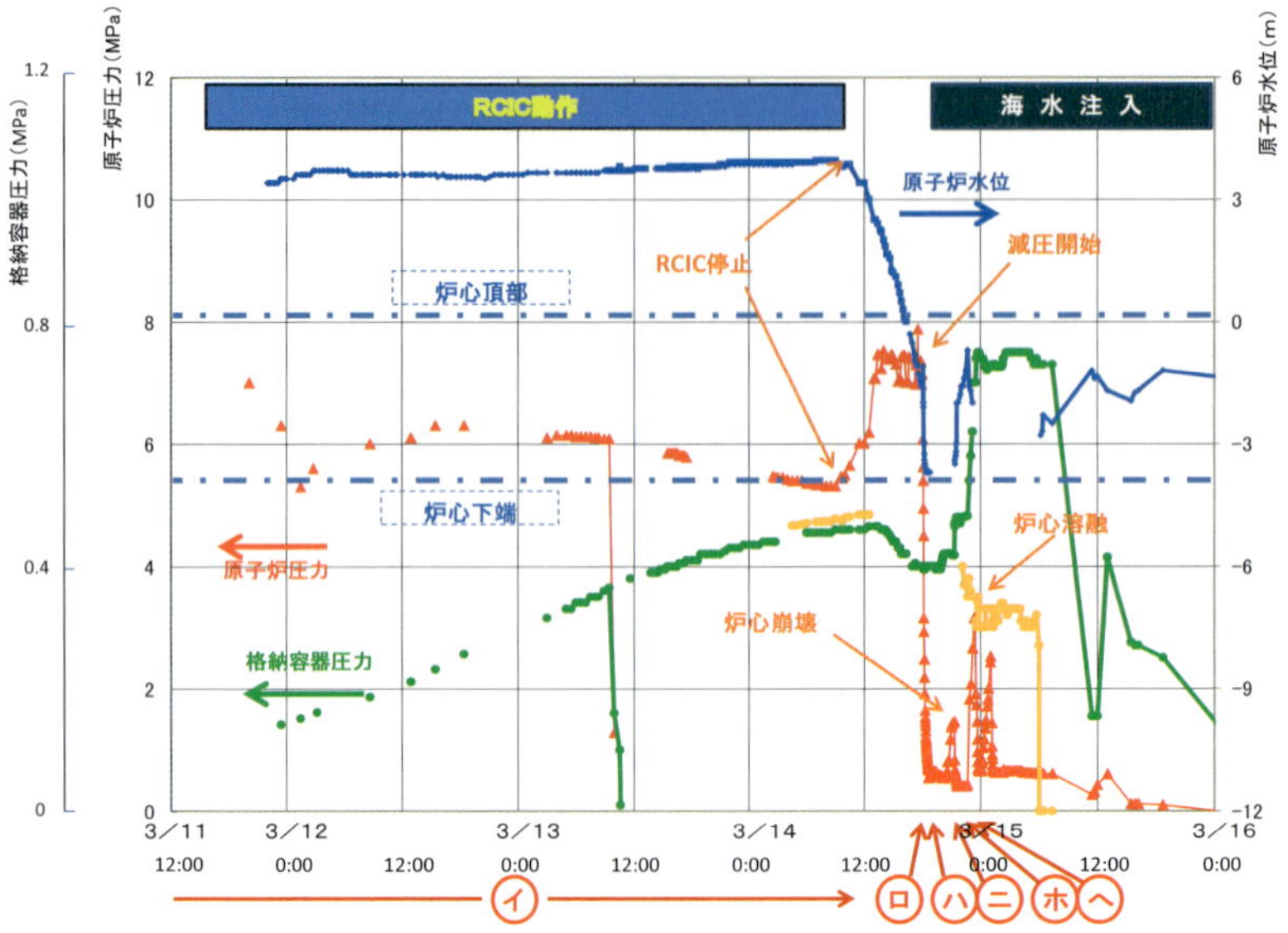

図1.2.13　２号機の主要なパラメータの推移

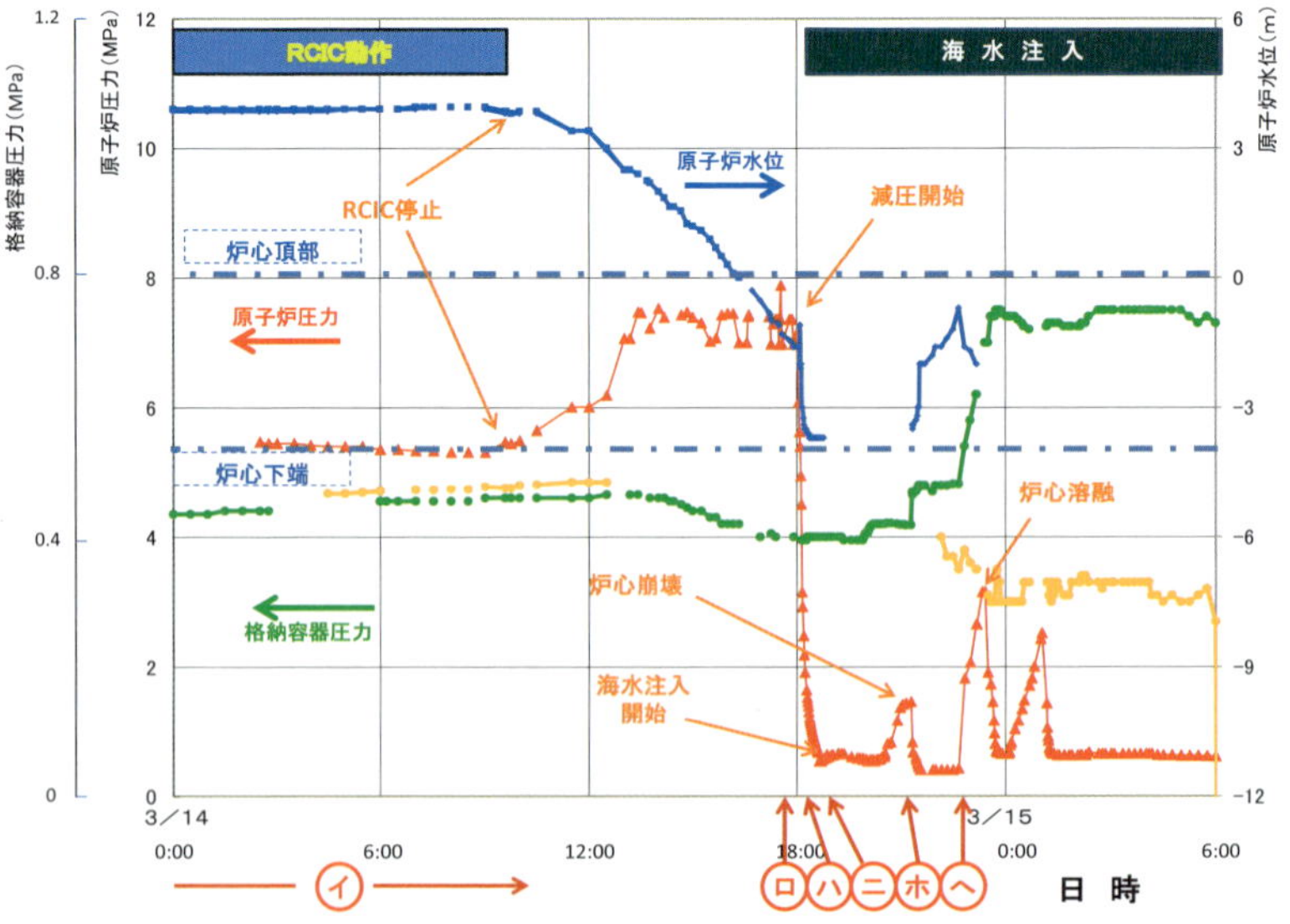

図1.2.14　２号機の主要なパラメータの推移（時間軸を拡大）

この時点で消防車による海水注入が始まっていれば、事故状況は大きく変わっていたと思われます。冷えた被覆管は、ジルコニウム・水反応を起こしませんので、炉心溶融は起きないと推測されるからです。

残念なことに、消防車による海水注入が始まったのは午後7時54分、2時間後のことでした。この間に、燃料棒温度は少なくとも１５００℃には上昇していました。

注入された海水が灼熱した炉心と接触したのは、1時間ほど後の午後9時頃でした。この時間の遅れは、減圧沸騰でできた炉心下の空間を海水が満たすための時間でした。高温のジルカロイと水が接触し、酸化反応が起き、還元された水素が大量に発生しました。この時刻、原子炉圧力が一時的に急上昇しています。

灼熱状態にあった被覆管表面の酸化膜は急冷されて至る所で破れ、燃料棒は分断して炉心崩壊が起こりました。恐らく炉心下部支持板の上には、崩壊した燃料デブリの山ができたことでしょう。しかし水量が少なかったため、この反応は炉心全体を溶融するほどではありませんでした。

炉心溶融が起きたのは、午後10時頃のことと思われます。この時間の遅れは、1回目の反応で消費した海水を回復するための時間で、集積したデブリを海水が浸し始めた時刻です。高温の燃料デブリと海水とが接触すれば、ジルカロイと水との反応が始まります。**図1・2・9**に示す原子炉圧力計の動き、**図1・2・11**の格納容器圧力のうちＤＷ圧力の上昇、**図1・2・4**に示す放射線量の急増から見ても、この反応開始時刻は午後10時頃と断定できます。

ジルコニウム・水反応は激しい水素ガスの発生を伴います。軽くて高温の水素ガスによって暖められて、格納容器の上部は高温となります。この結果、上蓋を締め付けているボルトが熱膨張によって伸び格納容器上蓋を締め付けている力は緩み、反応の増大によって内圧が上昇して上蓋を持ち上げます。この隙間から水素ガスが吹き出し、格納容器の上にある原子炉ボールト空間に充満します。原子炉ボールトの空間は容積が小さいので、たちまちの間に圧力が上昇して、その上にある遮蔽プラグの底面を押し上げます。遮蔽プラグは持ち上がり、そこにできた隙間から水素ガスは燃料交換フロアに流入します。文章にすると長いのですが、この時間は比較的短いものだったでしょう。

この1回目の反応で集積したデブリの底部は一部に溶融合体して、鍋の底のような形に、部分的に形成されたと思われます。鍋の中にはデブリの集積の他に、高温のウラン、ジルコニウム、ステンレス鋼などの混合溶融物が、不均一な状態で入っていたでしょう。

図1・2・9に示す2回目、3回目の圧力上昇は、この鍋の仕切りを乗り越えて溢れ込んだ海水によって起きたと考えられます。鍋の中の高温の混合溶融物と水との反応です。先の反応熱と崩壊熱で、鍋の中のデブリ温度は高くなっているので、2回目、3回目の反応は大きなものだったと考えられます。これが、午後10時から翌朝2時頃にかけての炉心状況です。2度も圧力上昇が見られるのは、消防車による海水注水量が不足で、すべての溶融混合物が反応するに必要な水量が一度に得られなかったからでしょう。

2回目の反応によって発生した水素ガスによって、格納容器圧力は一挙に0・8メガパスカルまで上昇しています。設計圧力の2倍もの大きさです。圧力上昇に寄与した水素は、溶融した炉心から発生したものですから高温です。ウラン・ジルコニウム・酸素の混合溶融物の融点から考えて、２０００℃近い温度だったでしょう。

以上が2号機の炉心溶融と水素ガス発生の概要です。

溶融炉心の処在については様々な推測があるようですが、私は、原子炉圧力容器の底に絶えず水が存在していたことから考えて、2号機の炉心はＴＭＩ同様、今も原子炉圧力容器の中に留まっていると考えています。また、溶融炉心が誕生した14日深夜から、原子炉データに大きな変化が現れていないこともその根拠です。

炉心溶融後の挙動は、言ってみれば鍋の中の溶融物の挙動です。鍋の中は、高温の燃料とジルコニウムが混じり合った3元素混合溶融物ですから、水が入って来るたびに反応が起こり、薄皮ができ、二酸化ウランが溶融し、溶融部分は次第に成長していったでしょう。そして、その表面全体が厚みを増して硬い殻となっていったことでしょう。

燃料棒全体の体積が炉心容積の半分ほどであることから考えて、その最終的な大きさは直径3～4メートル、高さ2メートルくらいで、内部圧力による膨張を考慮してそれより少し大きい半卵状の、饅頭のような形状ではないかと推測しています。

2号機の溶融炉心が原子炉圧力容器の外に流れ出たというデータは見あたりません。ひょっとすると、卵の殻の破れ目から、幾分かの混合溶融物がはみ出て落下したかも知れませんが、仮にはみ出たとしても下にある水と接触して、ＴＭＩでも見られた小さなボールとなって落下したことでしょう。従って、落下物は炉心下にある水で冷やされて、原子炉圧力容器の底に一種の合金の塊となって溜まっていることでしょう。

殻に包まれた溶融炉心は、もし高さ2メートルくらいの塊で存在すると想定すると、6年を経過した今日の崩壊熱は１００キロワットと計算できます。それほど大きな発熱ではありませんから、恐らく卵は中身まで固まっていると考えます。しかしまだ当分は、冷却水によって冷やされ続けることでしょう。殻から出てくる放射能は冷却水によって冷やされて、そのほとんどが固体に戻って、原子炉圧力容器の底にある冷却水中に沈殿したと考えられます。**図1・2・15**は、私の想像した事故直後の溶融炉心状況です。

２０１6年7月28日、東京電力は、高エネルギー加速器研究機構などと実施したミューオン透過法による2号機溶融炉心の測定結果を発表しました。炉心の所在を確定するために行われた今回の測定結果は、１号機のそれと比べて濃淡が幾分明確で、溶融炉心の大部分が圧力容器底部に存在しているとの推定が、発表されました。

これは、私にとって非常に嬉しい発表でした。これまで述べてきた炉心溶融が化学反応によって起きる、卵の殻もしくは鍋の中で起きるという考証結果を証明する事実であるからです。ミューオン測定には、散乱法というより鮮明な測定方法も開発されていますので、これらを用いた今後の測定の進捗に大きな期待を寄せています。

以上で、2号機の概要説明を終えます。

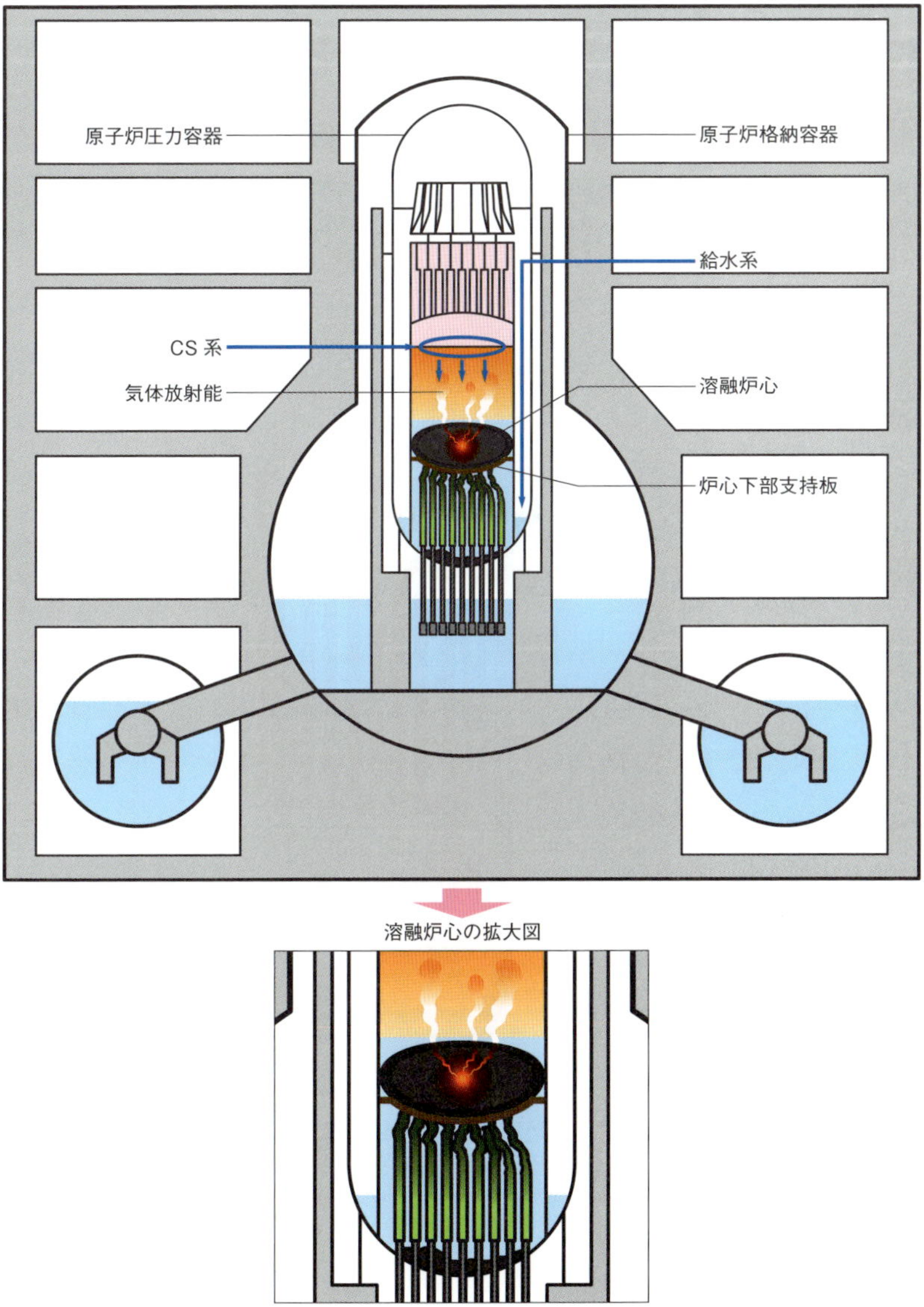

図1. 2. 15　現在の溶融炉心の想像図（2号機）

ここで改めて、ＴＭＩ事故と比較して、２号機で生じた新しい知見とその理由を、箇条書きとして簡単に残しておきます。

一、炉心から水が完全になくなり、燃料が冷却ができない灼熱状態になっていても、注水開始までの約２時間、炉心燃料の崩壊や溶融は起きていない。なお、この状況下での除熱は輻射熱による放熱であり、原子炉事故としては福島で初めて経験する新事態であった（**図１・２・16**）。なおこの説明は**本章**

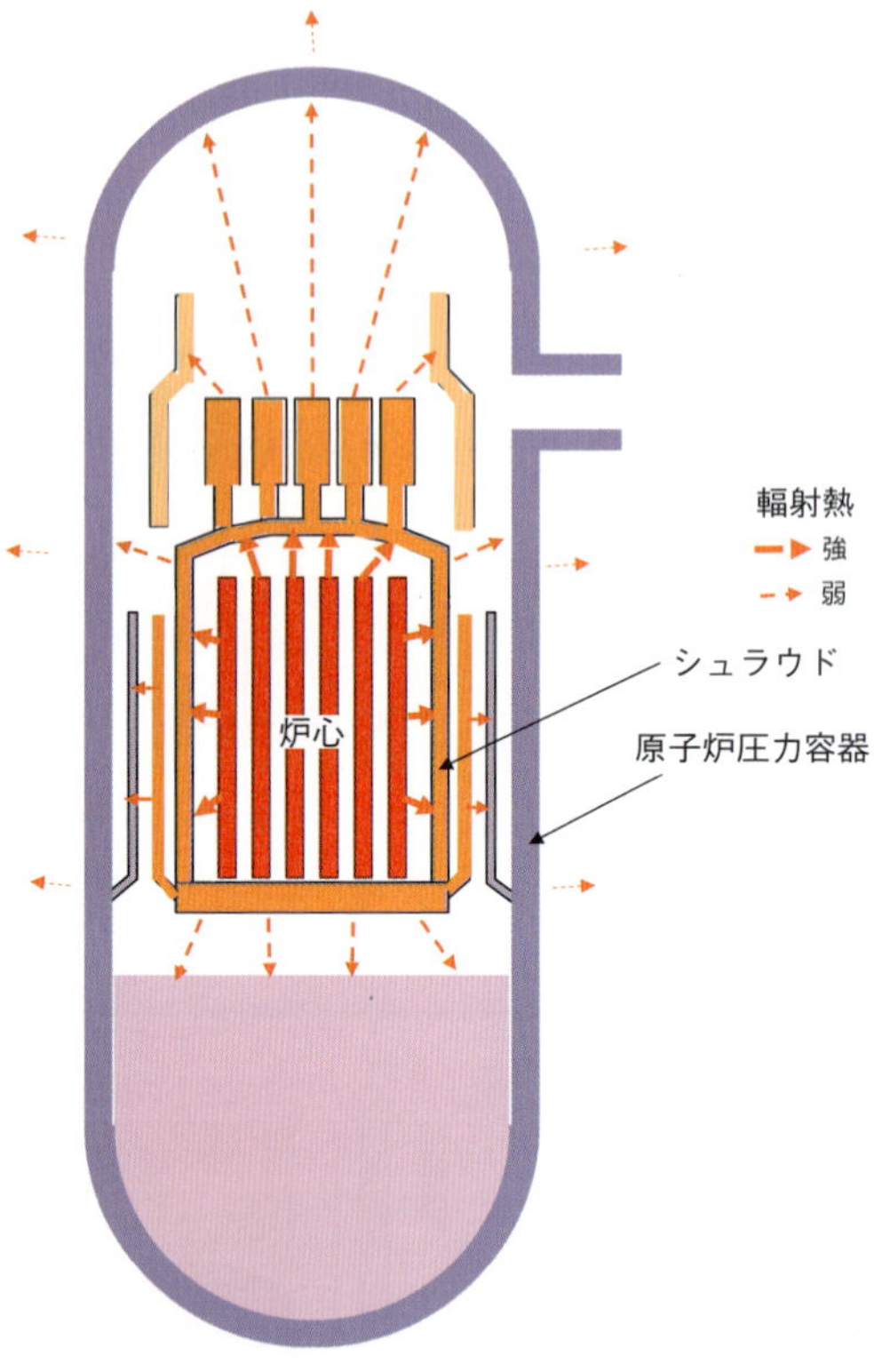

図1. 2. 16　熱輻射による炉心放熱状況説明図

7節で述べる。

二、注入された冷たい海水が炉心の底に達した時、高温の燃料は急冷されて燃料の分断、炉心の崩壊が起きた。高温のジルコニウムと海水の反応によって炉心溶融が起きた。これはTMI炉心溶融と同じ経過である。

三、炉心溶融に伴い大量の水素が発生した。格納容器圧力の急上昇によって上蓋が押し上げられ、その隙間から流出した水素ガスの圧力が遮蔽プラグを持ち上げ、水素ガスは原子炉建屋を通ってブローアウトパネルから外部環境に流れ出た。

四、この結果、溶融炉心からの放射能が大気中に直接放出され、発電所周辺の線量率はIAEAの避難勧告線量である年20ミリシーベルトを大幅に超える値に上昇した。

五、2号機は、減圧の直後に炉心注水を行っていれば、炉心溶融は起きなかったと考えられる。

[備考注釈5・1]　RCICポンプは何故止まったのか

将来RCICポンプを取り出して分解すれば明らかになることでしょう。しかし推測はできます。

RCICが停止する前の原子炉水位は、炉心の上、プラス6メートルほどの高さに、丸2日以上も保たれていました。この水位は気水分離器の高さとほぼ同じであり、気水の分離効率は非常に悪かったと推測されます。直流電源を失って制御ができない状態でのRCICポンプは、崩壊熱の作り出す蒸気の力で動き続けていました。ところが、原子炉の水位が必要以上に高くなると、蒸気と水の分離が悪くなり、駆動蒸気の中に湿分が混入します。ポンプを動かす蒸気に水が混じれば、水はサンドブラストのようにタービンの羽根を叩き削り、傷めます。この状態が続くと、羽根車は均衡を失って、遂には壊れます。ポンプ停止の2時間ほど前から、原子炉圧力が上昇傾向にあるのは、ポンプの回転が正常状態からから外れ、消費される蒸気量が少なくなったためとも見えます。

とにかく近代技術社会では、制御機能を失った機械設備は惨めです。設計と異なった条件下で働かねばなりませんから、故障、損傷に見舞われます。因みに、ＲＣＩＣなどの安全設備は、８時間の停電時間を前提に設計されていますが、２号機のＲＣＩＣポンプは３日間も働き続けました。安全設備は、設計以上の働きを示したのです。私はこの事実を、原子力のみならず、日本技術全体の素晴らしさを示す一つの具体例と考えています。

［備考注釈５・２］　減圧沸騰（自己沸騰）による水の蒸発量

３月14日午後６時２分、運転員は原子炉圧力を強制的に下げました。原子炉圧力は約８メガパスカルから一気に０・４～０・５メガパスカルにまで下がっています。この減圧で原子炉の下部に存在する水は急激な自己沸騰を始めます。自己沸騰とは、減圧に伴って飽和温度が低下するため起きる沸騰現象です。自己沸騰によりどの程度の水が失われるか、目の子計算で簡略に示しておきましょう。

逃がし安全弁を開いた時の原子炉圧力は約８メガパスカルでした。８メガパスカルの飽和水が持っている熱量は、１キログラム当たり約１３２０キロジュールです。これが０・４メガパスカルに下がると、飽和水の熱量は約６００キロジュールにまで下がります。差し引き７２０キロジュールの熱が、自己蒸発に使われるわけです。圧力０・４メガパスカルの水が沸騰すると、その蒸気の持つ熱量は約２７４０キロジュールです。いまＸ％の水が自己沸騰したとすると、計算式は、

$$1320 = 600(1 - X/100) + 2740X/100$$

ですから、$X = 720 \times 100 / 2140 \fallingdotseq 34$　、即ち30％となります。原子炉に残っていた水のうち、30％が減圧沸騰で失われることになります。

第１章で述べましたように、ＢＷＲの原子炉圧力容器は、太くて下に長い構造が特徴です。炉心の下には、ざっと１００トン余りの水があります。この30％ですから、約30トンの水が蒸発したこととなります。

もう少し付け加えると、圧力が０・４メガパスカルと低くなっていますから、蒸気体積は約20倍に増えます。

この蒸気が炉心を流れる速度は、仮に減圧時間を30分と仮定しても、毎秒０・５メートルほどとなります。この蒸気流速は燃料棒を冷却するのに十分な速度です。

これまで蒸し風呂状態にあった炉心燃料が、自己沸騰によって、短時間ですが、急激に冷やされました。何処まで冷えたか、正確に計算するにはコンピュータの助けが必要ですが、目の子計算での飽和温度に近いという答えは、正解に近いと考えています。

［備考注釈５・３］

炉心溶融時点での水素温度を２０００℃と考えると、１万６０００立方メートルの水素ガスの重量は、

16,000／(22.3/2)×293/2273＝185kg

約２００キログラムとなります。

6．3号機の場合

３号機も発電出力78・４万キロワット、マークⅠ型格納容器のＢＷＲです。細かく詮索すれば多少の違いはあるのでしょうが、原子炉と格納容器については全く同じ設計、２号機の姉妹炉と考えてよいでしょう。

ところが、２号機と３号機の事故の様相には、大変大きな相違があります。まず2号機は爆発しませんでしたが、３号機は原子炉建屋が爆発しました。また2号機では、格納容器ベントに失敗して格納容器が破損しましたが、３号機はベントに成功して格納容器の密封性はほぼ保たれました。このため、２号機からの放射能放出は格納容器から直接放出されたため濃度が非常に濃いものでしたが、３号機の放

射能はベントで除染されていますので、2号機と比較にならぬほど薄いものでした。

3号機で幸運だったことは、直流電源の一部が津波から生き残っていたため、ＲＣＩＣの制御運転ができたことです。格納容器ベントも計画通りに実施できて、消防車による注水も比較的順調に行われたかに見えましたが、炉心は溶融し、3月14日午前11時頃、原子炉建屋で水素が爆発しました。

すべてが順調に見えた3号機が、何故2号機より早く溶融し、水素爆発に至ったのでしょうか。それが**本節**の命題です。

幸い、3号機については直流電源が生き残っていたので、事故時のデータがある程度残っています。そのデータとは**図1・2・17**の原子炉圧力と水位、**図1・2・18**の格納容器圧力です。このデータを基に、溶融、爆発に至った道筋を解いていきます。読者には度々この2つの図を見ていただくことになります。

しかしながらデータが残っているだけに、説明は多くなります。何故ならすべてのデータがきちんと説明できなければ、事故説明の信憑性が失われるからです。しかし、説明が多くなると読むのが煩わしくなり、必然的に事故の大筋が分かりにくくなります。痛し痒しで困りましたが、解決策として、3号機の事故状況を、

①ＲＣＩＣ、ＨＰＣＩの運転期間
②ＨＰＣＩ停止後の炉心温度上昇
③炉心崩壊の開始

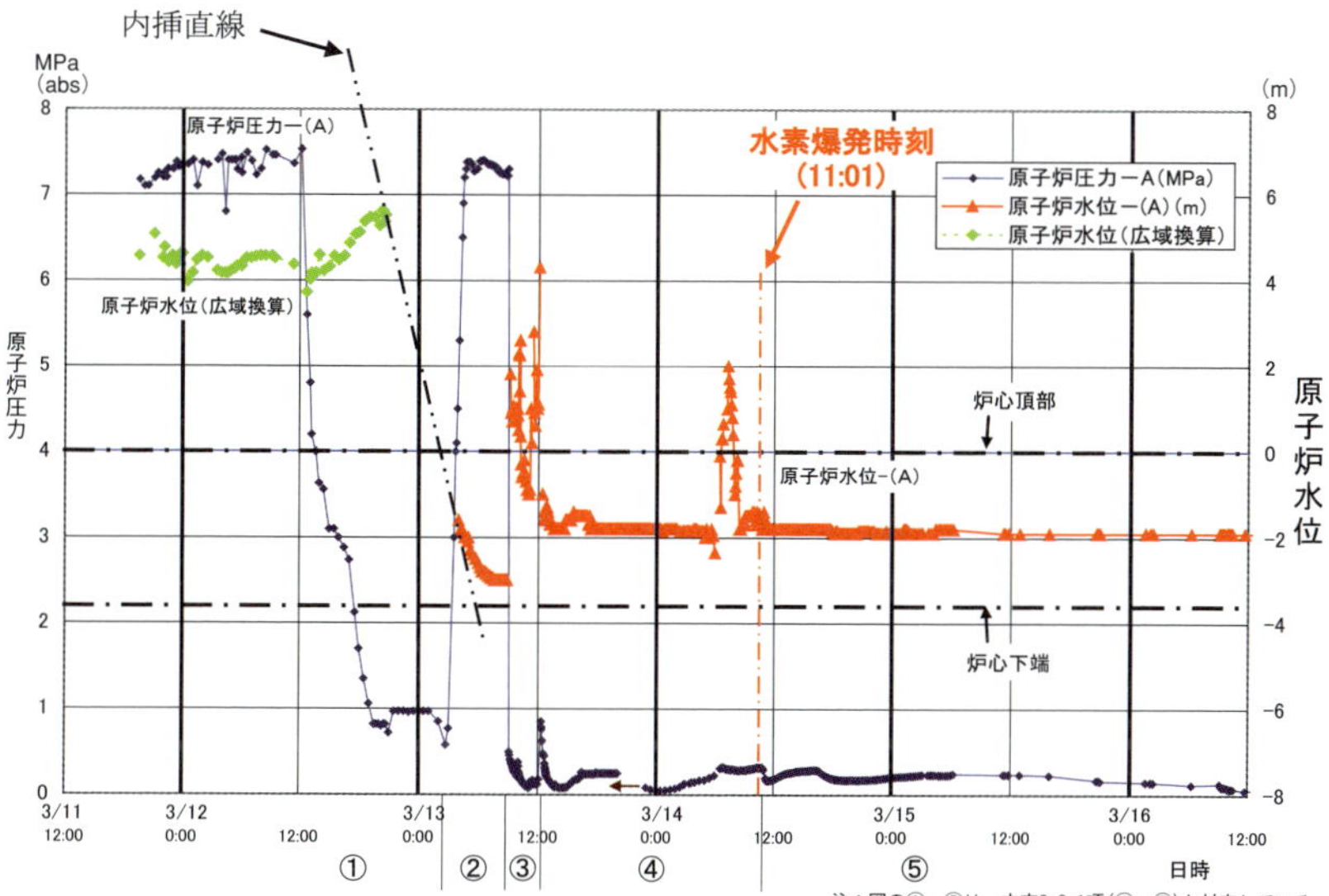

注：図の①～⑤は、本文2.6.1項(①～⑤)と対応している

出典：東京電力『福島原子力事故調査報告書』より作成

図1.2.17　3号機の原子炉圧力と水位の変化（測定値）

④海水注入と炉心溶融
⑤原子炉建屋の爆発

の5つの時間に区分して説明し、その末尾で時刻毎の燃料棒および炉心状態を確かめた上で、次の説明に入ることとします。**本章6・1〜6・5節**の区切りごとの結論を、しっかりと確かめてください。

　読むに際しての着目点は、燃料棒（炉心）温度、原子炉水位、冷却水の注入状況です。炉心の溶融は、灼熱状態になった燃料棒に大量の冷却水が出合った時に生じ、水素の発生も炉心溶融とともに起きるのでした。

　今からが正念場、胸突き八丁の難行軍です。

6・1　RCIC、HPCIの運転期間
（①11日午後4時から13日午前2時42分まで）

（1）RCICの運転期間（11日午後4時から12日昼頃まで）

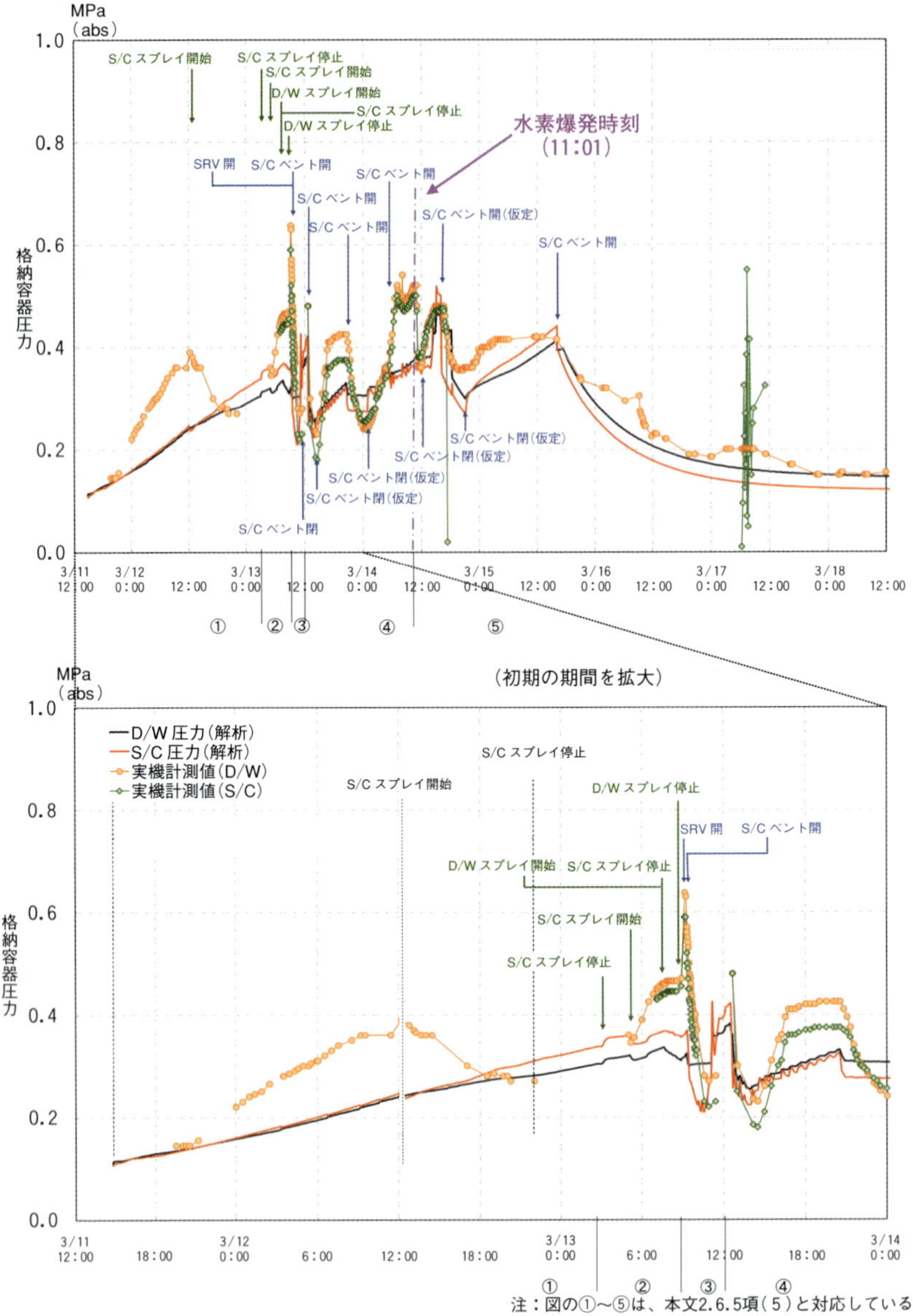

注：図の①～⑤は、本文2.6.5項（５）と対応している

出典：東京電力『福島原子力事故調査報告書』より作成

図1.2.18　３号機の格納容器圧力の変化

3号機は、津波来襲による電源喪失のあとに、RCICによる冷却に移行しました。直流電源が活きていましたから、この移行操作はスムーズにいきました。

3号機の事故時データを見てみましょう。12日昼頃まで、原子炉水位も圧力（図1・2・17）も、見事に一定値に制御されています。ここが2号機と違う点で、直流電源が活きていたため、RCICの運転操作ができたからです。この運転操作は見事です。実はこのデータを見た当初、私は自動運転と早合点したくらいです。

格納容器圧力（図1・2・18）は、逃がし安全弁等からの蒸気の吹き出しによって、ゆっくりと0・4メガパスカルまで上昇していますが、これは当然の変化です。すべては順調です。

ところが12日昼頃、頼みの綱のRCICが自動停止しました。理由は東電報告書に書かれていませんし、この稿を執筆中に東京電力から発表された「福島原子力事故の総括および原子力安全改革プラン」にも原因不明と記されているだけです。正直言って、この説明不足は不満です。

電源が枯渇したためとの噂を聞いていますが、事実でしょうか。RCICの動力源は崩壊熱ですから、直流電源の枯渇はポンプの停止に繋がりません。現に2号機のRCICは、電気制御なしで3日間も動き続けたのですから、3号機のRCICがたった1日で停止する理由はありません。電気回路上の問題であれば、それは設計のミスでしょう。こういった些細な原因究明が、今後の安全確保に繋がります。原子力関係者の留意すべきところでしょう。

ＲＣＩＣの停止により、給水のなくなった原子炉の水位は低下します。この原子炉水位低信号により高圧注水系（ＨＰＣＩ）が自動起動します。この起動で原子炉水位はいったん回復しますが、冷たい復水貯蔵タンクからの注水であるために、原子炉の圧力は急激に低下していきます。この先は**次節**で述べます。

なお、ＲＣＩＣの停止とほぼ同時刻に、格納容器ＳＣのスプレーを働かしています。このスプレーは翌朝午前2時頃停止されています。格納容器圧力がこの時間低下しているのはこのためです。事故の進捗とは関係しませんので報告だけとします。

さてこの時刻の状況、ＲＣＩＣポンプが停止する12日午前11時半頃までは、燃料棒および炉心は健全な状態にありました（**図1・2・19の㋑**）。

（2）ＨＰＣＩの運転期間（12日昼頃より13日午前2時42分まで）

3号機の強みは、直流電源が残っていたことです。ＲＣＩＣの停止による注水冷却が止まった炉心の水位は、蒸発により急速に下がっていきます。約1時間後に炉心水位低の信号を受けて、高圧注入ポンプ（ＨＰＣＩ）が起動しました。午後0時35分といいますが、この作動は設計通りです。このポンプの動力源も崩壊熱です。

ＨＰＣＩポンプは復水貯蔵タンクからの冷たい水を、――冬場ですから20℃程度でしょう――直接原子炉に注入するよう作られています。ただ、ＨＰＣＩポンプは容量が大きいので、原子炉を冷やしすぎました。このため原子炉圧力が低下し過ぎて、ＨＰＣＩを駆動する蒸気圧力が減少してポンプの回転数が少なくなり、何時止まるとも分からない不安定な状態になっていたようです。

この間の事情は、**図1・2・17**、原子炉圧力の変化を見れば一目で分かります。ＨＰＣＩポンプが動き出した12日昼過ぎから原子炉圧力は急激に減少して、7・5メガパスカルもあった圧力が午後6時頃には1メガパスカル以下にまで下がっています。逆に原子炉水位は最高のプラス6メートルと、気水分離器の頂上にまで達しています。明らかに冷水の入り過ぎによる過冷却です。ＨＰＣＩポンプを回す力は、過冷却によりぐんと減ったと思われます。

ところで、ＨＰＣＩの運転に伴う原子炉圧力の急激な減少は、原子炉水位計に狂いを生じさせました。急激な減圧によって基準面器※が沸騰し水位が低下するためで、以降の水位指示値は実水位より1メートルほど高い指示を示すことになります。

具体的にいえば、ＨＰＣＩが停止した時刻での原子炉水位の指示値は約プラス7メートルでしたが、この誤差を考慮すると、原子炉水位は気水分離器の頂部近辺であり、約プラス6メートルほどとなります。

なお、この原子炉水位計の指示誤差について、**本節**末尾に**［備考注釈6・1］**として書くこととします。興味ある方はご覧ください。

※　原子炉圧力容器内の水位を計測するための装置。圧力容器内の水位を基準面器内の水位と差圧で計測する。

運転員はテストラインを利用するなどして注入水量を減らしていますが、翌日午前3時頃には、原子炉圧力はポンプが運転できるぎりぎり限界の約0・7メガパスカルにまで低下しました。東電の報告書によれば、HPCIポンプの回転数は低下し、正常運転範囲を下回っていたとあります。冷えすぎによる蒸気不足で、ポンプを回すタービンはよたよた運転になっていたのです。

このよた運転で、HPCIポンプの能力は実質的にゼロとなっていました。その結果、12日午後8時頃から原子炉水位は低下を始め、13日午前2時半頃ポンプが停止する頃には水位はマイナス2メートル（実水位マイナス3メートル）にまで低下しています。水位低下は約6時間で9メートルですから、低下速度は毎時1・5メートルということになります。この情報が大変大切な事柄を教えてくれるのですが、それは**次節**で述べます。

しかし、原子炉圧力は約1メガパスカルにまで下がっていましたから、原子炉冷却水温度も、燃料棒温度も、共に170～180℃くらいだったと考えられます。もちろん、燃料棒および炉心は健全な状態です（**図1・2・19の㋺**）。

なお、この原子炉冷却状態から減圧して海水注入を行っていれば、全く危なげなく炉心溶融を防止し得たことでしょう。

6・2　HPCI停止後の炉心温度上昇（②13日午前2時42分から同午前9時8分まで）

(1)原子炉の減圧

この頃、孤立無援の発電所現場では、自力での事態打開を決心したように見受けられます。東電報告によりますと、原子炉の圧力を抜いて消防車で海水を原子炉に注水するという、1号機でも試みた最後の打開策の実行です。ＨＰＣＩが停止すれば、残る注水手段はこの方法しかありません。

消防ポンプで海水を注入するとなると、原子炉圧力を低下させねばなりません。このためには、原子炉の先にある格納容器の圧力を下げることから始まります。何故なら、消防ポンプのような吐出圧力の低いポンプで、少しでも多く注水するには、注入先の原子炉の圧力が余程低くないと果たせません。このため、原子炉の逃がし安全弁はもちろん、格納容器のベントも開いて、原子炉圧力容器から格納容器まで一気通貫で圧力を抜いて、大気圧に近づけてやるのです。

格納容器のベントは、ＤＷとＳＣの2つあることは**前節**で説明しました。使われたのは、格納容器内のガスを一度水に通して、放射能を洗い落としてから放出する、ＳＣのベントでした。

いったん、ベントを行うと決めて実行に移せば、よたよた運転のＨＰＣＩが停止する心配は無用です。現場は真っすぐに作業に入りました。

13日午前2時42分、よたよた運転のＨＰＣＩポンプを運転員が止めました。

後はベントを開いて消防車による注水を急ぐだけでしたが、逃がし安全弁を開放するのに手間取りました。原子炉圧力を減圧することができないので、注水ができません。その間に、ＨＰＣＩポンプが止まった原子炉の温度圧力は、崩壊熱で再び上昇しだしました。

13日午前9時8分頃、逃がし安全弁が開いて原子炉圧力容器の急速な減圧が始まりました。HPCIポンプが停止してから減圧が開始するまでに、実に約6時間半の時間が経過しています。この間に原子炉の状態の変化を見てみましょう。(**図1・2・17**)。原子炉圧力は7・5メガパスカルにまで再上昇し、原子炉の水位はマイナス3メートル（実体はマイナス4メートル）にまで低下しています。炉心状態は大きく様変わりしました。

ところで、この水位低下データをよく眺めてみますと――途中のデータが失われていますので直線で内挿します――、水位計の指示値がマイナス2メートルからマイナス3メートル（実水位マイナス3からマイナス4メートル）に近づくに連れて、低下速度が鈍くなっていることに気が付きます。僅か1時間ほどのデータですが、実水位が炉心下部に達した後、水位があまり変化していないように見えます。この1時間の水位鈍化が非常に重要です。

この水位の鈍化は、炉心の除熱が水への熱伝達から、周辺構造物への熱輻射に変わったことを示しています。炉心から水がなくなれば、崩壊熱は水の蒸発に使われるというより、輻射熱となって周辺の物体に放射されます。従って水の蒸発量は少なくなり、水位低下も鈍くなるのです。逆に、冷やされ損なった燃料棒の温度は上昇し始めます。この輻射熱についての話は、後の**本章7節**で詳しく述べます。

水位低下の鈍化は、燃料棒温度の上昇を意味しています。

先述した2号機では、原子炉水位がマイナス4メートルに下がった時点での燃料棒温度は、最高でも1000℃以下と推測しました（**本章5・2節**）。2号機の崩壊熱は0・4％でした。

3号機もよく似た状態です。3号機の水位がマイナス3メートルに下がったのが13日午前2時半頃とみられますから、崩壊熱量は2号機よりやや多く0・5%くらいあります。炉心発熱量は約1万キロワットくらいで、燃料棒温度を1時間で1000℃ほど上昇させる能力を持ちます。難しい判断ですが、炉心から水がなくなった時点では、3号機の燃料棒温度は2号機よりは少し高く1000℃は超えていたでしょうが、灼熱状態にはまだ達していなかったと思います。しかし、問題は水位低下の鈍った時間です。この時間中に蒸発が少なくなった分、燃料棒の温度上昇速度は増し、炉心の中央部分は灼熱状態に達していたと思われます。サウナ風呂に入った燃料棒の温度上昇を思い出してください。燃料棒状態は**図1・1・6**の状態Ⅳに変わっていました（**図1・2・19の**ハ）。

ここから炉心溶融に至る話は次の**本章6・3節**で述べるとして、HPCIポンプの停止から減圧に至るまでの事故時対応に、何か問題はなかったでしょうか。いま少し、この問題を検討してみたいと思います。

（2）HPCIポンプ停止の余波

6時間半にわたる難行軍の未達成された減圧でしたが、この減圧の遅れが、3号機を炉心溶融に至らせた一つの原因です。より正確に言えば、HPCIポンプの停止が失敗の主因だったのです。ポンプを停止せずによたよた運転を続けたまま減圧を行っていれば、3号機の溶融、爆発は起きなかったでしょう。この理由を、述べておかねばなりません。

その証拠が**図1・2・17**です。原子炉圧力のデータを見てください。HPCIポンプが止まる13日午前2時半頃までは、原子炉圧力は１メガパスカル以下という非常に低い圧力を保っています。このよた運転が継続していた間は、蒸発による炉水位低下があったにも関わらず、原子炉圧力に上昇はなく、従って燃料棒温度も低いままでした。高々０・５％の崩壊熱では蒸気によるそよ風で炉心は冷やされて、燃料棒温度はせいぜい１６０~１７０℃だったでしょう。この状況に変化を与えたのがＨＰＣＩポンプの停止でした。

ＨＰＣＩが止まると、原子炉圧力は直ちに上昇し始めています。この理由は、ＨＰＣＩの駆動に使われていた蒸気の行き場がなくなり、原子炉がサウナ風呂と化したからです。崩壊熱が燃料棒温度を上昇させ、行き場のなくなった蒸気が原子炉圧力を上げ始めたのです。これが**図1・2・17**の示す圧力上昇です。

ポンプが停止する直前の数時間、崩壊熱を０・５％強とすると、３号機の発熱は約１万キロワットとなり、７メガパスカルの飽和水ならば毎時約25トンを、海水ならば同13トンを蒸発させる計算となります。

次の課題は、原子炉水位の低下速度です。12日午後9時頃から翌午前3時頃までの水位低下速度は、先ほどの検討から、6時間で9メートルでした。この数字を2号機の水位低下速度、8時間で約10メートルと比べると（**図1・2・8**）似通った低下速度であることが分かります。水位低下時間での崩壊熱が、３号機約０・５％、２号機約０・４％であることを勘案しますと、ほぼ同じ低下速度と見て大きな狂いはありません。

2号機の水位低下理由は、崩壊熱による原子炉水の蒸発でした。このことから、3号機の水位低下も2号機と同じ、崩壊熱による原子炉水の蒸発として間違いなさそうです。

実はこの結論は、事故現象を考える上で大切な意味を含んでいます。

その一つは、ＨＰＣＩポンプのよたよた運転状態は、ただ回っているだけで、実態は水をほとんど汲み入れていなかったということを示しています。もし水が多少なりとも汲み入れられていれば、その分原子炉水の蒸発量は減少し、従って水位低下速度はゆるやかになっていたはずです。

ということは、この時刻でのＨＰＣＩポンプは水を汲み上げるのではなく、自動車の空吹かしのように、ただ回っているだけの状態だったのです。その役割は、崩壊熱によって炉心に生じた蒸気を、タービン経由でＳＣに流すというパイプの役目を演じていただけ、ということになります。いわば蒸気のはけ口、崩壊熱のはけ口だったのです。運転員によるＨＰＣＩポンプの停止は、この蒸気のはけ口を閉じて崩壊熱の除去手段を原子炉から奪った利敵行為になっていたのです。この結果、原子炉の水位低下速度が鈍り、圧力が再上昇し始めました。

ＨＰＣＩポンプがよたよた運転を続けていれば、崩壊熱が作る蒸気のはけ口がありますから、炉心はサウナ風呂状態とはならなかったのです。水の蒸発がもたらすそよ風で燃料棒は冷やされて、燃料棒温度は上昇しなかったでしょう。これが先ほど予告したポンプ停止による失敗の内容です。**図1・2・17**、ＨＰＣＩ運転時間帯での圧力・水位履歴がその証明です。

ＨＰＣＩを止めたために、蒸気の出口が失われ、燃料棒温度が上昇しました。

非難して言っているのではありません。これについては事実として確認しておきましょう。ＨＰＣＩ

ポンプのよたよた運転が蒸気の出口の役目を果たしていたとは、差し詰め芝居なら「お釈迦様でもご存知あるめえ」との台詞が飛び出すほどの、見通しの難しい事象です。仮に、私が事故現場に居合わせても、そこまでは気が回らなかったことでしょう。

崩壊熱の出口が閉じられれば、原子炉の温度圧力は否応なく上昇します。**図1・2・17**に示される原子炉圧力の再上昇がこれです。

さてここで、炉心溶融時の原子炉の状況をＴＭＩ事故と比較してみましょう。**図1・2・17**、3号機の原子炉水位に注目してください。13日の午前9時頃、ベントを開く直前の状態は、水位は約マイナス3メートル（実水位マイナス4メートル）です。燃料棒全体が水面上に出たサウナ風呂状態にあります。ＴＭＩでは、一次冷却材ポンプが動く直前の炉心は、サウナ風呂状態でした。ともに炉心に蒸気の流れはありません。炉心燃料は、いずれも**図1・1・6**に描かれた健全な状態Ⅰから灼熱状態Ⅳへ、時間の経過と共に変わっていきました。ＨＰＣＩの停止が3号機に、ＴＭＩと同じ燃料棒の灼熱状態を作りしたのです。

ここに水が入れば、炉心は崩壊、溶融に至ります。ＴＭＩでは燃料の下半分が水に浸かった状態で炉心の溶融が起きました。水位が炉心より下にあった3号機の場合、どのような現象が起きるでしょうか。

6・3　炉心崩壊の開始（③午前9時8分～午後0時20分）

13日午前9時8分頃、逃がし安全弁が開放され、原子炉圧力が急減しました。当然のことに、原子炉圧力容器の中に残っていた水は減圧沸騰を起こし、発生するバブルによって炉心の下にあった水位は、一時的に持ち上がったでしょう。この持ち上がった水で灼熱した燃料棒が急冷され、分断されました。この分断で、炉心の崩壊が随所で起きたと思われます。この崩壊の程度は、事故途中の経過状況ですから、今から炉内を見ても確認できませんが、私は崩壊した炉心領域は限られた範囲だったと考えています。最終的な結末は変わりません。皆さんの想像はご自由です（**図1・2・19の㈡**）。

注水開始後の、格納容器圧力の変化（**図1・2・18**）に注目してください。グラフは、山あり谷ありで分かり難いのですが、DWとSCのデータは仲良く同じ変化をしていますから、このデータは信頼できます。

逃がし安全弁の開放によって、格納容器圧力は0・6メガパスカルくらいにまで一気に上昇し、その後、格納容器ベントにより約0・3メガパスカルまで低下しています。一方、原子炉圧力も急速に減少し（**図1・2・17**）、グラフの目盛りからは、一挙に約0・2〜0・3メガパスカルにまで低下したようにみえています。しかし、原子炉圧力より格納容器圧力が高くなるわけはありませんから、両者とも0・5〜0・6メガパスカル程度の同一圧力になったとみるべきです。

減圧の直後、13日午前9時25分頃から、消防車による注水が始まります。この注水によって、崩壊した燃料棒と水の反応が幾分か起きたのではないかと考えられます。それは注水直後に見られる原子炉水位の急激な変化（**図1・2・17**）、並びに格納容器圧力の変化（**図1・2・18**）状況からの判断ですが、確定的な話ではありません。反応は局部的なもので、全体的な炉心溶融に至るものでは、まだありません。反応に必要な水が十分にないからです。

この、午前９時25分以降、翌14日の爆発に至るまでの間に、消防車により炉心に注水された水量はよく分かっていません。消防ポンプの注水量は１時間当たり25～40トン程度ですから、崩壊熱による海水蒸発量約13トンを差し引きますと、繋ぎ込んだホースや配管の抵抗などを考えても、原子炉内に残る水量は多くても１時間当たりに10～25トン前後という勘定になります。この勘定に従えば原子炉水位は上昇していくはずですが、**図１・２・17**が示す原子炉水位は、そうなっていません。一定値を示すだけです。

午前９時25分から午後０時29分までの約３時間、**図１・２・17**が示す水位データは乱高下しており、明らかに注水によるジルコニウム・水反応が繰り返し発生したことを示しています。この乱高下が収まった時の水位がマイナス１メートルです。注水前の水位マイナス２メートルと比べますと、水位が１メートル上昇し、水量に直して約６トン原子炉内の水が増えたと計算されます。

さて、反応が起きていた３時間の間に消防ポンプにより注入された冷却水の計算上の総量は、約75～120トンです。ここから、崩壊熱による蒸発水量約40トン（１時間当たり13トン）と炉心内の増加水量約12トンを差し引きますと、残りの33～78トンの冷却水がジルコニウム・水反応の熱によって蒸発した計算となります。しかし、この蒸発量が多すぎます。反応量を最大限に見積もっても大き過ぎるのです。熱収支の勘定が注水量と合わないのです。

さらに、より難問は、注水が再開された午後１時12分から爆発が起きた翌日午前11時までの、約22時間という長時間にわたる注水量です。もしこの時間全体を通じて消防ポンプが正常に働いていたとすれば、原子炉の水位は測定上限を遙かに超えて、圧力容器から溢れ出していたはずです。当然のことに、**図1・2・17**が示す、水位がマイナス2メートルで一定に保たれていることの説明は、全く付きません。

困りました。消防ポンプは働いているのに、水が計算通りに原子炉に送られていないということです。「忠ならんと欲すれば孝ならず、孝ならんと欲すれば忠ならず」、保元の乱における平重盛の心境です。仕方ありませんので、本稿では、消防ポンプによる水勘定を不問にし、測定水位のデータが正しいとして、以降の3号機の炉心状況説明を行うこととしました。ポンプが正常に働いていれば、3号機の爆発は14日午前11時まで待てないからです。しかし、これは次に述べるように正解でした。

最終稿を書き上げていた最中の２０１３年12月13日、東京電力から未確認・未解明事項の調査・検討結果の発表がありました。それによると、消防ポンプによる注水には途中に口の開いた分岐管が何本かあったため、原子炉注水量はポンプの容量通りでなく、想定より少なかったとのことでした。言い換えれば、ポンプの注水の一部が他に流れ出ていたということを示しています。この発表によって、消防ポンプ注水にまつわる疑問がすべて氷解しました。原子炉への注水は、格納容器の圧力に見合った形で、外に漏れ出る量との間で自然配分されていたのです。

なお、東京電力の発表によると、使用した消防ポンプ容量は75トン時と大型のものであったといいます。本稿の検討での拠り所とした消防署のポンプ車（25～40トン時）より大きい物でした。しかし本稿は、この点は書き改めないこととしました。前述の事情であれば、炉心状況の説明に無関係だからです。

さて、海水注入によって少しずつ水位を増していく注水と崩壊したデブリ山塊との間に、間歇的なジルコニウム・水反応が、生じては止み、止んでは生じるといった状態が、午後０時20分までの数時間は続いたと思われます。水と溶融炉心の接触境界面には、ＴＭＩで見られた卵の殻が、徐々に形成されていったことでしょう。

２号機でも説明したこの水不足の炉心溶融状況は、時間的にいえば、３号機で先だって生じた現象です。ひと口にジルコニウム・水反応といっても、ＴＭＩで起きた短時間の激しい炉心溶融と、水不足の２、３号機の状況は、必ずしも同一ではないのです。

この、午後０時頃までの数時間、格納容器圧力データの乱雑な変化は、炉心の反応に伴う運転員の苦闘の跡を示す変化です。東電報告書によると、ベント弁の開状態を継続するために、ボンベを取り替えたり、空気圧縮機を仮設したり、大童《おおわらわ》の奮闘ぶりが書かれています。また、格納容器の圧力を下げるため、格納容器スプレーを開けたり閉めたりもしています。これらは崩壊熱と反応熱による水の蒸発によって起きる格納容器圧力の軽減のための操作です。強調しておきますが、現場は停電中です。これら作業はすべて、真っ暗闇の中で、人手により行われた作業です。よく頑張りました。

6・4　海水注入と炉心溶融（④13日午後0時20分から14日午前11時の爆発までの約22時間）

13日午後０時20分、防火水槽の水が少なくなったため、水源を海水に切り換えました。この間の作業に約1時間、原子炉への注水が止まります。海水注入が始まったのが午後1時12分と東電報告には記載されています。

この間の1時間、炉心状況の変化は不明です。データも定かでありませんので推察ですが、あまり変化がなかったといえそうです。恐らくこの時間、炉心の水が崩壊熱で蒸発して水位を下げ、格納容器の圧力は僅かに上昇していたことでしょう。この時間、格納容器DWのスプレーが働いて圧力を下げています。

この時刻から、翌日14日の午前11時1分の爆発までの間の約22時間、3号機のデータは、格納容器の圧力が上下した以外は、何らの変化も示していません。

原子炉圧力（**図1・2・17**）は0・4〜0・5メガパスカルくらいの一定値を保っています。原子炉水位の指示値もマイナス2メートル（実水位マイナス3メートル）で、ほぼ一定です。このデータだけを眺めていると、まるで定常状態であるかのような錯覚に襲われます。**図1・2・18**に示す格納容器圧力の変化も、前述のベントの開閉に伴って上がったり下がったりしているだけです。取り立てて説明するほどの変化はありません。いわば嵐の前の静けさです。

嵐の前兆はありました。爆発時刻の少し前、午前7時頃から原子炉水位計が急上昇を起こしていることです（**図1・2・17**）。この原子炉水位計指示値の変化は、原子炉で大量の水素ガスが発生した時の変化です。この前兆事象は記憶に留めておいてください。

東電報告書にある運転操作の記録は、**図1・2・18**に示すベント開閉についての記載と、14日午前1

時10分に、注入ピットへの海水補給のため消防車注水を一時停止し、午前3時20分注入再開したとの簡単な紹介だけです。しかし、海水注入が2時間も停止しています。ここが要注意点です。後ほど述べるのでこれも記憶に留めておいてください。

話を図1・2・17の、あまり変化のない状況の説明に戻します。この、格納容器圧力以外にあまり変化のない状況が、だらだらと長時間続く原子炉状態をどう捉えればよいのでしょうか。手がかりとなるデータは、炉心に変化を起こさせるほどの海水量が送り込まれていない、という事だけです。

私は、この何とも締まらない状態を思い浮かばせる事態に1度出合った経験があります。20年ほど昔、実験中に高温の液体ナトリウムを大きな鉄板トレーに零《こぼ》した経験です。金属ナトリウムはジルカロイよりずっと酸化しやすい材料で、常温でも水に入れると激しい酸化反応を起こして爆発します。また液体ナトリウムは、空気中の湿分を捕らえてじくじくと燃焼し続けます。

鉄板トレーの上に零れた比較的大量の高温液体ナトリウムは、酸化膜の下でじくじくとした燃焼を長時間続けました。その様子は、別府温泉で見た坊主地獄のように、酸化膜表面がぷくっと膨らんでは裂けるものでした。膨らむ時は酸化膜の表面がもこもこと動き、破れた裂け目からは赤青色の小さな炎が観察されました。こんな燃焼がいつ果てるともなくゆるやかに続き、トレー内のナトリウム温度はいつまで待っても下がりませんでした。

13日午後1時12分から翌14日午前11時頃までの、丸1日に近い間の原子炉の内部では、高温のジルコニウムと水蒸気が微弱に反応して、私が見たじくじく燃焼（反応）状態にあったのではないかと、本書の執筆時に想像していました。確たる証拠はありませんが、そうとでも考えなければ、20時間にも及ぶ何事も起きない状態の説明が付かなかったからです。

拙著の出版後に、このじくじく反応の正体を畏友の牧英夫氏からご教授いただきました。それは、酸化被膜ができるような高温の燃料棒では、周辺の水蒸気と被覆管の間で微弱な酸化反応は常に起きているというものでした。

ここで53ページの、**備考注釈1-1**を参照ください。「酸化被膜が存在しても、被覆管温度が上昇すると内部への酸化は徐々に進行します」とあります。言い換えれば、高温の燃料棒では、酸化被膜を通して、水蒸気とジルカロイの反応が、僅かながら常に存在していることを示しています。この説明を正確に行うことは至難ですが、以下のように考えれば、現象的には理解しやすいでしょう。

ジルカロイは、温度が高くなると周辺の物質から酸素を奪う力が強くなるという性質があります。それは、ジルカロイを保護している酸化被膜に対しても変わりません。燃料表面にある酸化被膜の酸素がジルカロイに奪われると、皮膜は還元されて元のジルカロイに戻るため、被膜周辺に存在する水蒸気と再び反応して新たな酸化膜ができます。このような酸素の出入りが酸化被膜を介して行われていると考えれば、酸化の微量な進行が現象的に理解できるでしょう。

酸化が進めば、反応熱が発生します。後ほど述べますが、この発熱が崩壊熱に加わって、だらだらとした原子炉状態を長時間継続させていたと考えられます。その理由は、次に述べる消防ポンプの注水能力と崩壊熱による海水蒸発量との間の、量的な不一致が大き過ぎたからです。

消防ポンプの注水量は明確ではありませんが、崩壊熱による海水蒸発量約13トンを超えていたと考えられます。この過剰な注水量のうちの幾分かが、ジルコニウムと蒸気とのじくじく燃焼で消費されたとすれば、話は合います。じくじく燃焼の熱が崩壊熱に加わって、水の蒸発と炉心の温度上昇に使われました。また反応による水素ガスの発生が発生蒸気と一緒になって格納容器の圧力を上げてベントの開閉操作を必要とさせたのでしょう。

以上が、丸1日近く続いただらだら状態の説明です（図１・２・19の㋭）。14日午前10時頃起きた水位の跳ね上がった前兆事象は、水が満ち始めて、温度の上昇した炉心との反応が活発となる前兆だったのです。

前節で述べた2号機の炉心溶融では、3度にわたっての大きな水位変動（反応）が起こっていますが、その間の状況が水待ちのじくじく燃焼時間だったと考えれば、現象がよりよく理解できます。

水不足でのジルコニウム・水反応［備考注釈６・２］、この知見の検証は後学の人達に譲りたいと思います。また、その結果を今後の原子力安全に活かして欲しいと思います※。

14日午前1時10分、注入海水の溜め場として使っているピットへの海水補給のため、消防車による注水を一時停止しました。注入再開が午前3時20分でした。海水注入が2時間も停止したのです。先ほど記憶に留めておいて欲しいと書いた操作ですが、実はこれが破局の始まりでした。

この2時間の注水停止の間に、サウナ風呂状態にあった炉心の燃料棒は、崩壊熱とじくじく反応の熱によって溶融点近くまで温度上昇したと思われます。2号機と同じように、輻射熱で炉心周辺の構造物も温度上昇して、幾分かは溶けたことでしょう。恐らくその一部は溶融してデブリと混合し溶融して、一種の合金のような物を作ったのではないかとも推測できます。この中には、ＢＷＲの制御棒であるボロンカーバイド（B_4C）も含まれたことでしょう。

午前3時20分に再開された海水注入によって、この高温の合金が混じった混合溶融物は、徐々に海水に浸されることになります。海水と混合溶融物とが接触し始めた時刻は、**図1・2・17**の水位の変動から見て午前7時頃と見られます。注水開始の午前3時20分から水位変動時刻（午前7時）まで4時間くらいの時差がありますが、これが注水停止中の水の蒸発分を埋めるための時間だったのでしょう。水と、今は十分に高温になった炉心が接触すれば、激しい化学反応が始まります。当然、水素ガスも発生し、卵の殻も形成されたことでしょう。ベントが開いているにも関わらず、格納容器の圧力が午前7時頃から爆発に至るまでの4時間、約０・５メガパスカルを維持しているのは（**図1・2・18**）、恐らく水素ガス発生による効果でしょう。

※　本書出版後、ジルコニウム反応に詳しい牧英夫様（元日立製作所技師長）から、備考注釈1―1に示した計算をご教授いただきました。この計算書が示すように、高温のジルカロイは、被覆膜を通り抜けて洩れ込むわずかな水蒸気と間で、長時間のじくじく反応を起こしていました。初版にはじくじく反応のイメージ図として、液体ナトリウムの燃焼の観察から半流動的な写真（温泉にある地獄）を載せましたが、この計算から推察すると、ジルカロイと水のじくじく反応は燃料棒の形態を保ちながらの固体状態での反応と信じられます。

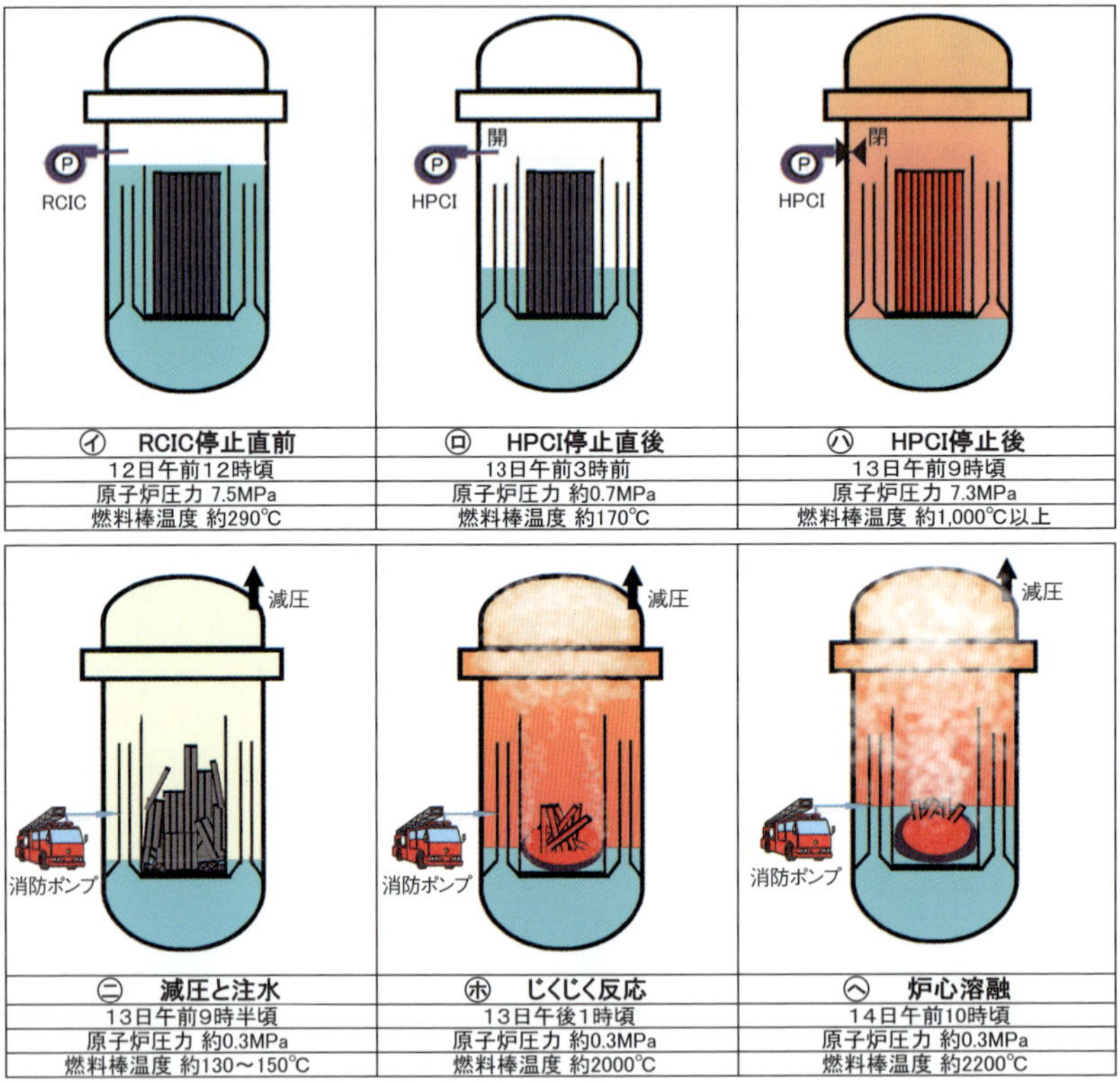

図1. 2. 19　３号機の炉心状況の進展（模式図）

3号機の原子炉建屋に水素爆発が起きた午前11時1分の1時間ほど前に（**図1・2・17**では午前9～10時頃）、原子炉水位計データが突如プラス2メートルにまで急上昇しています。記憶に留めておいてくださいと書いた、前兆事象です。

恐らく、注入された海水と、卵の殻もしくは鍋の底で部分的に保護されている混合溶融物との間で、激しい反応が始まったのです。それは、卵の殻に包まれた混合溶融物を海水が浸し尽くした時に卵の内圧上昇によって皮が破れて始まったか、もしくは海水が鍋の底を乗り越えて、混合溶融物の中に混じるジルコニウムと激しく反応したためではないかと考えます。水位計指示値の突然の変化は、この反応によって水中に大量の水素が発生し、バブルで膨れあがった炉心の水位ではないかと考えます。

この反応で、炉心は全面的に溶融しました。そのため反応は、注水速度が追い付く限りの、間歇的ではあっても、激しい反応だったでしょう。

14日午前10時頃、3号機の炉心は溶融しました。同時に大量の水素ガスが発生したのは言うまでもありません（**図1・2・19の㋬**）。

炉心溶融と水素の発生に関する進展状況は前述の通りです。大きな影響はなかったと考えますが、この反応に海水中に含まれる塩類が何らかの化学的作用を及ぼした可能性も考えられます。それについては今後の研究課題でしょう。

６・５　原子炉建屋の爆発（⑤14日午前11時1分）

ここで原子炉建屋の爆発時刻である午前11時頃までの、格納容器圧力の変化を調べておきましょう（図１・２・18）。ベント開閉による変化もあって非常に分かり難いのですが、原子炉建屋の爆発時刻とみられる午前11時頃、ほぼ０・５メガパスカルくらいの圧力で低迷していた格納容器圧力が、瞬間的に０・３メガパスカルまで急降下して、すぐさま再上昇しています。この急降下の瞬間が、水素爆発の時刻です。

この圧力の急降下は、水素ガスによって加熱されていた格納容器の上蓋が持ち上げられて、水素ガスが原子炉ボールトへ出て行ったことによる一時的な降下です。出て行った水素ガスは原子炉ボールトに入り、遮蔽プラグを押し上げて、燃料交換フロアに出ていきました。格納容器水素ガスが燃料交換フロアに流れ出たメカニズムは、**本章５節**で説明した2号機のそれと、全く同じです。

2号機の場合は、燃料交換フロアのブローアウトパネルが外れていたため、水素ガスは大気中に流出しました。しかし3号機はパネルが開いていません。原子炉建屋は依然として半密閉状態を保っています。出所のない水素ガスは上昇して、天井に沿って流れたのち壁にぶつかって方向を変え、室内の空気を攪拌しながら循環し、混合して爆発性気体となります。因みに、空気中の水素の燃焼爆発範囲は、水素の体積割合で4～75％と非常に広い範囲です。

爆発性ガスとなった水素は、着火源があれば直ちに爆発します。着火源は、火花、電気、衝撃と、色々です。しかしながら発電所は停電中ですから、電気による誘因は考えられません。着火源となったのは衝撃です。2号機でも述べた、浮き上がった遮蔽プラグが落下した時の衝撃です。

持ち上げられた遮蔽プラグは、何時までも空気中に浮いているわけではありません。プラグの底を支える圧力が失われた時、重力で落下します。重いプラグが落下し、コンクリート床に接地した時、火打ち石のように火花が出たことでしょう。火花は出なくとも、ゴツンという衝撃音は発生したでしょう。水素の点火にはこれで十分です。遮蔽プラグが接地した時刻は午前11時1分、3号機の原子炉建屋の爆発時刻です。

本当にあの重い遮蔽プラグが浮き上がるのか、こんな疑問をお持ちの方は多いと思います。具体例で示しましょう。実は、もっと重いプラグが空中に浮き上がった実例があるのです。

図1・2・20は、チェルノブイリ事故後の現場スケッチです。真ん中の空っぽになった炉心の上部に、大きな丸い円盤が縦を向いて嵌め込まれています。これはチェルノブイリ炉の遮蔽プラグで、直径約13メートル、重量は1600トンあります。BWR遮蔽プラグの重量600トンの3倍近い重さの物体です。

図の遮蔽プラグが縦を向いて立っているのは、水素ガスの圧力で空中に浮き上がっている時に、斜め上方で爆発が起きて回転したからです。飛び上がった時に足払いを掛けられたのと同じように、遮蔽プラグは4分の3回転させられて接地したのです。この大きな円盤が回転したのですから、相当高く持ち上げられたことが分かります。

図に描かれた遮蔽プラグにある顎髭《あごひげ》のような線は、燃料集合体が入っていた圧力管です。圧力管は炉

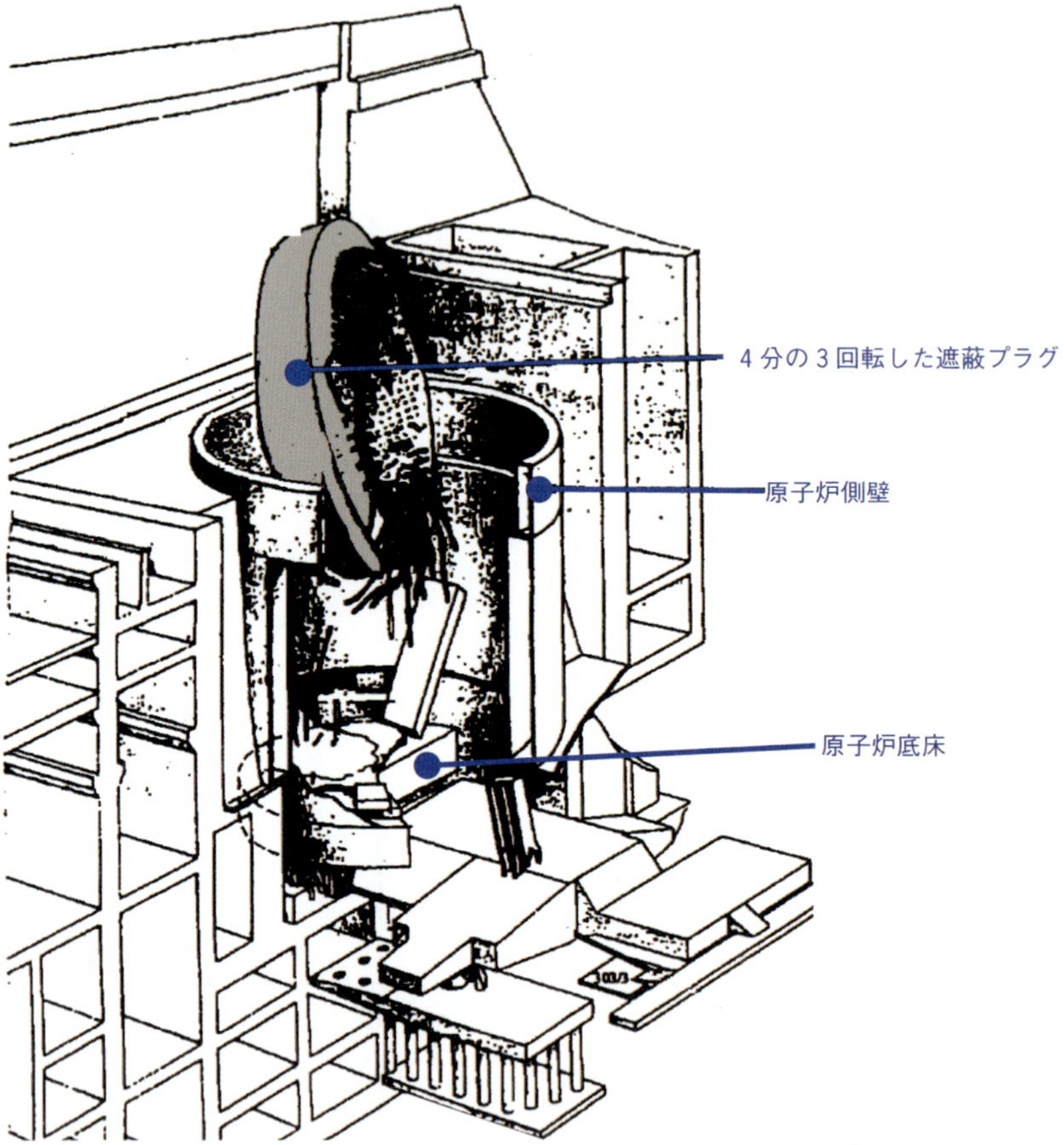

出典：『原子炉の暴走』より

図1.2.20　事故後のチェルノブイリ炉の状況図

心を貫通して遮蔽プラグに取り付けられています。遮蔽プラグの底にかかった水素圧力は、この圧力管を引きちぎって、遮蔽プラグを空中に浮き上がらせたのです。旧ソ連は、遮蔽プラグを持ち上げた圧力の大きさを、約1メガパスカルと見積もっています。

チェルノブイリのスケッチが示すように、1600トンもの遮蔽プラグでも、底にガスの圧力がかかれば浮き上がるのです。

なお、チェルノブイリ事故での着火源は高温の燃料被覆管、酸化ジルコニウムの破片でした。炉心を貫通していた配管が引きちぎられたため、そこから噴出してきた蒸気に混じって、真っ赤に燃えた燃料被覆管の切れ端が一杯に放散されていました。その一つが空気と混合した水素ガスに着火して、爆発が起きたのです。遮蔽プラグが空中高く浮き上がっている最中に爆発が起きたのです。3号機爆発の、プラグ落下による衝撃ではありません。そうでなければ、チェルノブイリの遮蔽プラグは4分の3回転できません。

チェルノブイリの遮蔽プラグと比べれば、3号機の遮蔽プラグを空中に浮かせることなど、いとも簡単です。2号機で計算したように、0・05メガパスカルくらいの圧力が掛かれば、理論的には浮き上がります。

では何故、2号機の場合は同じように遮蔽プラグが持ち上がりながら、その落下時の衝撃で爆発が起きなかったのでしょうか。それは3号機のように、水素ガスが空気と混合して爆発性ガスとならなかったからです。2号機の場合、原子炉ボールトから流れ出た水素ガスは、プルームとなって大気中に流れ出て行きました。このプルームの水素ガス濃度は、原子炉から出てきたそのままのほぼ１００％です。２０００℃という高温のプルームは、川の流れと同じで滔々《とうとう》と塊をなして流れますから、空気を撹拌《かくはん》することもなければ、空気と混合もしません。水素１００％の非爆発性ガスの流れですから、衝撃が起きても、着火しません。

3号機の水素ガスについては、さらに説明を加えなければなりません。それは東京電力の調べで既に明らかなように、4号機の爆発原因が3号機から回ってきた水素ガスであることが確かめられているからです。では、爆発を起こすほどの大量の水素ガスが、どのようにして4号機に入り込んだのでしょうか。

余分な詳細を避けて簡単に述べましょう。3号機と4号機は、原子炉空調施設である非常用ガス処理系（ＳＧＴＳ）からの排気を、同一のスタック（煙突）を使って放出しています。スタックの共用です。ＳＧＴＳの最終端は互いにスタックの下部で接していて、上方に向かって開口しています。3号機の水素ガスは、この開口部から4号機のＳＧＴＳを逆流して、4号機の原子炉建屋に入り込んだと結論されています。

この詳細を説明する余白はありませんが、この逆流が証明されたのは、4号機のＳＧＴＳダクトの中に置かれた放射能除去フィルターの汚染状況が、出口側に高く建屋側に低かったことからです。排気が逆流しなければ、このような外側から内側へ向けての汚染は起き得ません。いってみれば、マンション住まいのお隣のサンマを焼く匂いが、自宅のキッチンの排気口から逆流して匂ってくるようなものです。

水素ガスの流入経路は分かりましたが、難問は、水素爆発を起こすほどの大量のガスが、どのようにして逆流したかです。この可能性を証明するには、圧力差と流入時間の考証が必要です。

今回の増補改訂に向け原稿の校正をしているときに、4号機の原子炉建屋の圧力が、負圧になっていたのではないかと、ふと気付きました。その理由は、4号機のプール温度が沸騰点に達していたことです。建屋内部の気温は湯気で高くなり、冬の冷たい壁面で水蒸気が凝縮すれば、建屋内の圧力は外気よりも低い負圧になると、ふと気付いたのです。原子炉建屋は半密閉に作られていますから、この想像は正しいでしょう。

となると、スタック下部の開口部の圧力が周辺より高くなるであろう時間帯を調べる必要はありません。負圧の4号機原子炉建屋に向かって、3号機のスタック下部のガスは吸い込まれていくためです。

問題は水素の発生源です。第一に頭に浮かぶのが、遮蔽プラグを持ち上げた激しいジルコニウム・水反応での水素ガス圧力です。この圧力は大変大きなものですが、反応時間はそれほど長くありません。そのガスの一部分が4号機へ流入したとは思いますが、それだけでは爆発するのに不十分です。

次に考えられるのは、ベントからでてきたガスです。3号機が炉心崩壊し水素が発生し始めた後にベントが開いていた時間は、圧力記録を見る限り、13日午後8時頃からの約2時間と、14日午前9時頃からの約2時間です。合わせて4時間、これが一つのヒントです。格納容器の圧力は、約0・2メガパスカルから0・5メガパスカルですからこれも十分です。

先ほど、当該時間帯での格納容器圧力変化は、ベントの開閉に追従しているだけで何のヒントにもならないと悪口を書きましたが、これは撤回です。４号機の爆発という一大センセーションのイベントを解決するための、ヒントが隠されていました。

より可能性が高いのが、じくじくとしたジルコニウム・水反応で発生した水素です。この反応は長時間続いています。正確ではありませんが、ベントを開いた13日午前９時頃から爆発が起きた14日午前11時まで、可能性としては26時間あります。この間、水素が少しずつ４号機に入って行けばよいのです。よく気の付く人は、じくじく反応の時間中、ベントが開いていたのかと、疑問を持たれるかも知れません。実はその必要はないのです。ベント閉として考えてみましょう。

崩壊熱は休みなく蒸気を作ります。この蒸気は格納容器に吹き出しますから、格納容器の圧力も休みなく上昇し続けるはずです。崩壊熱がある限り、ベント閉の状態では、圧力は上昇一途のはずです。ところが圧力が上昇せず足踏みをしている時間があります。例えば、13日の午後５時くらいから３～４時間くらいの間、約０・４メガパスカルの高さで存在しているではありませんか（**図１・２・18**）。これがヒントです。

面白いことに格納容器圧力は、この直前まで急上昇して、０・４メガパスカル付近で急に足踏み状態になっているのです。この足踏み現象は０・４メガパスカルになって格納容器から一定量のガスが外に漏れ出したと考えなければ説明がつきません。漏れに伴われて、じくじく反応の水素ガスが、格納容器から原子炉建屋に漏れ出ていたと推測できます。

では、その開口部とは、一体何物でしょうか。断定はできませんが、開口部を作りうる場所といえば、格納容器の上蓋か、人や物が出入りするハッチ、またはケーブルや配管が通っている貫通部が作り出す隙間です。

3号機の物品搬入用の機器搬入ハッチに漏れがあったらしいという噂話を、小耳に挟んだことがあります。格納容器の機器搬入ハッチの扉は二重のガスケットでシールされてはいますが、シールが内部の圧力に負けて破れれば、隙間ができることは十分考えられます。実は、圧力0・4メガパスカルといえば格納容器の設計圧力とほぼ同じです。扉のシールなどは、その疑惑の最有力候補です。これらの漏洩箇所のうち、格納容器の機器搬入ハッチが支配的であったと考えられます。

私は、4号機に流入した水素は、じくじく反応が犯人だと思っています。その理由は、3号機の爆発状況です。3号機の爆発は、まず燃料交換フロア（**図1・2・3参照**）で発生し、寸刻を置かずに原子炉建屋の中層階からの爆発が続いて、建屋を大きく壊しました。テレビ映像では、爆風が数百メートルくらい上空に吹き上がった様子が映し出されていました。水素ガスが原子炉建屋の下階に沢山入り込んでいなければ、このような爆発は起こりません。

軽い水素ガスは上に昇ります。水素ガスが狭い階段を下り降りて下階に流入するという物理的理由はありません。下階に爆発を起こすほどの大量の水素ガスが存在したのは、下階に漏れが起きていたからです。格納容器の機器搬入ハッチは原子炉建屋の1階にあるので、ここから水素が長時間漏れ出していたとすれば、3号機の爆発状況は綺麗に説明できます。

こうして原子炉建屋に流れ込んだ水素ガスは、非常用ガス処理系のダクトを通ってスタック下部に流れこみ、長時間にわたり僅かずつ4号機に逆流していたのではないでしょうか。

ベント開での強い流入も、ベント閉での慢性的な流入も、両方あったように私には思えます。

4号機への水素ガス流入経緯の説明が、3号機爆発の状況説明にまで及んでしまいました。話を戻して、3号機の爆発のまとめに入ります。

13日午前9時頃、消防車による冷水の注入によって、燃料は分断し、炉心崩壊が起こりました。同時に僅かながらジルコニウム・水（恐らくは蒸気）反応も始まりました。この反応は、じくじくと長時間、途切れることなく続きました。この発熱と崩壊熱による蒸気発生によって、格納容器圧力は上昇を続けます。運転員は時折ベント弁を操作して、格納容器圧力を放出していました。

14日午前10時前、原子炉はジルコニウム・水反応によって激しく溶融しました。原子炉水位の激しい上昇から、その時刻が特定できます。この反応で大量の水素ガスが格納容器に放出されました。この水素ガスは高温です。格納容器の上部構造物は加熱され、締め付けボルトの伸びから上蓋に隙間を生じ、水素ガスは原子炉ボールトに流出しました。ここからは2号機と同じです。原子炉ボールトに出た水素ガスは、遮蔽プラグを押し上げて原子炉建屋5階、燃料交換フロアに入り込みました。

水素の入り込んだ燃料交換フロアは、2号機とは違って気密状態でした。燃料交換フロアに流れ込んだ水素は室内を回流して空気と混合し、爆発性ガスとなり、遮蔽プラグの落下による衝撃で着火し、爆発を起こしました。この爆発で3号機の燃料交換フロアの上部は吹き飛びました。寸刻遅れて、建屋の

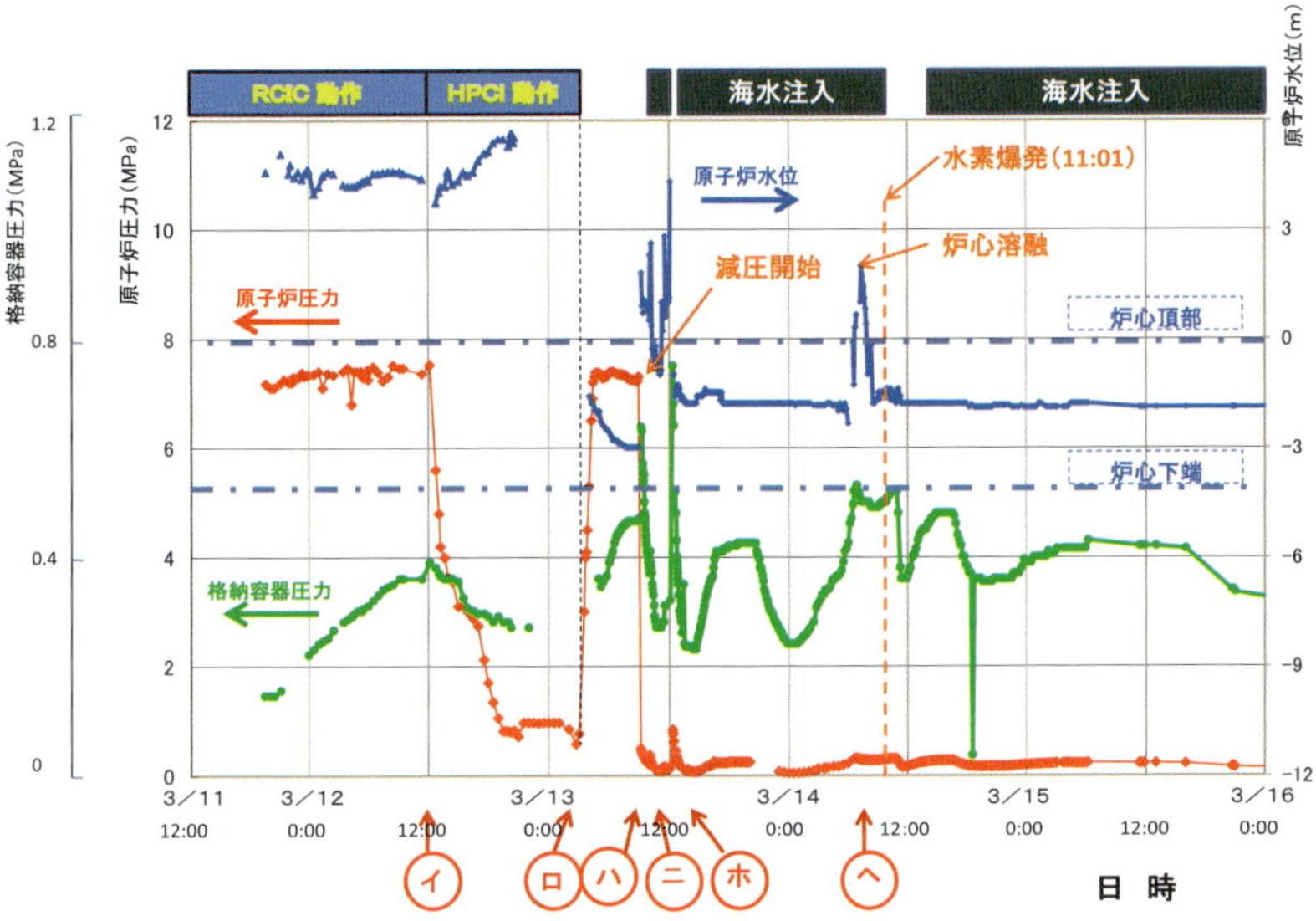

図1.2.21　3号機の主要なパラメータの推移

下に入り込んでいた水素ガスによる爆発が起き、3号機の原子炉建屋は大きく破壊し、爆風は数百メートル上空にまで達しました。

以上が、3号機の炉心溶融と原子炉建屋爆発の説明です。

6・6　まとめ

データが多いだけに、随分と長い説明となりました。分かりやすい説明を心がけたのですが、現象の方が複雑でした。簡単に総まとめをしておきましょう。

3号機は全交流電源喪失状態に陥りましたが、幸い直流電源が生きていたためRCIC、HPCIが働いている間は、炉心は冷却状態にありました。この状態で電気が復旧していれば、3号機は溶融しなかったでしょう。

しかし、電気もなくなり、水も不足になった発電所では、原子炉圧力を強制減圧させて消防車による注水で原子炉を冷やす試みを実行に移しました。この過程で灼熱状態となった炉心は、13日午前9時頃の減圧沸騰による炉水の温度低下で崩壊しました。もしこの減圧操作がＨＰＣＩを停止せずに行われていたら、３号機の炉心崩壊、ひいては炉心溶融も免れ得たことでしょう。

この13日朝の炉心崩壊以降、炉心水位も原子炉圧力も、注水量とバランスを取ったような形であまり変化せず、ただ格納容器圧力だけが上昇を続けていました。14日午前9時頃までは事態は落ち着いているかにみえました。この間、ジルコニウム・水反応も注入水に応じた形で細々と継続していました。これが炉心溶融の序曲、じくじく反応です。格納容器の圧力は運転員の手によるベントの開閉操作で制御されているかにみえましたが、その実態は、圧力０・４～０・５メガパスカル程度になると格納容器の機器搬入ハッチに隙間ができて、そこから水素ガスが漏れ出していました。この水素ガスがお隣の４号機に侵入して、爆発を起こす原因となりました。

14日午前10時頃、丸１日かけて徐々に上昇してきた水位によって、３号機の炉心に急激なジルコニウム・水反応が始まり、炉心が溶融し、大量の水素ガスが発生しました。この水素ガスは格納容器上蓋を押し上げ、遮蔽プラグを持ち上げて、原子炉建屋5階の燃料交換フロアに流れ出て、空気と混合して爆発性気体となり、遮蔽プラグの接地による衝撃で着火し、爆発を起こしました。14日午前11時１分のことでした。

以上が3号機の炉心溶融、爆発の経緯です。

ここで3号機の溶融、爆発からの重要な結論をまとめておきます。

一、炉心溶融理由は、２号機と同じく、混合溶融物（主体的にはジルカロイ）と水との激しい反応熱である。

二、激しい反応によって発生した大量の水素ガスは、格納容器上蓋、遮蔽プラグを押し上げて原子炉建屋に流入し、室内の空気と混合して爆発性ガスとなり、３号機原子炉建屋を爆発させた。

三、爆発の着火源は、持ち上げられた遮蔽プラグが落下した時の衝撃である。

四、消防ポンプによる注水は少なく、時間をかけて行われた。このため混合溶融物と水の反応は活発でなく、じくじくと時間をかけて持続した。このような状態でも、炉心が原子炉圧力容器の外に溶け出たというデータはない。この間、原子炉建屋に漏れ出た水素、および（もしくは）ベントから排出された水素ガスが、排気設備を経て４号機原子炉建屋に逆流し、４号機の爆発の原因となった。

五、３号機はＨＰＣＩを停止せずに減圧注水を行っていれば、炉心溶融はより確実に防止できた。

［備考注釈６・１］　減圧沸騰後の原子炉水位計の誤差について

図１・２・22をご覧ください。一番左側の「Ａ・通常運転時」では、基準面器内の水位が基準水位であれば、原子炉水位に応じた差圧が測定できることが分かります。

「Ｂ・減圧沸騰後」では、原子炉水位はＡと同じですが、減圧沸騰等により基準面器内の水位が低下していると、差圧は低下するため見かけの水位が高くなることが分かります。

「Ｃ・減圧沸騰＋水位が下部側配管以下」では、基準面器内の水位はＢと同じですが、原子炉水位が下側水位計配管より低下すると、計測水位は実際の水位変動に影響されず、実水位よりも常に高い指示値を示すことが分かります。

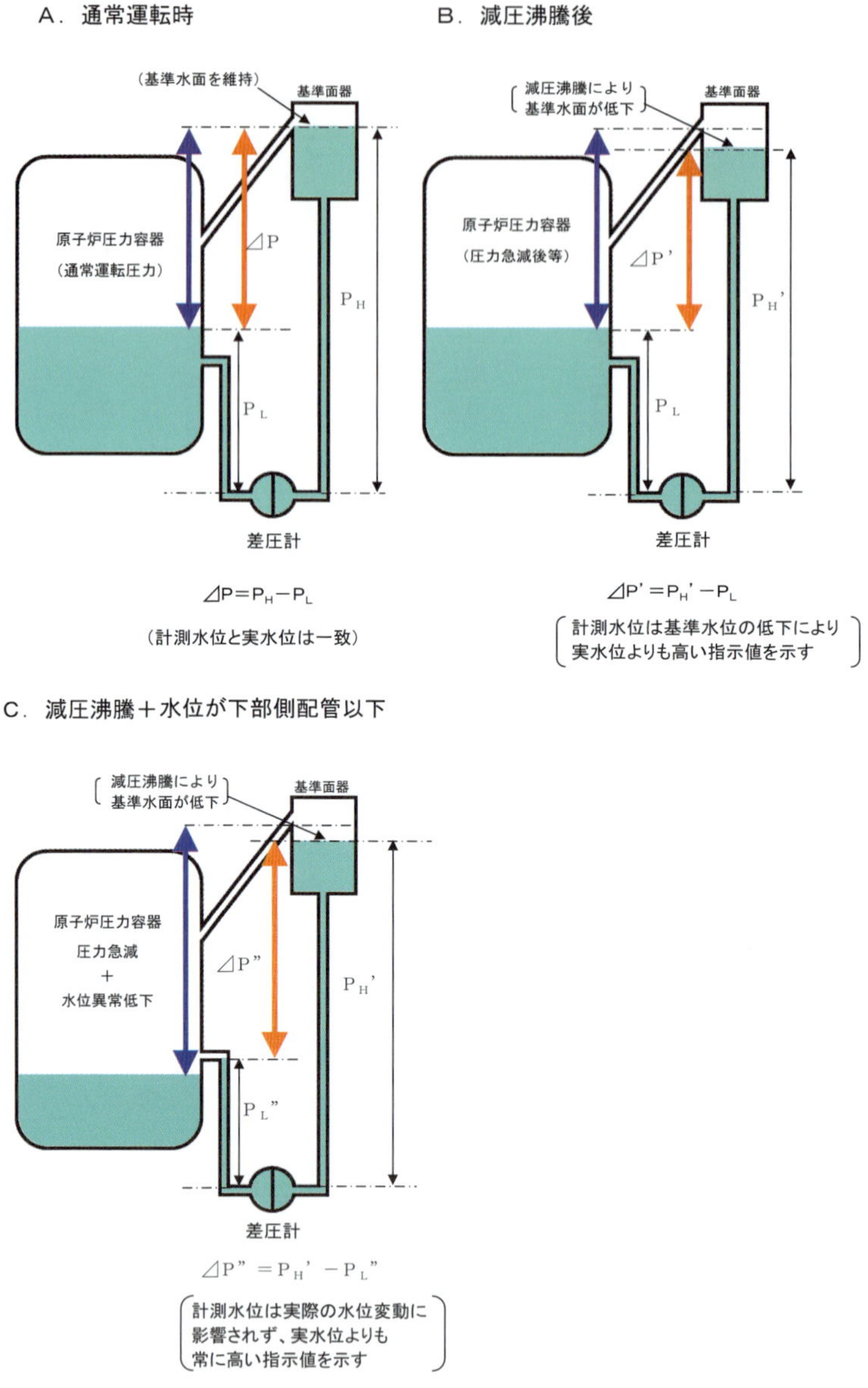

図1.2.22　減圧沸騰後の原子炉水位計指示値の誤差について（解説図）

［備考注釈6・2］　水不足でのジルコニウム・水反応について

水不足でのジルコニウム・水反応、いわゆる「じくじく反応」についての私の想像を参考までに述べておきます。

発想の元となったナトリウム空気反応は液体と気体の反応でした。表面の被膜が発生ガスで破れて炎が出たときに、外部の空気が破れ目から被膜の内部に侵入します。この空気の中に含まれる湿分（水）がナトリウムと反応して水素を発生させ、その水素が次の破れ目を作るガスとなります。この反応が緩やかに延々と持続していたのです。

じくじく反応は、高温のジルコニウムと水の反応です。その様相を3号機の溶融状況を例にとって説明してみます。

図1・2・17の13日の10時頃から12時頃までの間、数回水位信号が上昇しています。これを第1回目のジルコニウム・水反応と名付けておきます。灼熱状態の燃料棒が冷たい水で分断されると、高温のジルコニウムの塊が水と接触して膨大な酸化反応熱が局部的に発生するので、その近傍の二酸化ウランは溶融し、ばらばらに分断した燃料ペレットを溶着させます。この過程で、水との接触表面は二酸化ウランと酸化ジルコニウムの溶着物ができたことでしょう。

この溶着物が反応の都度、あちらこちらでできて、拡大して、最終的には水との接触を阻む鍋のような殻を作ったと考えます。

これがじくじく反応の初期状態で、恐らくその位置は炉心下部支持板の上と考えます。従って、溶融物には融点の低いステンレス鋼も混入していると思われます。

この最初の反応によって、比較的多量の反応熱が発生したので、水の蒸発によって水位は下がりました。鍋の中には折れた燃料棒その他が多く存在したと考えます。これが第1回目の反応です。しかしながら13日の昼から22時間にわたるじくじく反応の間は、燃料棒の大部分は折れ曲がったり分断したりしているものの、溶融物でできた鍋の上に林立して、炉心全体としてはまだ崩壊していなかったと考えます。鍋は熱を遮断する働きをします。崩壊熱とじくじく反応熱によって、鍋の中の燃料は温度を高め下の方から溶融状態となります。それによって鍋の上に顔を出していた炉心も、時間とともに温度上昇によるへたりで少しずつ内部に飲み込まれていったと考えます。

一方、冷却水は時間の経過とともに水位を回復して、鍋の縁を越えるまでに回復します。２回目の反応はこの様な状態に始まります。

２回目の反応は、混合溶融物自体の温度がより高くなっていることに加え、水が鍋の縁を乗り越えるほどには増えていますから、当然のことながら巨大な反応となり、炉心を溶融させます。

以上がじくじく反応についての私の推測です。

６・７　炉心溶融が起きる経緯とその防止

これまでの検討から、ＴＭＩ、福島2号機、３号機で起きた炉心溶融は、全て高温の炉心に冷水を注入したときに起きました。その理由は、冷水注入によって分断した燃料棒表面に高温のジルカロイが露出して、水と反応することで膨大な熱が炉心に発生したことによります。３基もの炉心溶融が、冷水注入というたった１つの要因で、矛盾なく説明できました。

溶融した炉心が圧力容器の外に存在していることが明らかな1号機の説明が、同じ理由でできれば、この考証は世界で起きた軽水炉の炉心溶融の全てで説明に成功したことになります。重複しますが、これまで勉強してきた、冷却水の注入が炉心溶融を起こすプロセスを、今一度簡単に確認、復習しておきます。

炉心から水がなくなって、燃料棒の表面温度が千数百度以上に達するような事故は、通常起きません。安全設計を超える過酷事故が発生したときだけに生じる現象で、ＴＭＩや福島の事故がそれです。

炉心から水がなくなると原子炉は停止しますが、崩壊熱により炉心が熱せられて、前述のような温度上昇が起きます。この温度になると、燃料棒表面には薄いが強靱なジルコニウムの酸化被膜ができて燃料棒を締め付けるので、炉心の体形には大きな変化はなく、ほぼ正常な形態に保たれています。炉心形状には大きな変化はないのです。

しかし、炉心から水がなくなり温度が上昇したとなれば、誰でも原子炉に水を注入して冷やしたくなります。なぜなら、安全審査で評価されているその他の事故は、全て注水冷却することで事故を沈静化しているからです。注水が原子炉を冷やすのに有効な手段であることは、間違いない事実です。

ところが、それとは反対に、金属は高温になると水と反応して大きな発熱反応を起こすことも、一般的事実です。この反応では、水は金属を酸化して水素を発生させます。具体的には、ナトリウムは常温でも水と激しく反応するのが、その好例です。この場合、水はガソリンのように、激しい可燃性物質としての働きをします。

水は、冷却材として働く場合と、激しく燃焼する場合の、相反する二面をもっています。この二面の、どちらが現実となって現れるかは、事故状況によって変わります。事故が沈静化するのか、逆に災害にまで至るのか、それを支配するのが注水時の燃料棒表面温度なのです。

これまで軽水炉に起きた４つの事故は、燃料棒表面温度が高いときに注水すると炉心が溶融する（同時に水素爆発が起きる）という事実を我々に教えてくれたのです。

ＴＭＩ事故も福島事故も、冷たい水を注水した途端に大量の水素ガスが発生して、炉心が溶融しました。その共通点は、注水した時点での燃料棒表面温度が高かったことだけです。では、なぜ注水によってジルコニウム・水反応が起き、注水の前では化学反応が起きなかったのか。この謎を解く鍵が燃料棒表面を覆っている酸化膜です。

被覆管に使われるジルカロイは、水もしくは水蒸気雰囲気の中で、温度が８００℃付近になると、表面に酸化膜を形成します。この酸化膜は緻密で、一度表面に形成されると水蒸気ですら通過させません【備考注釈１—１参照】。またその性質は、高温では非常に強靱ですが、低温では脆くなります。この２つの酸化膜の性質が、注水すると発熱してシビアアクシデントに発展するか、温度が低下して事故への発展を沈静化するかを決めます。

表面が高温状態にある燃料棒に冷水が浴びせられると、表面が急冷しますから、被覆管表面の酸化膜が破れ、燃料棒が分断します。分断した面には高温のジルカロイが露呈し、水と接触してジルカロイと水の激しい発熱反応が始まります。この発熱で燃料ペレットは溶けます。これが炉心溶融の始まりです。炉心溶融は、崩壊熱により起きるのではなく、ジルコニウムと水の化学反応によって始まるのです。

炉心の随所でおきたジルコニウム・水反応は、燃料ペレットだけでなく周辺の炉心材料をも溶かして、溶融物が混ざり合います。反応は激しい代わりに時間が短いので、終了とともに輻射放熱で冷えて、溶融表面から固化していきます。この溶融固化の過程で、熱の影響を受けた燃料材料は溶融合体し、最終的には卵の殻状の構造体となって、中に取り込んだ燃料材料を崩壊熱で溶かす坩堝《るつぼ》の役割を果したと考えられます（この部分は筆者の想像です）。このようにして出来上がったのが、スケッチに描かれたTMIの溶融炉心であり、ミューオンの測定で圧力容器の中に留まっていると判定された2号機の溶融炉心です。

では、吉田所長が3号機で試みたように、冷水注水の前に圧力容器の減圧を実施していればどうだったでしょうか。減圧によって、水蒸気が原子炉から出ますから、高温の炉心燃料棒は蒸気で冷やされます。サウナ風呂から出て涼んでいる状態です。燃料温度は、減圧終了圧力の飽和温度（大体１６０℃）付近にまで下がります。ジルコニウム温度は冷えていますから、水は反応できません。従って、炉心溶融は起こりません。もちろん水素ガスも発生しないので爆発も起きません。事故は防げるのです。

残念ながら3号機は、減圧の後の注水遮断が2時間ほどありました。このため燃料棒温度が再上昇し、注水再開で炉心溶融、水素爆発が起きました。この注水遮断がなければ、3号機は大事故に発展しなかったかも知れません。

以上が、3つの溶融炉心が形成されたプロセスです。冒頭で述べたように、高温の炉心に冷却水を注入したことで炉心溶融が起きました。では、炉心に水が入らなかった1号機の炉心溶融は、どのようにして起きたでしょうか。

7．再び1号機の場合

1号機の記述をいったん中止したのは、原子炉から水が完全に失われた時の炉心溶融状況が皆目分からなかったからです。これを探るために、ここに至るまでに溶融した2、3号機の事例を先に学び、そこからの演繹《えんえき》を試みるためでした。一寸復習しておきましょう。

1号機は外部電源喪失発生後、ＩＣによる手動制御冷却に移っていましたが、不運なことにＩＣの隔離弁を閉めた直後に津波に遭遇しました。津波によって非常用電源設備は使えなくなり、ＩＣは運転停止の状態のまま残されていました。この時、ＩＣの停止に気付いて手を打っていれば、福島事故の歴史は変わっていたでしょう。不幸な逸機でした。

冷却の止まった原子炉では、蛸《たこ》が自分の足を食うように、炉内の水を蒸発させることで崩壊熱の除去が行われていました。逃がし安全弁が開いたり閉じたりして発生蒸気を放出することで、原子炉の冷却は維持されていたのです。この蛸足冷却の時間は、そう長くは続きません。原子炉の水がなくなれば終わります。蒸発によって、原子炉の水位は時間とともに低下していきます。東電の計算によれば、当初、炉心の上プラス5メートルもあった水が、約3時間後（午後6時頃）には炉心頂部（水位指標０）に、約5時間後には（午後8時頃）炉心の最下部にまで下がったと計算しています。真夜中頃、圧力容器の水は完全に無くなりました。

7・1　輻射熱の世界

炉心から水がなくなると、炉心の放熱は燃料棒から水への熱伝達ではなく、炉心から周辺の構造物へ放射される熱輻射に変わります。太陽の光が水を蒸発させるように、灼熱した炉心からの輻射熱が炉心の下にある水を蒸発させるのです。

もちろん、輻射熱は炉心と接している水への伝熱のように100％水に伝わるわけではありません。水に吸収されますが、同時に反射もします。輻射熱は炉心を取り巻くすべての構造物に放射されるので、炉心の放熱の仕組みが伝熱の時とは全く違ってくるのです。

これを燃料棒から眺めると、炉心から水がなくなれば、除熱はすべて燃料棒表面からの輻射熱に頼ることになります。輻射熱は絶対温度の4乗に比例して放射されるので、熱を多く放出するためには、自分自身の温度を高めなければなりません。必然的に、水に浸かっている時よりも燃料棒温度は高くなります。

加えて、炉心では隣り合った燃料棒が互いに熱を輻射し合います。この熱のやり取りは最終的にはプラスマイナス0を目指します。燃料棒全体（炉心）が1つの温度の塊となりながら、その表面から周辺の構造物に熱を輻射するといった状況となります。

具体的に説明すると、水という冷却媒体を失った炉心（燃料棒）は、輻射熱による崩壊熱の放散のために急速に温度上昇します。その輻射熱を受けて周辺の構造物の温度が上昇し、さらにそこから輻射熱が放散されるといった、玉突き状の熱の放散体系に変わります。この放熱体系が定常状態に近付くのは、原子炉圧力容器から水がなくなってから、暫く後のことです。

さて、炉心から水が減って、伝熱から輻射熱に熱除去の体系が変わり始めると、炉心および周辺の構造物の温度が上昇します。その分水の蒸発に使われる熱量は減少するはずで、従って水位低下も少なくなり、原子炉から水が失われる時刻は遅くなります。この時間の遅れは、目見当ですが、1～2時間くらいのものでしょう。

東電の計算では、11日午後11時頃原子炉水位はマイナス8メートル、原子炉圧力容器の最下部に達したとありますが、今述べた理由で、日付の変わった頃には、原子炉圧力容器から水は完全になくなっていたと考えています。

以上が**本章4節**の復習です。

TMI事故では、炉心水位が半分ぐらい残っている時に大量の冷却水が入ってきました。その結果、炉心は、ジルコニウム・水反応による熱で直ちに溶融しました。2号機は、減圧沸騰により原子炉水位が炉心底部よりさらに1メートル以上も低くなった状態で、冷たい海水の注入が始まって反応が起き、炉心が崩壊、溶融に至りました。3号機は、炉心にほとんど水がない状態から減圧され、じくじくとしたジルコニウム・水反応を約1日続けた後に、炉心溶融が起きました。

これら3基に共通する点は、炉心の溶融原因がジルコニウム・水反応による発熱であることに加えて、いずれも圧力容器内に水がある状態で炉心溶融が起きていることです。その時の水位は、TMIは炉心の半ばくらい、3号機は炉心の最下部あたりで、2号機に至っては炉心の下1・5メートルほどまで低下した状態からの溶融でした。この水位の相違は溶融時刻における炉心の溶融状況を考える上で大切です。TMIの場合は、炉心に水があったために溶融直前の炉心冷却の主体は水への伝熱でしたが、2号機の場合は炉心から水がなくなっていたため、輻射放熱状態からの炉心溶融でした。この中間が3号機の溶融ということになります。

2号機の場合は、輻射放熱状態のもとで炉心溶融は起きました。しかし、輻射放熱の時間はそれほど長い時間ではなく、炉心形状がほぼ保たれた状態から溶融が始まりました。3号機の場合は、炉心がある程度崩壊した状態で、1日近い間じくじくとした反応をし続けました。いずれの場合も原子炉圧力容器にはまだ沢山の水が残っていました。炉心の溶融は、これまで繰り返し述べてきたように、高温に達した燃料棒（炉心）が大量の冷たい注水と出合った時点での酸化反応で起き、その発熱で溶融に至った点に変わりはありません。以上の考察が1号機への出発点となります。原子炉圧力容器から完全に水がなくなった1号機では、炉心に生じる崩壊熱の除去は輻射熱に頼る以外にありません。2、3号機とは、さらに違った世界での話となります。炉心の溶融状況が大きく変わることが予想されます。

ではここで、原子炉の中から水が失われた世界がどんなものか、ざっと調べておきましょう。

崩壊熱は放射線の減衰による発熱でした。放射線には、α線、β線、γ線の3種類があります。α線、β線は物質を透過しないので発熱はその場（燃料棒の中）で起きますが、γ線は物質を透過するので、その発熱は燃料棒の中だけとは限らず、原子炉圧力容器壁や遮蔽コンクリートの中でも生じます。

通常の原子炉運転状態では燃料棒（炉心）の周りには水があるので、γ線はこの水の中で減衰（発熱）し、原子炉圧力容器にまで透過するのはごく僅かです。従って炉内に水がある一般の事故解析では、崩壊熱はα、β、γ線を皆一緒にして、原子炉内の発熱として取り扱っています。しかし、水のなくなった炉心では違います。γ線の一部は燃料棒など炉心の周囲の構造物体で減衰されて、その発熱に寄与しますが、残りは原子炉圧力容器や遮蔽コンクリートで減衰（発熱）します。従って、崩壊熱の半分を占めるγ線の発熱については、炉心内での発熱と、それ以外の発熱に区別して考える必要があります。

正確に述べると、水が無くなっても炉心形状が保たれている間は、γ線の多くは周辺にある燃料棒を透過する過程で減衰するため、炉心内での発熱量はそれほど大きく減少しません。しかし、炉心形状が崩れるに従って外に飛び出すγ線は多くなるので、炉心の発熱量は減少していきます。最終的に炉心形状が失われて一塊の溶融状態になった場合は、塊の中での減衰を除いて、γ線のほとんどは外界へ飛び出すと見てよいでしょう。このような場合、目の子ですが、γ線発熱の半分は外部発熱になると考えられます。

これを炉心内での崩壊熱量から見ると、その半分を占めるγ線の半分が炉心外で発熱するわけですから、崩壊熱は20～30％減少することになります。炉心を加熱する崩壊熱は、3分の2ほどに減ることになるのです。

言い換えれば、輻射放熱の世界になると、炉心を加熱する崩壊熱が3分の2程度に減るという面白い現象が生じます。もちろん、一挙にこうなるのではなく、炉心の水位の低下と炉心形状の崩れが重なって徐々に変化していくわけですが、本稿では、炉水位が炉心の底に達した時点で、輻射熱の世界が始まるとして書くこととします。

さて11日午後8時頃、炉心から水がなくなった1号機は、輻射による熱除去の世界に移りました。炉心温度は急上昇し、輻射熱を放射し始めます。それに伴い周辺の構造物の温度も、また上昇を始めます。

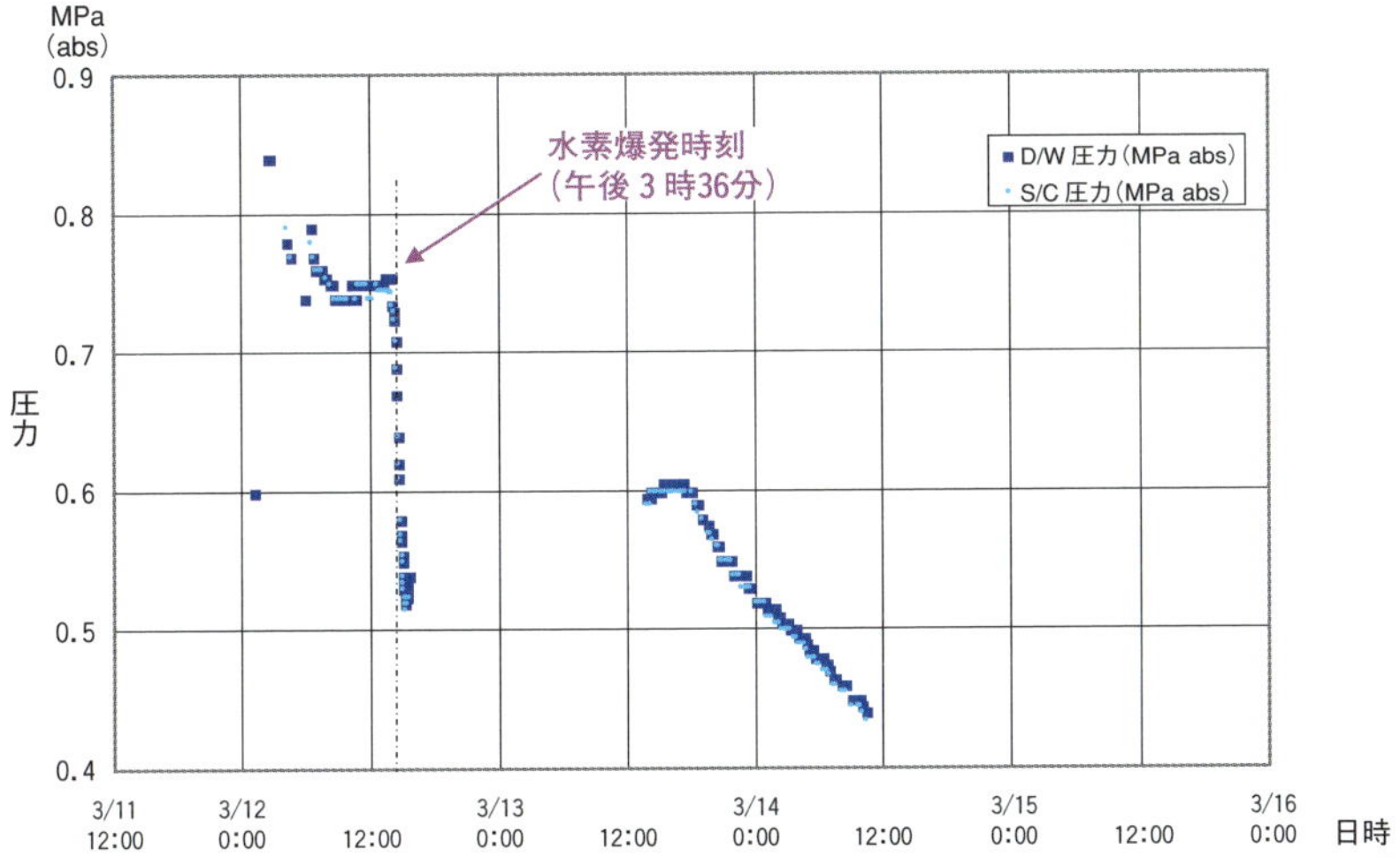

出典：東京電力『福島原子力事故調査報告書』より作成

図1.2.23　１号機の格納容器圧力の変化（測定値）

この変化が、どのような影響を原子炉に与えたでしょうか。

東電報告には、11日午後８時頃７メガパスカルほどあった原子炉圧力が、12日午前２時45分には０・９メガパスカルに下がっていたと書いてあります。１号機の原子炉圧力データが残っているのはこの２点だけです。残念ながら、その間の事情が分かりませんが、輻射熱の世界がもたらした一つの変化であることは確かです。

１号機で残っている今一つのデータは、**図１・２・23**に示す格納容器圧力だけです。これですら、データが残っているのは12日未明（午前１時頃）以降だけです。原子炉水位のデータは当てになりません。データがありませんから、これからの話は推測が多くなります。

炉心から水がなくなる直前の11日午後８時頃までは、燃料棒は僅かに流れる蒸気で冷やされて炉心形状が保たれていたことは、２号機の事例からも類推できます。

この時刻、原子炉圧力が6・9メガパスカルであったことも、現場の計器指示で確認されています。
以上のことから、11日午後8時頃までは炉心は健全と判断できます。

ところで、炉心から水のなくなった時刻（午後8時頃）の崩壊熱量は、原子炉停止後約5時間半を経ていますから、定格出力の1％弱くらいです。輻射放熱の世界での炉心発熱は崩壊熱の3分の2でしたから、約0・7％になります。1号機の定格熱出力をざっと150万キロワットとして、0・7％の輻射熱量は約1万キロワットです。この熱量は、定格温度圧力の冷却水を約25トン、冷たい海水ならば約13トンを、1時間当たり蒸発させる力を持っています。炉心容積は、直径約3メートル強、高さ約4メートルですから、体積は30立方メートルほどの大きさです。この小さな、水のない空間にとって、1万キロワットの発熱は大変な大きさです。これらの数値は後ほど使います。

午後9時51分、原子炉建屋の放射線量が上昇していることが報告されています。炉心から水がなくなって既に2時間が経っています。

この放射線量の上昇は、燃料棒から漏れ出した放射能が格納容器にまで漏出したことを意味しています。これは我々が初めて経験する事態です。輻射熱の世界へ移行した結果と考えてよいでしょう。注意深く炉内状況を点検しておきましょう。

恐らく、発熱量の高い炉心中心部分では、高温のため柔らかくなった燃料棒が体形を崩し始めていたことでしょう。体形を崩した燃料棒は湾曲し、座屈し、また互いに接し合い、もたれ合いして、周辺のチャンネルボックスまでも巻き込んで、二酸化ウランとジルコニウムの混合溶融物を作り始めたことでしょう。

これまでチャンネルボックスについては触れていませんでした。チャンネルボックスはBWRの燃料集合体を囲う四角形の外板で、一辺約14センチメートル、厚さ2～3ミリメートルのジルカロイ板でできています（**図1・2・24参照**）。チャンネルボックスの内部は水や水蒸気が流れるので、炉心に水が存在する伝熱による除熱の時間帯では、発熱のないチャンネルボックスは温度が低いので、これまでは燃料棒挙動とは別ものとして取り扱ってきました。

しかしながら輻射熱の世界に入ると、薄板のチャンネルボックスの温度は、比較的短時間に燃料棒温度と同じになります。

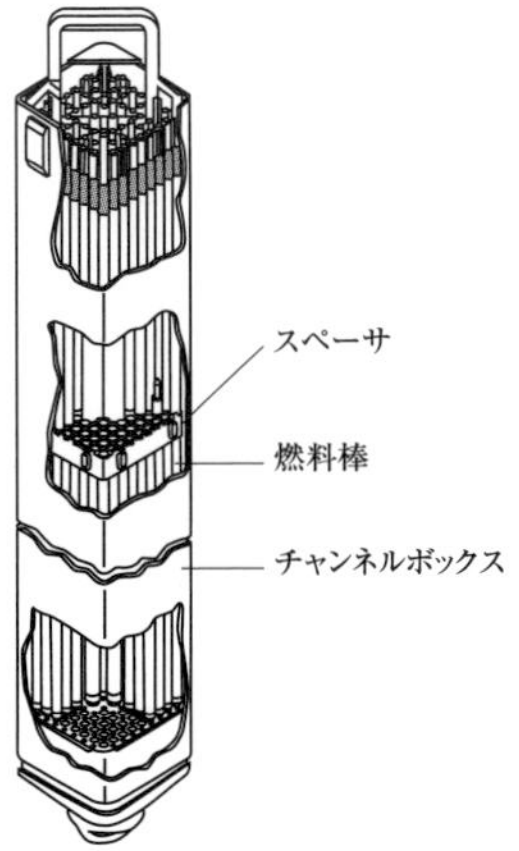

出典：原子力安全研究協会『軽水炉発電所のあらまし（改訂第３版）』より作成

図1.2.24　燃料集合体の構造

少し横道にそれますが、このチャンネルボックスの持つジルカロイ量が無視できないほど大きいのです。燃料棒の種類によって多少の違いはありますが、チャンネルボックスが占めるジルカロイの割合は、厚さ2ミリメートルの場合で炉心全体の36％、3ミリメートルの場合では45％にもなります。

後述するように輻射の世界での燃料棒温度は、翌午前4時頃には約２０００℃ほどになっていたと計算で推定できます。嫌なことに、この温度はジルカロイの融点を少し超える温度ですから、このチャンネルボックスの持つ大量のジルカロイが、輻射熱の世界では炉心溶融に参加してくるのです。

ここに至るまでの間に、チャンネルボックスの表面は水蒸気と反応して酸化ジルコニウムの被膜を全面に作っていたことは間違いありません。しかしながら酸化被膜の間に挟まれていたジルカロイ本体は約1800℃で溶け、重力で落下してきます。この挙動が炉心溶融に与える影響は馬鹿にできません。チャンネルボックスの時間的な温度変化が、輻射熱の世界での炉心溶融と水素爆発に、大きな影響を及ぼします。この影響の解明は今後の研究を待つことにします。

炉心の周辺や上方に位置する構造物は、ほとんどが融点の低いステンレス合金（1450℃）で作られています。炉心の発する強い輻射熱によって部分的に溶融して、徐々に混合溶融物の上に流れ落ちたことでしょう。こうして炉心近傍の構造物が溶け落ちると、炉心の発する輻射熱は遮るものがないので、直接原子炉圧力容器を熱し始めます。

一方、炉心の下では、輻射熱による水の蒸発が絶え間なく続いて、水面は徐々に低下していたことでしょう。しかし、炉心下部にある構造物は、その下方部分がまだ水に浸かっているので、温度は相対的に低く保たれ、溶融には程遠い状態にあると考えられます。

これが午後10時頃の原子炉の状況です。

さらに1時間後、午後11時頃、原子炉建屋内の二重扉前面の線量が高いことが記録されています。格納容器の中に、相当量の放射能が漏れ出ていた証拠です。この時刻、東電の計算では、原子炉圧力容器の水は完全に空になっています。

午後11時50分頃、格納容器DW圧力が0・6メガパスカルに上昇したことが確認されています。原子炉圧力容器に熱による開口部が生じ、中の蒸気が原子炉から抜け出たことを意味しています。

計算してみましょう。午後11時50分といえば、水位が炉心最下部に達した時刻の午後8時から約4時間が経過しています。仮に輻射熱がすべて水の蒸発に使われたとすると、先ほどの計算から蒸発量は1時間当たり25トンだったので、この4時間のうちにざっと100トンの水が蒸発したこととなります。この蒸発量は、炉心下に残っていた保有水量より少し多い値です。私は日付の変わる頃に原子炉の水は完全に蒸発し、少し遅れて原子炉圧力容器に開口部ができ、耐圧密封性能が破れたと考えています。

以上が、輻射熱の世界、11日深夜の原子炉状況です。


では、原子炉の開口部とはどのようなものであったのでしょうか。

私は、原子炉圧力容器の上部が輻射熱によって直接もしくは間接に熱せられて高温となり、上蓋を締め付けるボルトが熱膨張で伸びて、内圧によって上蓋が持ち上げられた結果隙間ができて、その隙間から蒸気が格納容器に吹き出したと推測しています。原子炉圧力容器の蓋が熱膨張で緩み、隙間ができたのです。

逃がし安全弁が高温となり、バネの閉じる力が弱くなったと想像する人もいます。これも有力な意見です。この他に、原子炉圧力容器の上から伸びている主蒸気配管のフランジ継ぎ手が高温で壊れたとする説、溶融炉心の落下によって炉心下部にある制御棒駆動ハウジングや中性子計測用配管が溶けて穴が

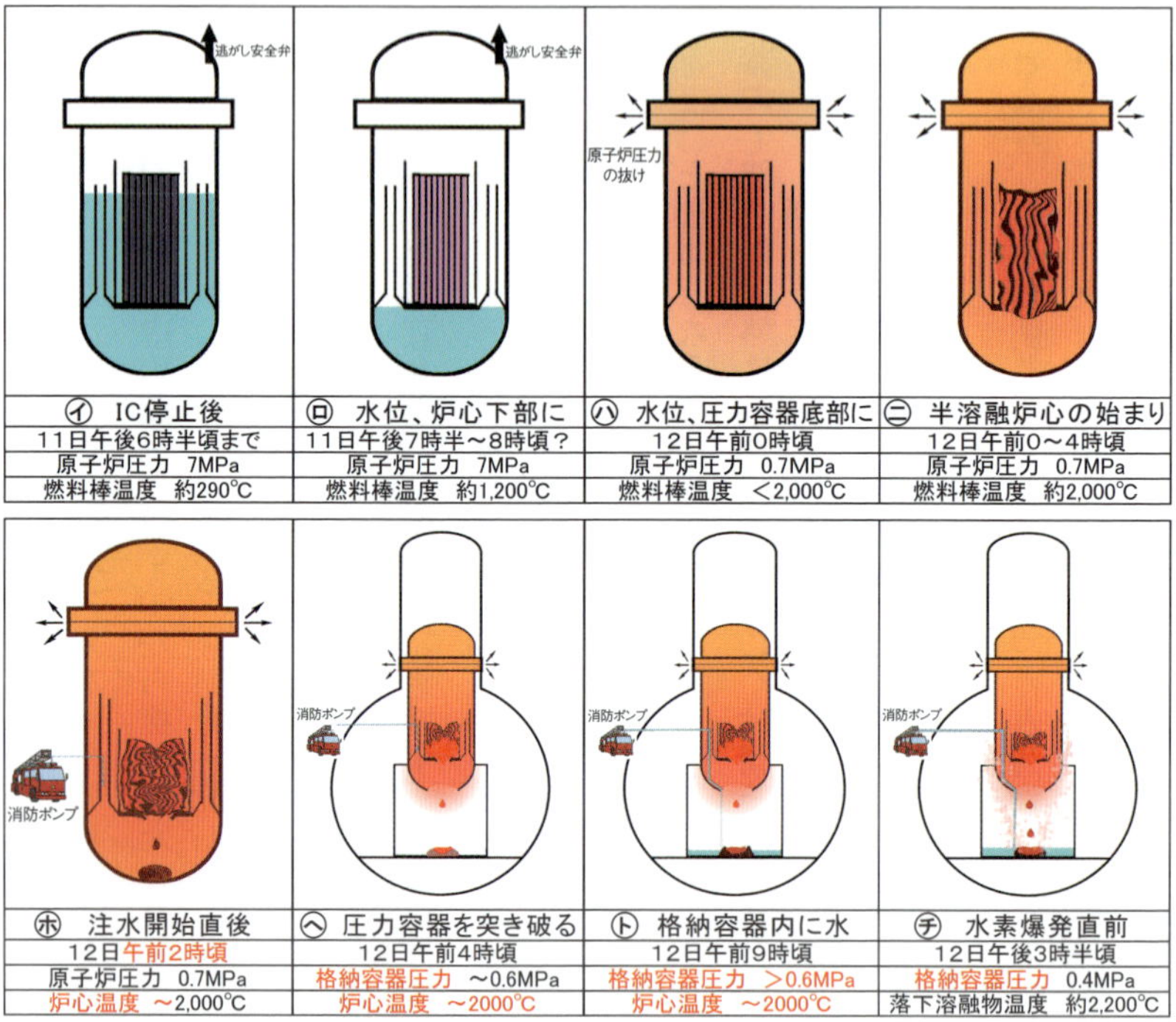

図1.2.25　1号機の炉心状況の進展

開いたという説、色々な説があります。皆さんもひとつ、自由に想像してください。

以上のように、炉心から冷却水が無くなってから圧力容器の水が完全に蒸発するまでの間、11日午後8時（図1－2－25㋺）から翌日午前0時頃までの間に、炉心冷却の主体は伝熱から輻射放熱に変わりました（図1－2－25㋩）。この結果として、燃料棒温度は急激に上昇しほぼ2000℃近くにまでなったと推定されますが、まだこの時間帯、炉心の形態は全体として保持されていたと思われます。しかし高温部分では、燃料棒の歪曲変形などによって放射能の漏洩が始まり、また輻射熱による温度上昇によって圧力容器に開口部が生じ、密封性が崩れたと考えられます。このため炉心の放射能が格納容器に漏出し、さらには原子炉建屋内にもわずかではあるでしょうが、漏れ始めたと考えられます。また原子炉内では、輻射熱で加熱したステンレス鋼製の炉心構造物が局部的に軟化溶融し、その他の炉心材料と接して合金などを形成し始めたと考えられます。

以上が、11日午後8時頃から翌日午前0時頃までの輻射放熱状況下での炉心状況の推移です。なおこの輻射放熱の世界は、消防ポンプによる海水注入が始まった後も、爆発に至る直前までの間、継続します。

次に時間を進めて、12日午前0時頃から消防ポンプによる注水が始まる午前4時頃までの、注水が途絶した4時間の原子炉状況を考えてみましょう。原子炉圧力容器の水はすべて蒸発しているので、水による除熱は完全になくなっています。その分、炉心温度はさらに上昇を続けたことに疑いはありません。

12日午前0時から、消防車による注水が始まる午前4時頃まで、4時間もあります。しかし、データは何一つありません。決め手となる情報もありません。分かっているのは、崩壊熱がほんの少し下がったという、物理学的事実だけです。

この4時間の間、混合溶融物はどういう状態に変化していったでしょうか。部分的もしくは全面的に、炉心が溶融して原子炉圧力容器の底を溶かし、格納容器の床上へ流れ落ちたと主張する人は多いのです。

水が流れ落ちる様子を毎日のように見ている我々にとって、この主張は説得力があります。加えてこの主張は、これまでの原子力界での常識として、また、炉心溶融事故のストーリーとして、広く知られています。炉心は溶融して流下する。この主張だけが独り歩きして、原子力界で広く信じられています。

しかし、溶け落ちた量がどれほどであったのか、溶け落ちた回数が1度だったのか、複数回あったのか、はたまた連続して溶け落ちたのか、また溶け落ちた炉心は溶液だったのか、それとも溶融直前のどろどろとした固体だったのか、そのような物理的状態については誰も話してくれません。

7・2　爆発からの逆推理

こういう行き詰まった場合は、逆から考えてみることです。12日午前0時から午前4時までの現象をひとまず置いて、爆発が起きた時刻から逆算してみましょう。

12日午後3時36分、1号機の原子炉建屋が爆発しました。この爆発で破壊したのは、原子炉真上の燃料交換フロアのある5階だけでした。これが1号機の爆発の特徴です。4号機の爆発は、5階だけではなく、その下の3、4階までも破壊していますし、3号機に至っては、1階からの破壊が観察されています。

1号機の爆発は5階だけであった。これが逆からの推理の鍵の一番手です。

図1・2・3は原子炉建屋の断面図です。これを見ると燃料交換フロアは格納容器の真上にあります。この燃料交換フロアだけが爆発したということは、水素ガスは5階フロアにだけ存在していたことを意味します。水素ガスが5階フロアにだけ流れ込むという道筋は、水素ガスが格納容器から真上へ流出する以外にありません。

この水素の道は、2号機で説明したように、格納容器から出た水素ガスが原子炉ボールトの圧力を上げて遮蔽プラグを持ち上げ、燃料交換フロアへ流れ込む道筋、これしかありません。もし、それ以外の道筋を水素が通っていれば、必ずその道筋に残った水素ガスが連動して爆発を起こすはずです。事実、この連動爆発は、3号機、4号機では起きています。2号機で説明した遮蔽プラグを持ち上げての流入は、1号機でも起きていたのです。

というよりも、5階だけが爆発した1号機の事実が、格納容器、原子炉ボールト、燃料交換フロアへの水素の道筋を教えてくれたのです。書く順番が逆でしたので、証明の説明までも前後が逆さまとなってしまいました。

1号機の場合、爆発の1時間ほど前にベントが開きました。従って水素ガスは、いったんベントからスタックに入り、そこから一部が換気ダクトを通って5階フロアに流入したと考える人が多くいます。これは間違いでしょう。確かに4号機の爆発は3号機からの水素の逆流でしたが、この場合、逆流する時間が26時間もありました。しかし1号機の場合は、ベントが開いていた時間は、爆発前の僅か1時間です。少量の水素ガスならば別として、爆発を起こすほどの大量のガスが、スタックから換気ダクトを逆流して、5階フロアへ短時間に流れたとの主張には無理があります。爆発状況も4号機とは違って5階フロアだけです。換気ダクトが設置されている下階では、爆発は起きていません。

となると、どうしても爆発以前に、遮蔽プラグを押し上げるのに必要な大量の水素ガスが、原子炉ボールトに流れ込む必要があります。格納容器の圧力は、ベントが開いていた12日午後2時30分頃でも0・5メガパスカルありましたから、遮蔽プラグを押し上げるに必要な圧力0・05メガパスカルを作るのには十分でした。残る謎は、格納容器の上蓋が開いた理由と、その時刻です。

時刻については明白です。爆発が起きた午後3時36分の直前です。この理由は後ほど説明します。火種がなければ、水素は爆発しません。発電所は停電中のため、考えられる火種は、地震による振動か、もしくは落下物の衝撃しかありません。東京電力に問い合わせたところ、爆発時刻に地震はなかったとのことです。残る着火源は、3号機と同じく、遮蔽プラグの落下による衝撃しかありません。

そうすると、爆発が起きた午後3時36分が、遮蔽プラグの落下時刻ということになります。この時刻の直前に、格納容器の上蓋が開いて大量の水素ガスが原子炉ボールトに流れ込み、遮蔽プラグを持ち上げたということになります。その時刻の直前に、格納容器の蓋は大きく開いたのです。格納容器の蓋が開いた理由は、水素ガスの発生による圧力上昇しかありません。

ところが、何故か分かりませんが、その有力な証拠となる格納容器圧力データ（**図1・2・23**）が、爆発直前の1時間ほど前から失われています。逆算からの証明の道も証拠がなく、ここで閉ざされてしまいました。やむを得ませんが、これから先は推測を交えながら考証していくほかありません。それを念頭に読み進めてください。

7・3　炉心の落下と溶融

まずは12日午前0時から注水の始まる12日午前4時までの4時間、輻射放熱の世界の温度を計算で推測してみます。水が空っぽになった原子炉にあるものは輻射熱を出す高温の炉心だけです。その発熱の大きさは1万キロワット弱、発熱源は半径約4メートル、長さ4メートル程度の円筒形で、材料はウラン、ジルコニウム、酸素にステンレス鋼などが加わった混合溶融物の炉心です。推定が難しいのですが、輻射放熱が平衡状態に達したと想定し、その時の炉心温度を混合溶融物の融点に近い２０００℃と仮定して計算を進めてみましょう。

水のない原子炉の中で、1万キロワットの輻射熱が出ています。先ほどの輻射熱による平衡状態、――炉心、原子炉圧力容器、格納容器への玉突き放熱体系ができあがった―と考えて、この体系の温度状況を計算してみましょう。

非常に粗い概算ですが、本節末尾［備考注釈７・１］にその計算を示しておきました。炉心温度が２０００℃と仮定すると、輻射熱による平衡温度は、原子炉圧力容器温度が５５０～６００℃、格納容器温度が１２０～１３０℃程度になります。この計算結果から、炉心温度が２０００℃になっても、原子炉圧力容器や格納容器の温度は、非現実的な高温にはならないという目安が付きます。

付け加えると、もし炉心温度の推定に10％の誤差があったとすれば、それによる輻射熱量の誤差は50

％程にもなります。輻射熱が温度の４乗であることをヒントに、皆さんそれぞれで確かめてください。

では、どれくらいの時間があれば、この輻射による平衡状態ができあがるでしょうか。その時間の検討もしておきましょう。

計算条件として、約３４０トンある原子炉圧力容器が５５０℃に達し、約１００トンと見込まれる炉内構造物のうちの半分（炉心より上の部分）が輻射熱で溶融したとして、残りの下半分は――制御棒駆動機構などは原子炉圧力容器の外にまで伸びているので放熱できるため――原子炉圧力容器と同じ５５０℃と仮定します［備考注釈７・２］。なお、原子炉圧力容器の外側は薄いアルミ保温材（融点約６５０℃）で覆われていますので、その効果を入れて原子炉圧力容器から外への熱輻射はこの計算ではゼロとします。

前記の計算から、平衡状態になるには約３万キロワット時の熱量が必要となります。12日午前０時頃の炉心輻射熱は約１万キロワット弱でした。12日午前４時頃のそれは７０００キロワット程ですから、この４時間に発生した輻射熱量は、締めて約４万キロワット時弱となります。両者を比較すれば、ほぼ同じです。輻射熱の方が幾分大きいのですが、熱の放散や、炉心の温度上昇分などを考慮して、両者をほぼ等価とみておきます。

このことは、注水を開始する12日午前４時頃には、炉心温度約２０００℃、原子炉圧力容器温度５５０〜６００℃、格納容器温度１２０〜１３０℃という輻射熱の平衡温度体系が、ほぼできあがっていたということを示します。炉心温度の推定２０００℃は、計算結果からみて良い見当だったようです。

この時間、まだ炉心は全体として溶融に至っていないと推定できます。

温度状況の推定がつけば、次の推定は炉内の状況です。

炉心燃料の二酸化ウランの融点は２８８０℃です。ステンレス鋼のそれは約１５００℃です。ウラン、ジルコニウム、酸素の混合溶融物の融点は、２０００～２２００℃程でした。平衡温度体系にある炉心には、このように融点が大きく違う物質が混在しています。

もし仮に、これらが別々に溶融するなら話は簡単です。炉心温度２０００℃の輻射熱雰囲気の下では、ステンレス鋼は輻射熱で溶融して、原子炉圧力容器の底に水のようになって流下したはずです。二酸化ウランはまだ固体のペレットのまま残っています。混合溶融物は溶ける直前の、柔らかい可塑性の物体となっていたでしょう。

しかしながら、ウラン、ジルコニウム、酸素の混合溶融物という存在そのものが示すように、高温の金属類は溶融する前後に様々に混合し溶融しあって、端倪《たんげい》すべからざる変貌を見せます。水のように溶融落下するステンレスも、溶融直前には炉心にある物体と接触して反応し、我々の知らない合金を作っていたかも知れません。高温金属の離合集散による反応は、私のように数式で表される物理学の世界で育ってきた者には摩訶《まか》不思議な世界で、お叱りを受けるかも知れませんが、狐狸妖怪が変化するかのような得体の知れない世界に感じられます。何が飛び出すやら、その変化の予測が全くつかないのです。

先ずは、炉心を支えている下部支持板から考えてみましょう。輻射放熱の世界に入ると、下部支持板も否応なしに温度上昇します。材料が融点の低いステンレス鋼ですから、温度が上昇すれば強度的にも弱くなり、大きな荷重がかかった支持板としてそう長く耐えられたとは思えません。最も荷重のかかる支持板中央部分には、溶融するか損壊して大きな穴ができていったことでしょう。

次に、支持板で支えられている炉心燃料と構造物などが混じる、混合溶融物の変化状況です。この時間帯での初めの間こそ燃料棒は高温に耐えてしっかりと炉心形状を保っていましたが、温度が上昇して融点に近づくにつれてだんだんと柔らかくなります。その結果として、互いに接触して反応を起こし、部分的に融点の低い合金を作ります。ここに重力の作用が加われば、柔らかくなった炉心燃料棒は高温部分から徐々にずり下がって直立状態が保てなくなっていきます。

想像が許されるならば、高温の真ん中部分から炉心の体形は徐々に崩れ、下部にゆっくりとずり落ちるか座屈していったことでしょう。一種の炉心崩壊です。冷却水のない場合にのみ現れる炉心の崩壊です。このずり落ちた部分は相対的に温度が高いので、下部の燃料部分を巻き込みながら、時間をかけて下部支持板に達し、板を侵して穴を開けます。柔らかくなった混合溶融物は、そこから落下して圧力容器の底に徐々に堆積していったと推測できます。

混合溶融物が下部支持板から圧力容器の底に達するまでには、制御棒案内管や中性子計測用のチューブなど邪魔者があります。これらも主体は融点の低いステンレス鋼製品ですから、２０００℃の輻射熱雰囲気では、そう大きな抵抗になったとは考えられません。先に溶け落ちたか、混合溶融物と一緒になって落下し、圧力容器底に堆積していったことでしょう。このような過程を経ながら、混合溶融物は圧力容器底に徐々に堆積していったと思われます。一度落下のルートが作られれば、後続の落下物はその地点に集合します。恐らく格納容器の底は、炉心高温部分から〝ポトン、ポトン〟と落下してきた可塑性の混合溶融物が、ある程度集積したことでしょう。

受け皿の圧力容器も、輻射熱による温度上昇で、その強度は劣化しています。混合溶融物がある程度溜まれば、圧力容器の底は重さで抜けます。集積した混合溶融物は、狐狸妖怪の類も含めた呉越同舟状態で、格納容器の床上に〝ドサッ〟と落下したと考えます。

落下した混合溶融物は、床上で築山を形成したと考えます。その表面は、冷たい格納容器の雰囲気に曝されて、側面は固化して堅い壁となり、引き続いて落下してくる混合溶融物を保温する断熱材の役目を果たしたと考えられます。築山の真ん中は、引き続き〝ポトン、ポトン〟と落下してくる混合溶融物を合わせた崩壊熱で溶融し、さらに発展して池を作ったと考えられます。この推測は、種明かしをしますと、チェルノブイリ事故からの知見の引用です。

炉心火災が終わったチェルノブイリでは、燃料が集まってコンクリート製の原子炉容器を溶かして、2メートルほど下の床に落ちて築山を築きました。築山の中では崩壊熱による溶融液化が進み、池ができて3度にわたって築山の縁を壊して洪水となって流出しました。このことについては第二部第1章3・1節で改めて述べます。

このような状況は、12日午前0時頃から4時頃までの注水開始までの間に起きたであろうと推定されます。その理由の一つは、**図1・2・23**に示す格納容器の圧力が12日未明に0・7~0・8メガパスカルを記録していることです。圧力容器の水がなくなって完全な輻射放熱の世界が出来上がったことにより、圧力容器が温度上昇して耐圧密封性能が失われた結果です。

関連のある話として、1号機の事故状況に詳しいさる人の話によれば、格納容器床にある排水貯槽のポンプ配管は、溶融炉心の熱で溶かされている疑いが濃いとの事です。この一事を持って、1号機の炉心は溶融液化して格納容器に流下したとの主張がありますが、これは浅慮でしょう。事故データには、その主張を支持する証拠が何も残っていません。恐らくそれは、築山の池が崩壊熱で高温となり、側壁を溶かして溢れ出て貯槽に流れたため、ポンプ配管が溶けたものと私は考えています。この憶測も、チェルノブイリ事故の知見借用です。

7・4　注水と炉心溶融

12日午前4時頃、消防車による炉心への注水が開始されました。1号機爆発直前の午後2時53分までに、約80立方メートルの注水を完了したと、東電報告書に記載があります。約11時間で80トン、平均すれば1時間の注入量は僅か7トンですが、後の議論を先取りして、1時間5トンとしておきます。この時刻は、原子炉の停止から丸半日が経っていますから、崩壊熱は約0・7％（炉心内崩壊熱にして約7000キロワット）に減っています。この発熱で蒸発する冷たい海水は1時間当たり約10トン強なので、消防車の注水量5トンは、崩壊熱の冷却にも足りません。炉心の温度は上昇の一途です。先ほど述べた原子炉圧力容器中での修羅場の話は、この時間帯により激しくなっていたことでしょう。

ポンプは、出口圧力が高いと吐出量が少なくなる特性を持っています。注水の始まった午前4時頃から午後2時頃までの10時間、格納容器圧力は約0・8メガパスカルほどありましたから、ポンプの吐出圧力とほぼ同じです。このためポンプの吐出量は極めて少量でした。ところがSCベントが開いた午後2時半頃から、格納容器の圧力が急速に低下して、0・5メガパスカルほどにまで下がっています（**図**

1・2・23）。吐出圧力が0・5メガパスカルにまで下がれば、ポンプの吐出量は急速に増大します。ここでは、全海水注入量80立方メートルの3分の1にあたる、30トンがこの状態で原子炉圧力容器に流入したと仮定して話を進めます〔備考注釈7・3参照〕。なおこの場合、その前の10時間の注入量は、先ほど計算した毎時5トンとなります。

ところで1号機での海水注入は、炉心の上から水を注ぐ炉心スプレーを使ったといわれています。しかしこの時刻、原子炉直上に配されたステンレス鋼製のスプレー管は、輻射熱によって既に溶けていたと考えられるので、注水された海水はスプレー管の溶け残った部分から漏れて、圧力容器の壁面を伝わって流れ落ちたと考えるのが実際的です。

毎時5トンという少量の海水注入は、そのほとんどが壁面で蒸発して水蒸気となり、高温の燃料被覆管や溶融混合物と反応して、炉内の温度をゆっくりと高めたことでしょう。先ほど述べた〝ポトン、ポトン〟の溶融落下も、この反応熱でゆっくりと進んで行ったことでしょう。3号機で述べたじくじく反応の1号機版と考えればよいのですが、しかし全体としては注水不足のために、反応自体はそれほど活発でなかったと考えます。

この状態を絵に描けば、お節料理に使うきんとんです。燃料デブリは融点が高いので、きんとんの栗です。溶融混合物はきんとんの餡のように柔らかい可塑状の物質になっています。このきんとんは、水蒸気と反応したジルコニウムの酸化膜で薄く覆われていて、時間経過とともに炉心下部支持板の上に集積合体していったと考えられます。

きんとんが下部支持板に乗っかれば、融点の低い支持板が溶けていくのは時間の問題です。穴の開いた支持板からは、きんとんが落下して圧力容器の底に集積します。原子炉圧力容器の底が抜けたのは、この集積が大きくなって、圧力容器の底がきんとんの重量に耐えられなくなった時と考えます。圧力容器自体も、水がないために、輻射熱で加熱されて高温になり、強度が弱くなっていたと推測されます。

本書を執筆していた期間は政府事故調の活動調査とほぼ重複していました。このため東京電力からの情報は全く得られませんでした。理由は、政府事故調での証言に誤りがあれば、偽証罪として処罰するといった噂がそれとなく流れたためです。

そのため本書で記した消防車のタンク容量、ホースの吐出量といった一般情報すら得られず、仕方なしに私は、居住する地方自治体に出向いて自分で調査しました。別に自慢している訳ではありません。そのような情報途絶の時代が、ある長期間、日本に存在したことを伝え残したいのです。

今は、東京電力からの情報は全てオープンです。事故当時使われた消防車の情報は入手できますし、公表も可能です。それによると、東京電力の消防車の能力は、私の書いた性能を2倍ほど上回るといいます。

本来ならば本改訂を機に、これら誤情報を改め、計算もし直すべきでしょうが、私は敢えて行わないことにしました。理由は、本書の目的が計算尺を使った程度の粗い計算による、荒削りな事故経緯の考察にあるからです。試みにポンプの正確なデータを使ってチェックもしましたが、僅かな時間の差が出てくるだけで、事故のあらすじや大切な結論には何らの影響もなかったことを述べておきます。

7・5　注水と爆発

12日午後2時30分頃、待望のベントが開き、格納容器の圧力は急速に低下しました。消防ポンプの水は流れています。徹夜で作業をしてきた作業関係者はほっとしたことでしょう。ですが、ほっとした途端に魔物が現れました。魔物とは午後3時36分に起きた爆発です。

すっかり高温になった混合溶融物と冷たい海水の間に活発な反応が起きて、大量の水素が発生しての爆発です。活発な反応が起きたのは海水注水量が増えたからです。これまで毎時5トンだった海水が、一挙に毎時30トンに増えたからです。これまで蒸発していた海水が、水のまま格納容器の床上に落下し始めたのです。

海水は炉心外周部の壁面を流れ下り圧力容器の底を抜けて、格納容器の床に落ちました。この水の幾分かは築山の池に入って、ごった煮状態にある混合溶融物と反応して、ある程度の水素を発生させたと推測しています。

大筋はこれで間違いないのですが、ただ1つ、この論証ではデータと合わない点があります。それは注水量の増加した時刻（午後2時半過ぎ）と、爆発時刻（午後3時36分）との間に、1時間ほどの時間的ずれがあることです。この差を説明できる推理が、チェルノブイリ事故からの演繹、床上の築山です。その手掛かりはただ1つ、激しい反応を起こさせるには、大量の水が一時に必要なことです。TMI並びに2、3号機での炉心溶融を思い出してください。

恐らく、格納容器の床に落下した水は、その大部分が築山の外に落ちて溶融合金と直ちに反応できなかったと考えられます。原子炉圧力容器の下部には、制御棒駆動機構や中性子計測ケーブルなど、沢山の雨樋の役目を果す物体が垂れ下がっていますから、落下する水はそれを伝って築山の外に流れ出たのでしょう。ポトン、ポトンの直線的な半固体の落下ルートとは違います。

反応が激しくなった12日午後3時半頃、ある程度の量の水が床上に溜まって築山を乗り越えて池に流入してきたと考えています。（図1―2―25㋠）ベントの開始によって、圧力容器の圧力が低下し、消防ポンプの吐出量が一挙に増加しました。1時間ほどの時間遅れは、水が床上に溜まるまでの時間だったのでしょう。3号機の反応が3回にわたって起きた状況と似ています。それだと書きたいのですが、それを証明するデータがありません。

高温の混合溶融物と流入した海水との反応によって、格納容器の圧力は急激に上昇したはずです（東電の記録は途切れています）。この圧力上昇で、格納容器上蓋が持ち上がりました。予熱されていた上蓋の締め付けボルトは熱膨張で伸びており、上蓋の持ち上がりによって引き伸ばされたことでしょう。圧力の上昇も、一時的には0・8メガパスカル以上になっていたかも知れません。

格納容器上蓋が持ち上げられれば、水素ガスが原子炉建屋5階の燃料交換フロアに流入する道筋については、もう説明不要でしょう、ここで空気と混合して爆発性ガスとなった水素は、遮蔽プラグの落下によって着火し、爆発しました。

以上が、1号機の炉心溶融と爆発についての推理です。

1号機の爆発の特徴は、5階のフロアに限られていること、および爆発の規模が3号機に比して小さいことです。

爆発の規模が小さかったのは、爆発に寄与した水素ガス量が比較的に少なかったからでしょう。これは、反応した混合溶融物も海水も、共に少なかったからと考えられます。加えて、爆発当時1号機のべントは開いており、格納容器床で発生した水素の幾分かは、ベントを通じて放出されたからとも考えられます。

爆発が起きた後も、注水は続いています。炉心に残った混合溶融物と蒸気との反応は引き続き起きていたに違いありません。それは炉心が水浸しになった後も続いたことでしょう。しかし、発生した水素ガスが出ていく格納容器の上は、最初の爆発によって青天井と化していますから、後続する水素ガスは大量の大気に薄められて、爆発性ガスとはならなかったと考えられます。

3号機の爆発は、原子炉建屋の5階を水平方向に破壊した後、寸刻を置かず3階付近から垂直方向に建屋を破壊しています。その爆風は数百メートル上空に達したといいます。これに対して1号機の爆発は原子炉建屋の5階だけです。

実は、この1号機の5階だけの爆発が、水素ガスの放出経路を特定してくれる証拠となりました。即ち、格納容器上蓋を開けて原子炉ボールトに出た水素ガスは、その圧力によって遮蔽プラグを持ち上げ、5階の燃料交換フロアに出たという経路の証明は、1号機が元祖です。もし、水素が別の道筋を通っていれば、1号機も3、4号機と同じように、その道筋での爆発を誘発したに違いありません。これまで述べてきた2、3号機の水素ガスの流出経路、爆発の着火原因は、1号機がヒントとなって解けたものです。説明の順序としては逆になってしまいましたが。

爆発の力は弱かったにせよ、1号機の爆発は他の原子炉の事故対応に大きな影響を及ぼしました。2号機に直接電源を繋ぐための徹夜工事は、爆発による電源車とケーブルの破損で無為に帰しました。その2号機は、2日後の3月14日午前11時頃にＲＣＩＣポンプが停止して炉心溶融に至ります。

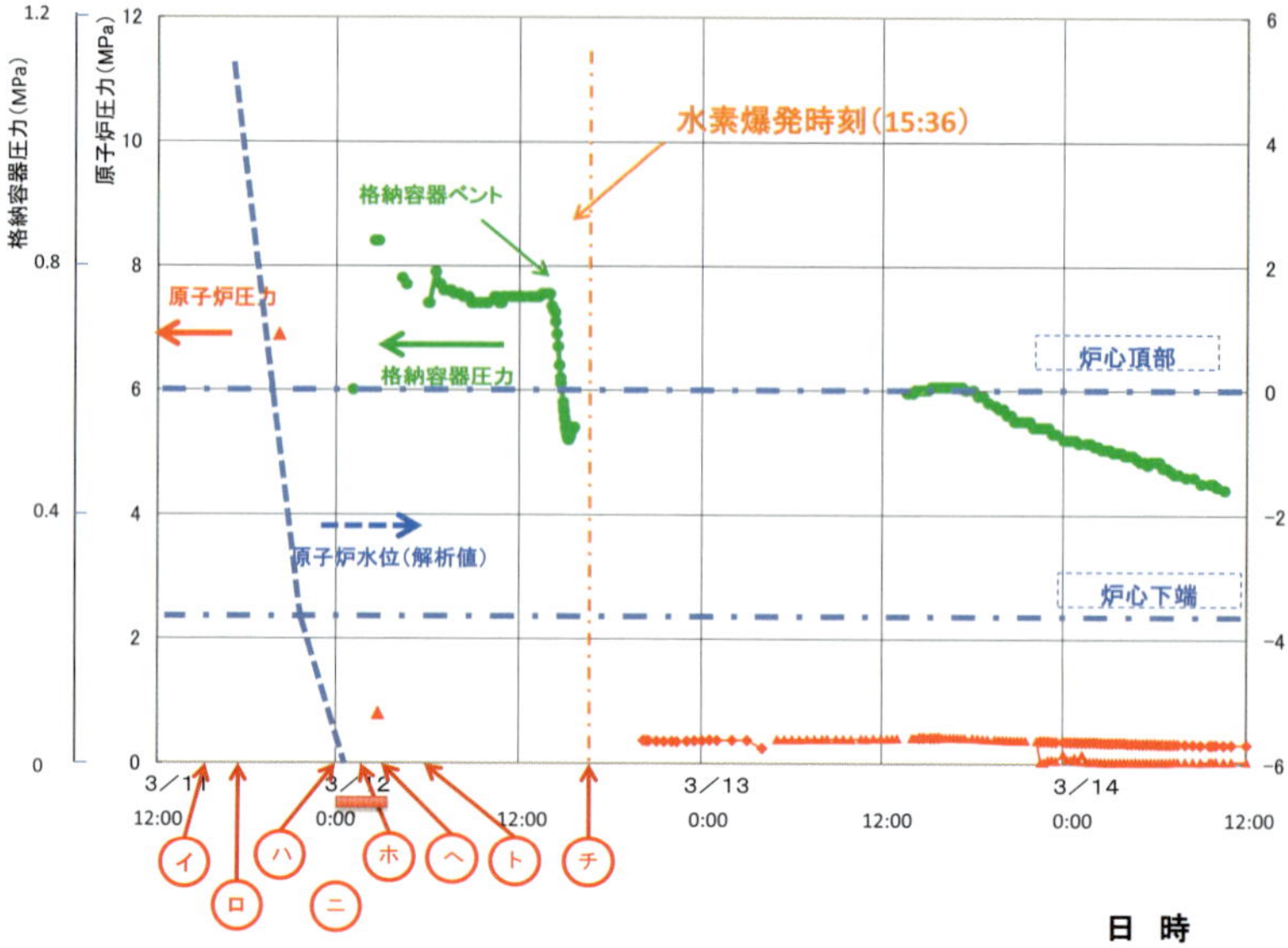

図1.2.26　1号機の主要なパラメータの推移

1号機の爆発は、それ以降の被害を1号機には及ぼしませんでしたが、福島第一原子力発電所全体に、大きな災害をもたらすきっかけとなりました。

7・6　まとめ

それでは、ここで1号機の溶融、爆発についての概要をまとめておきます。

1号機は、地震発生と共に停止し、手動操作によるIC冷却状態にありましたが、不幸なことに冷却を止めていた間に、津波に見舞われてICの運転再開ができなくなりました。さらに不幸なことは、この冷却停止情報が確実に上層部に伝わっておらず、現場の司令官も東京の参謀達もICは動いている、1号機は大丈夫だとの、思い込みがあったことです。このため、正しい次の手が打てないままに事故に突入していきました。これが1号機の溶融、爆発を招来した最大の原因です。

1号機の原子炉は、津波の来襲以降、一滴の水の供給もないまま崩壊熱を冷やし続けました。その方法は、蛸が自分の足を食うように、原子炉圧力容器に残る冷却水を蒸発させるだけです。時間とともに原子炉の水位は下がり、11日深夜、遂に空っぽになってしまいました。これは過去の原子炉事故の中で、1号機で初めて起きた現象です。そのような原子炉状況でも炉心はまだ溶融に至っていません。これは注目すべき事柄です。

原子炉圧力容器から水が完全になくなった炉心の除熱は、輻射熱に頼るしかありません。輻射熱は、高温であればあるほど、たくさんの熱を放射します。輻射熱による除熱を達成するには、発熱源である炉心温度が非常に高くなる必要があります。

荒っぽい計算ですが、1号機の炉心温度は2000℃、原子炉圧力容器温度は550~600℃くらいにまで上昇していたと推定できます。この間に、ステンレス製の炉内構造物の一部は溶融したでしょうし、また炉心を支える下部の構造物も溶けたり変形したに相違ありません。炉心の底に沢山ある中性子計測装置や制御棒駆動機構の案内管の貫通部は、溶融したステンレス鋼の流下などによって溶融し、水が漏れ出す開口部を作ったと思われます。

12日午前4時頃から、消防車による注水を開始しました。しかし注入先である原子炉圧力容器の圧力が高いため、注水はあまり入りませんでした。しかもそのほとんどが、原子炉圧力容器の中で蒸発する有り様でした。この蒸気と高温の炉心の幾分かが、じくじく反応を約10時間続け、熱と水素ガスを発生させていました。

発生した水素ガスは、格納容器の上部に集まって、上蓋付近の温度を上昇させ、熱膨張で上蓋の締め付け力を弱めました。

一方じくじく反応の発熱は崩壊熱と共に、炉心の混合溶融物を昇温させ、部分的な溶融を起こさせます。その一部分は、溶融した下部炉心支持板などと共に、原子炉圧力容器の底に落下したと思われます。溶融したステンレス鋼や輻射熱によって高温になっていた原子炉圧力容器の底は、この重量に耐えかねて、溶融落下物共々一緒になって、格納容器の床に落下したと考えられます。

圧力容器の底に穴が開けば、じくじく反応の熱と崩壊熱で柔らかくなっている混合溶融物（炉心燃料）は、逐次落下して、格納容器床上に築山を形成します。築山の中では崩壊熱による混合溶融物の溶融が始まります。このような状況が、海水注水が始まった12日午前4時頃から、ベントが開いた午後2時頃までの間に、10時間にわたって格納容器の中で進行していました。

ベントが開いて格納容器の圧力が下がり始めると、消防ポンプの吐出量が急激に増えました。格納容器の底に落下した海水が混合溶融物に被る程度まで溜まると、反応が活発となって大量の水素ガスが一挙に発生し、格納容器の圧力が急上昇しました。このガス圧力が、締め付け力の緩んだ格納容器の上蓋を持ち上げます。充満していた水素ガスは、持ち上がった格納容器上蓋から流出して、原子炉ボールト上の遮蔽プラグを押し上げ、燃料交換フロアに流入して空気と混じり、爆発性ガスとなります。水素の流出が弱まり、持ち上げられていた遮蔽プラグが落下した時、その衝撃で爆発性ガスは着火して爆発が起きました。

以上が、1号機の溶融、爆発の顛末についての考証です。

それではここで、新しい知見並びに重要な事項を、箇条書きにしておきましょう。

一、原子炉圧力容器から完全に水が蒸発した状態が、少なくとも4時間ほど続いた。その間に、炉心は崩壊したが完全に溶融するには至らず、空っぽになった原子炉圧力容器の中では輻射熱による放熱が続くという、これまで世界が経験したことのない、全く新しい事故状態となった。

二、この輻射熱による放熱状態での炉心温度は、ウラン、ジルコニウム、酸素の混合溶融物の融点に近い２０００℃くらいで、輻射熱による放熱平衡に近い状態となっていたであろう。空っぽの原子炉圧力容器温度は５５０～６００℃程度に上昇したと推定される。

三、崩壊した炉心の一部は、およそ10時間続いた注水時間内に、原子炉圧力容器の底を破って格納容器の床に堆積し、ベントにより格納容器床上への注水量が増大した海水との反応で水素ガスを発生させた。この水素ガスの爆発による破壊は、原子炉建屋５階だけだった。このことが、５階フロアへの水素ガスの流入ルートを特定させ、同時に、爆発の着火源が水素ガスの圧力により浮き上がった遮蔽プラグの落下による衝撃であることを証明した。

四、炉心に水が注水されなかった1号機の水素爆発は、格納容器床上に落下堆積した高温の炉心材料に海水が注水されたことによって、その一部が溶融して発生した。従って、溶融発生の理由は、２、３号機と同じ高温燃料への冷水注入である。

五、本章で説明したＴＭＩ事故及び福島第一１、２、３号機の炉心溶融事故の原因は全て同じで、高温の炉心に冷水が注水されることによって生じる化学反応による。炉心溶融の原因が化学反応であるから、事故対応として反応成立条件を外すことで炉心溶融は防止できる。水素爆発は、炉心溶融によって発生する水素ガスが起こすのであるから、これも同様にくい止めることができる。

チャイナ・シンドロームのように格納容器に穴は開いたか

1号機の溶融炉心が格納容器の底を溶かし、わずか数十センチメートルを残して止まったとの計算があると聞きます。そして、映画『チャイナ・シンドローム』のように溶融炉心が格納容器の底に穴を開けたから汚染水が出ているのではないのか、との質問を度々受けます。

私は報道でこの計算を知っただけで、内容については情報を持っていません。しかし、私の経験を通して考えますと、その計算結果は、溶融浸食の深さを大きく見積もり過ぎているように思います。溶融浸食の深さは、溶融炉心の温度、量、接触面積と崩壊熱量などが分かれば、ある程度の精度で計算から推定できますが、溶かされた床面のコンクリートを、コンクリートだけと考えると間違いを生じます。コンクリートの中には鉄筋が入っています。

鉄筋の持つ熱伝導度の大きさは、コンクリートのそれの50倍ほどあります。溶融炉心が鉄筋の並べられた深さに達した時、熱が鉄筋によって、遠く離れた床にまで運ばれていきます。実はこの計算をしたいと思ったのですが、格納容器床の配筋の詳細な情報を入手できませんでした。

普通の床であれば、20センチメートル間隔で直径1・2センチメートルくらいの鉄筋が升目に配置され、その上に5センチメートルくらいのコンクリートが打たれています。

正確な計算をしても意味がありませんから、目の子計算で済ませます。熱伝導度が50倍高い太さ1・2センチメートルの鉄筋は、熱的には幅60センチメートルのコンクリートに相当します。溶融炉心が鉄筋のレベルまで到達しますと、これまで20センチメートル幅の床だけを加熱してきた熱は、鉄筋によって20センチメートル＋60センチメートル＝80センチメートルの広いコンクリートを熱するのと同じことになります。これは、熱が4分の1に薄められることに相当します。

鉄筋は東西方向だけではありません。南北方向も配置されていますから、熱の伝わり方、薄まり方はより広がります。コンクリートからの放熱を考えればその効果はさらに拡大します。この結果、溶融炉心による床コンクリートの浸食は鉄筋が配置された深さでほぼ止まります。種明かしをすると、昔、研究室の学生に類似の解析計算をやらせたことがあり、その結果を思い出しての推測です。

格納容器の床上に溶融炉心が流れ出たとみられる1号機の床への流出量も、炉心の一部で、すべてではないとみています。これらを合わせると、格納容器床面の溶融はごく少なく、鉄筋付近で止まっていると私は考えます。

[備考注釈7・1]　輻射熱による温度計算

輻射熱の計算は、正確には非常に複雑です。しかしその特徴は、熱を出す物体と吸収する物体の、それぞれの絶対温度の4乗の差で熱の授受が行われることです。

いま、温度2000℃（2273°K）の溶融炉心の表面積を1（ある程度崩壊していると考えて通常炉心表面積の半分とします）とし、炉心を覆う炉心シュラウドや上部炉心プレナム、上下炉心支持板などの面積を4、原子炉圧力容器（ほぼ20くらいです）およびその他の構造物の表面積を合計して50と仮定します。表面吸収率や形態係数などは無視して、炉心、シュラウド、圧力容器の熱の授受が平衡状態に達したとして、粗い概算をしてみます。

輻射熱は絶対温度の4乗であることに注意して、シュラウドなどの温度をA°Kとすると、平衡状態の方程式は、「$2273^4 \times 1 = A^4 \times 4$」ですから、平衡温度は「A＝1600°K（約1370℃）」となります。

原子炉圧力容器の温度Bは、「$1600^4 \times 4 = B^4 \times 50$」ですから「B＝850°K（約570℃）」となります。

[備考注釈7・2]

計算初期条件として、原子炉圧力容器、炉内構造材共に温度250℃。

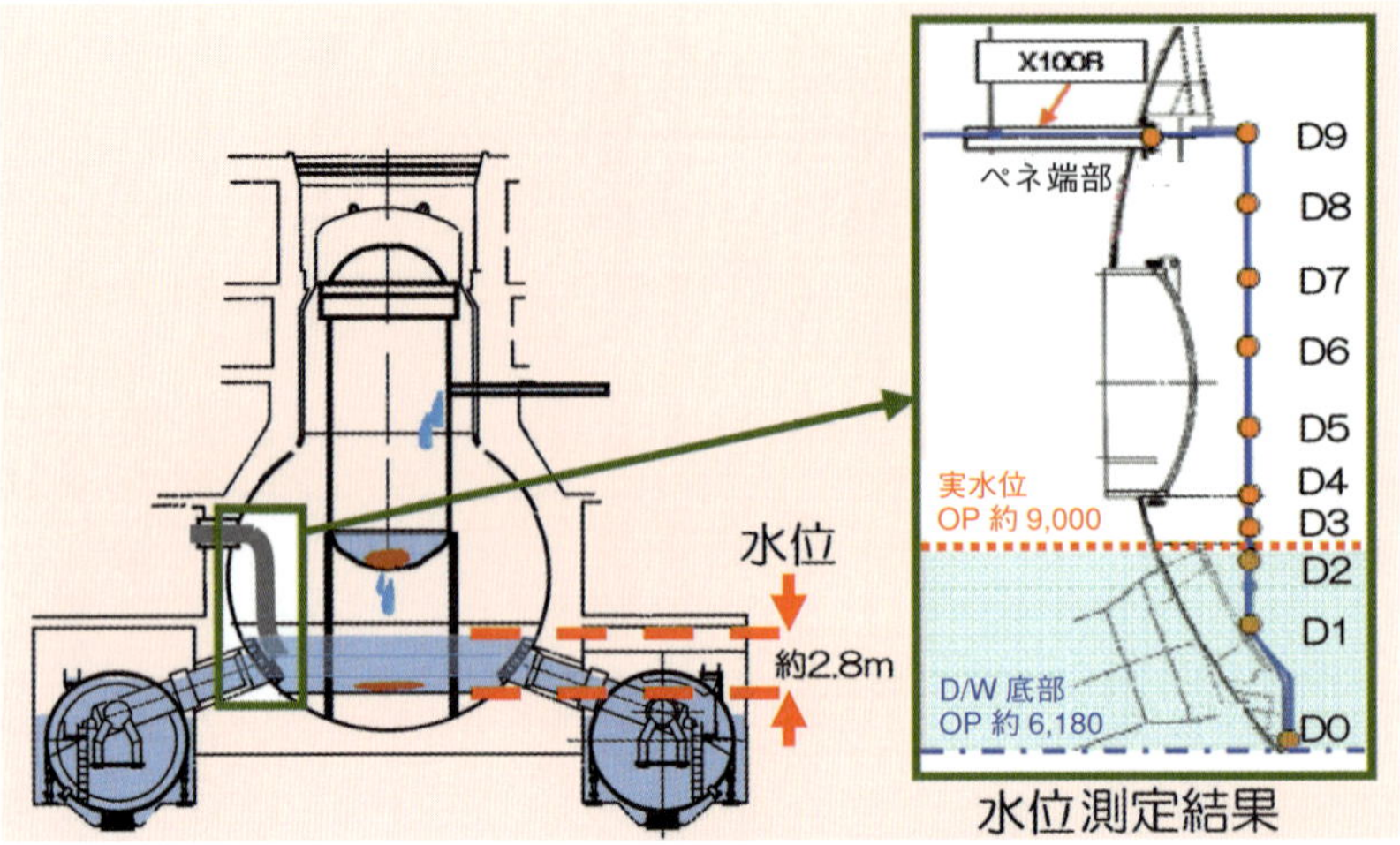

測定点	D/W底部からの距離(mm)	線量測定値(Sv/h)
ペネ端部	8,595	約11．1
D9	8,595	9．8
D8	約7,800	9．0
D7	約6,800	9．2
D6	約5,800	8．7
D5	約4,800	8．3
D4	約3,800	8．2
D3	約3,300	4．7
D2・水面	約2,800	0．5
D1	―	―
D0	0	―

線量測定結果

出典：政府・東京電力中長期対策会議／運営会議資料
（2012年12月３日）より作成

図1.2.27　１号機ドライウェル内の線量並びに水位測定結果

すべてを鉄と考え、比熱0.54kJ/kg℃、融点1500℃、溶解熱272kJ/kgとします。

原子炉圧力容器（３４０トン）と、炉内構造物の下半分（50トン）が、５５０℃になるために必要とする熱量は

$$(340+50)\times10^3\times(550-250)\times0.54=6.3\times10^7\text{kJ}$$（1.7万kWh）

また炉内構造物の上半分を溶融するために必要な熱量は

$$50\times10^3\times((1500-250)\times0.54+272)=4.7\times10^7\text{kJ}$$（1.3万kWh）

合計約３万キロワット時の熱量となります。

【備考注釈７・３】

消防署に、消防車のポンプの締め切り圧力（流量がゼロの時のポンプ圧力）について問い合わせたところ、以下のような返事でした。

車種によっても違いはあるが、普通のポンプ車の吐出圧は最大で０・８５メガパスカルくらい、筒先で絞られて０・４メガパスカルくらいになって放出される。その時の流量が毎時24～40立方メートルくらいである、とのことでした。

事故時、消防車がどのようにホースを繋いで使われていたか分かりませんが、ベントが開かれるまでの時間帯の格納容器圧力は０・８メガパスカルほどありましたから、ポンプの締め切り圧力に近い値です。ポンプの吐出量はごく少量だったと考えて間違いありません。ベントが開かれて、格納容器圧力が０・５メガパスカルほどにまで下がって、海水注入量は大幅に増加しました。

ポンプの先にどれだけ長くホースを繋いだかによって、ポンプの筒先までの抵抗が変わりますから、それによって吐出量は変わります。消火作業時のように短いホース長さとは思えませんから、ベントが開いて圧力が下がった時の注入量を、目の子で30立方メートルとしておきます。この時間は爆発に至るまでの約１時間くらいです。

残りの50立方メートルの海水は、約10時間かけて、ポンプの締め切り圧（流量がゼロのポンプ圧力）に近い、

０・８メガパスカルもある格納容器に押し込まれたことになります。この場合、吐出量は毎時５立方メートルとなります。

［備考注釈７・４］

１号機の溶融炉心については、ほぼ完全に原子炉圧力容器の外に流出していると考えている人が多いようです。しかし私は、大半がまだ原子炉圧力容器内に残っていると考えています。

その理由は**図１・２・27**、東京電力が２０１２年12月３日に発表した廃止措置に向けた測定の結果にあります。図が示すように、格納容器下部の放射線量は、測定点Ｄ―９（原子炉圧力容器の底に近い点）からＤ―３（Ｄ―９より約５メートル下）に下がるに従って、言い換えれば原子炉圧力容器の底から離れるに従って、放射線量が３分の１に減少している結果になります。

原子炉圧力容器の底の方が格納容器下部よりも放射線が高いのです。溶融炉心がまだ原子炉圧力容器内に残っていることの証明です。

ただ、どれほど残っているのかは分かりません。事故経緯から見て、また混合溶融物が作る卵の殻の時間的速さから見て、私は半分以上残っているのではないかと思っています。本稿も、その推測を頭に置いて書きました。

８．本章のまとめ

１号機から３号機までの炉心溶融と爆発、随分と長い説明になりました。大方の読者は、例えば２号機の炉心溶融状況については、もうお忘れかも知れません。それほど福島の事故は複雑です。ここで溶融と爆発について共通する肝心な事項について、全体を通してまとめておきましょう。

第一は、炉心の溶融がジルカロイと水との化学反応による発熱で起きることです。

このことは再三再四述べましたし、1~3号機の溶融で証明しました。炉心は崩壊熱で溶融するのではありません。また、NHKのグラフィック映像のように、ふにゃふにゃと崩壊熱で溶けて、液体となって流れ落ちるものでもありません。

復習しますと、本稿でとりあげた炉心溶融時点での崩壊熱量は、高々、定格出力の1%前後くらいでした。これを裏返せば、通常運転状態にある原子炉は、その100倍もの出力の炉心を冷却して電気に変えているのです。僅か1%やそこいらの崩壊熱で簡単に溶融するほど、原子炉はやわなものではありません。その証拠に、一滴の水の補給もなかった1号機ですら、爆発が起きたのは丸1日以上も後のことでした。

僅かな崩壊熱が起こす低温火傷は、適切な手当てで治まります。炉心溶融という治癒のできない大火傷を負うのは、たった2分間でTMI炉心を溶融させた、急激なジルコニウム・水反応の発熱しかありません。この反応を発生させるには、ジルカロイが高温であることと、水が十分にあることの2つの条件が必要です。TMI事故では大量の水が供給されたので、炉心は一気に崩壊、溶融しました。

福島の事故では、水が十分にありませんでした。炉心溶融や爆発を引き起こすほどの急激な反応となるには、十分な水が溜まるまで、原子炉は待たなければなりませんでした。水が十分に溜まって、初めて激しいジルコニウム・水反応が起き、炉心溶融、水素爆発に至ったのでした。炉心に水が注水されなかった1号機の水素爆発は、格納容器床上に落下堆積した高温の炉心材料に海水が注水されたことによって、その一部が溶融して発生しました。冷水の注入が炉心溶融を引き起こす、福島事故の炉心溶融原因は1、2、3号機みな同じです。

この、水が溜まるまでの事故状況の進み具合が、1、2、3号機それぞれに違っています。従って、事故の進み方がそれぞれに違い、それ故に福島事故は複雑で説明が難しいのです。しかし大きな流れで見れば、炉心溶融が起きた理由はＴＭＩ事故と同じで、激しいジルコニウム・水反応にあったことが理解されたでしょう。この事実は、福島の事故で初めて確認されたといえましょう。事故が起きたことは悲しいことですが、福島事故は今後の原子力発電の安全対策に、大きな貢献を果たしていくでしょう。

激しいジルコニウム・水反応を起こせば、炉心は急速に溶ける、大量の水素が発生するという2つの事実を、原子力関係者は忘れずにいてください。この2つが原子力災害を引き起こすのです。

この反応の過程で、実に神妙な働きをするのが、――恐らく酸化ジルコニウムの被膜の生成によると考えますが――卵の殻、鍋底の役割を果たした溶融炉心の外皮（殻）です。この事実は、ＰＣＭ実験、ＴＭＩ事故の実例なくしては語れません。またこれなくして、福島事故の解明は不可能でした。神様は我々人間どもに、福島事故解明の手掛かりとして、ＴＭＩ事故での溶融炉心図（**図１・１・１**）を残してくださったのだと、私は思っています。

以上、説明してきた炉心溶融の大筋に間違いがあるとは思えませんが、細部には至らない点が多々あることと思います。ご叱声を待つものですが、学究を志す人達には、ぜひともこの卵の殻の正体と挙動の究明に力を注いでいただきたいと熱望します。原子力安全対策の鍵を握る現象の一つですから。

第二は、水素ガスの急激な発生とこれによる圧力上昇が水素爆発の大きな原因となっていることです。

ジルコニウム・水反応は急激ですから、大量の水素ガスが一挙に発生し、圧力を急上昇させます。TMI事故では、2分間に原子炉圧力が9メガパスカルから15メガパスカルまで上昇しました。2号機、3号機では、格納容器圧力を1メガパスカル前後にまで上昇させました。1号機は記録が残っていませんが、同様の圧力上昇が起きたことに間違いはありません。

この圧力上昇が、熱膨張で緩んでいた格納容器上蓋を持ち上げ、そこから流れ出した水素ガスが原子炉ボールトに充満し、重量のある遮蔽プラグを押し上げて、5階にある燃料交換フロアに大量に流出してきました（**図1・2・28参照**）。

1、3号機では、流出した水素ガスは5階燃料交換フロアの空気と混合して爆発性ガスとなり、遮蔽プラグの落下による衝撃で着火し、原子炉建屋は爆発しました。

2号機では、5階フロアの壁にあるブローアウトパネルが外れていましたので、流出してきた水素ガスはパネルの開口部から建屋の外に流れ出しました。ガスは、２０００℃を超える溶融炉心から出てきた高温です。恐らく川の流れのように、高温の水素ガスだけの集団の流れとなって、室内の空気と混合することなく大気中に出ていきました。このため2号機は爆発を免れました。

以上が、1～3号機の水素爆発のまとめです。

第三は、適切な注水ができれば大規模な炉心溶融を防ぐ可能性があるという教訓です。

先ほど、僅かな崩壊熱が持続して起こす低温火傷は適切な手当てで治る、と述べました。

崩壊熱で昇温した燃料棒は、原子炉圧力を強制的に抜いて減圧したとき、減圧沸騰による蒸気の流れ

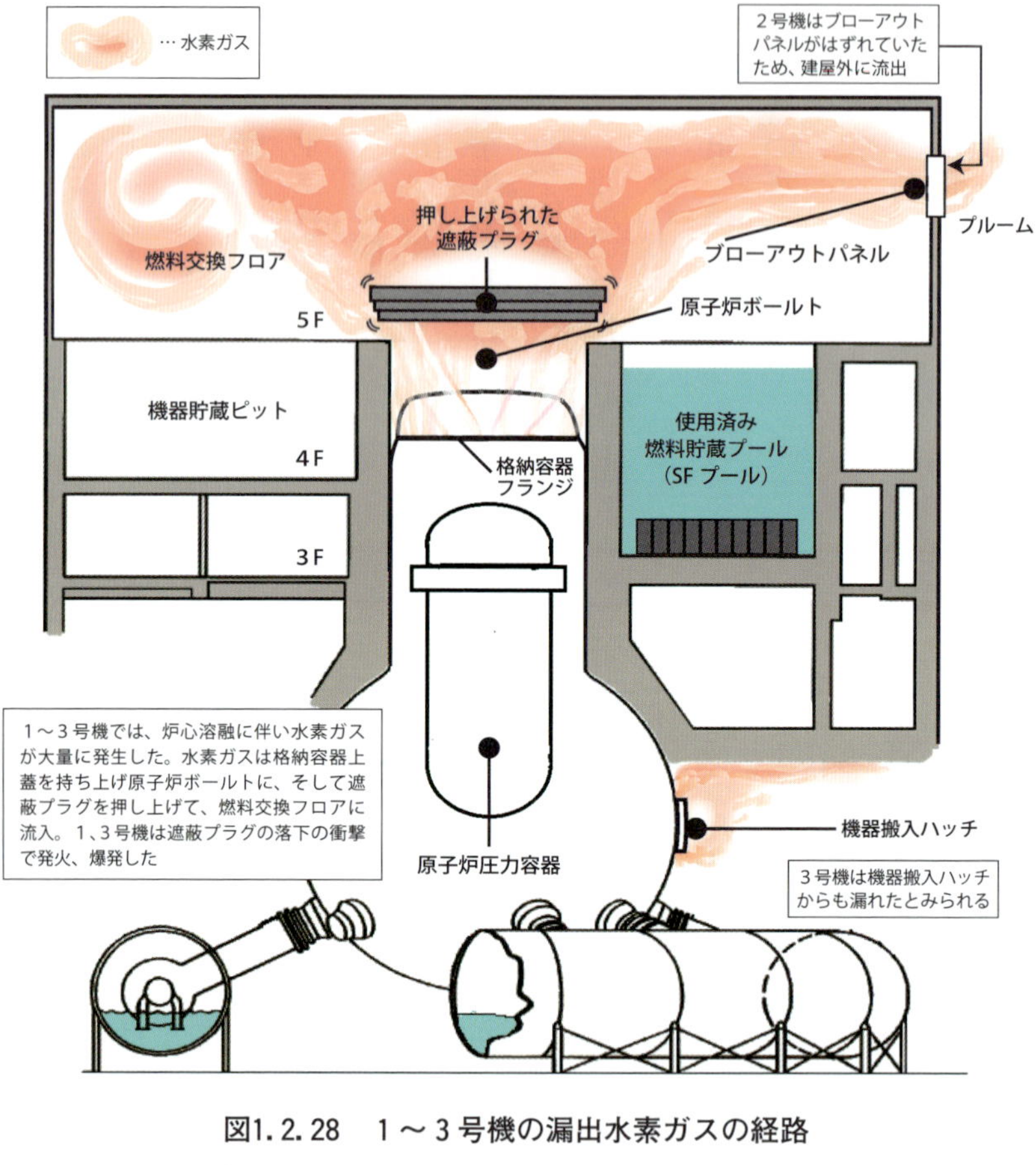

図1.2.28　１～３号機の漏出水素ガスの経路

で一時的に冷やされます。思い出してください。2、3号機は減圧に伴う沸騰によって炉心の飽和温度は150~160℃ほどにまで下がっていました。この直後に、寸刻をおかずに水が注入されていれば、低温のジルカロイは水と反応しませんから、燃料棒が分断されることはあっても、炉心が溶融することはありません。従って水素爆発も起きませんでした。

福島での事故対応は、強制減圧までは間違いなかったのですが、いずれの場合も2時間ほど注水が遅れました。この遅れが命取りとなりました。この2時間の間に、崩壊熱によって炉心温度が再上昇して、燃料棒は灼熱状態Ⅳになってしまったのです。そこに注水が入ったものですから、ジルコニウム・水反応が起き、炉心溶融に至ったのです。惜しい逸機でした。処置の遅れで、低温火傷が高温火傷に変わったのです。

逆に言えば、炉心から水が失われ燃料溶融が懸念される状態になっても、減圧と注水を継続して行えば、炉心崩壊（燃料棒の分断）は起きても、炉心溶融には至りません。従って、僅かな放射能は放散されますが、水素爆発は起きません。原子力関係者は、この事実をしっかりと記憶して、沈着な対応を行えば災害は防げます。

第四は、現在の炉心状況の推定です。

現状の炉心状況がどうなっているのか、その推測は、人それぞれで違っているようです。

私は、2、3号機の溶融燃料は原子炉圧力容器の中にすべて残っており、格納容器には流出していないと考えています。1号機については、溶融炉心の大半は格納容器の床上にありますが、残りはまだ原子炉圧力容器の中にあると考えています。

２、３号機の溶融炉心が原子炉圧力容器の中に存在していると考える根拠は、炉心の溶融時に、原子炉圧力容器に水が残っていたことです。これはＴＭＩ事故と同じ条件ですから、２、３号機の溶融炉心もＴＭＩ同様に、原子炉圧力容器の中に残っていると考えるのです。炉心が溶融した後に得られている原子炉データに大きな変化がないことも、この理由の一つです。丹念に調べましたが、データ上、ＴＭＩとの大きな相違は見られません。

１号機の炉心については、**本章7節**で述べた通りです。**備考注釈7・4**で述べたように、２０１２年末に東京電力が測定した格納容器底部のγ線データは、炉心に近づくほど大きい値を示しています。これが、大半はまだ原子炉圧力容器の中にあると考える根拠です。

では、原子炉圧力容器の中にある炉心状態は、一体どんな物でしょうか。これもＴＭＩが教えてくれます。**図1・2・15**に描いた図のように、直径3～4メートル、高さ2メートルくらいの巨大な卵型の合金鋳物の中心に、直径40～50センチメートルほどの球状の溶融部分があって、そこから放射能のガスが今も出ていると考えています。放射能は鋳物の割れ目から外に出て、循環冷却水によって冷やされて固化し、原子炉圧力容器の底もしくは格納容器の床に沈殿していると考えます。

この沈殿している放射能は、非常に微細な放射性物質とみてよいでしょう。水その他の不純物と化学変化を起こし、水溶性の化合物となっているものもあるでしょう。これらは、格納容器の穴からタービン建屋地下の水溜まりに、水の移動に連れてその微量が移動して、汚染水のもととなっていると考えられます。

ただし、これを一挙に浄化しようなどと考えてはいけません。急激な水の移動は、沈殿している微細な放射性物質を巻き込んで移動しますので、非常に危険な事態を生む恐れがあります。必要以上に刺激せず、そっとしておくのがコツです。これは、天から降ってくる雨水や地下水をめぐる汚染水問題とは、別の話です。

崩壊熱は、もう百数十キロワットくらいにまで下がっていますから、格納容器の割れ目から出てくる放射能の量はそれほど多くありません。格納容器の中に溜まっている水の温度も、２０１２年末の発表では30〜40℃くらいにまで下がっているとのことです。このまま３〜４年も推移すれば水による冷却の必要はなくなり、卵の中央部にある溶融部分も早晩固化すると考えられます。ここまで来れば福島事故の放射能放出問題も、発熱による新たな事態発生もなくなったといえます。今日の状態は、その近くまで来ているといえるでしょう。

溶融炉心が再臨界する恐れは

ＴＭＩ事故では、制御棒はすべて炉心に挿入されましたが、制御棒の融点は比較的低いため、その分早く溶融して、溶融炉心の周囲を囲む薄い外皮（殻）の下半分に集まりました。それでもＴＭＩ事故では再臨界は起きていません。たとえ、制御棒が溶融炉心の中で偏在しても炉心は再臨界にならなかったことの証明でもあります。

軽水炉の炉心は、長さ約４メートル、直径約１センチメートルの円筒状のジルカロイ被覆管の中に多数の燃料ペレットが充てんされた燃料棒が、一定の間隔を保ち束ねられた燃料集合体を寄せ集めて構成されています。

【巻末資料参照】

燃料棒の周りには軽水（水）が流れ、核分裂連鎖反応で発生した熱を取り除くとともに、核分裂反応で発生する高速の中性子を減速する役割を果たしています。実は、速度が遅い中性子の方が核分裂反応を起こしやすいのです。燃料内で発生した高速の中性子は、燃料外の軽水で減速され、その中性子が再び燃料内に戻って核分裂を起こすのです。

燃料棒の間隔は、核分裂による高速中性子発生→高速中性子の軽水への移動→軽水中での中性子減速→減速した中性子の燃料内への移動→燃料内での減速した中性子による核分裂→核分裂による高速中性子発生、といったサイクルが最も効率的にできるよう、その体系が設計されています。中性子が発生する燃料とその中性子を減速する軽水とが、絶妙の間隔を保つことで、核分裂連鎖反応を容易にしているのです。これを非均質効果といいます。

燃料が溶融すれば、高温ですから体系内から中性子を減速する軽水は排除され、核分裂反応を妨害する不純物が体系内に混入してきます。さらに、炉心は均質に混ざり合って、効率的に核分裂ができるよう苦労して作り上げた炉心の非均質効果を失わせてしまいます。これらの効果のため、溶融炉心が再臨界になる恐れは非常に小さくなります。

ＢＷＲである福島の炉心や制御棒は、ＰＷＲであるＴＭＩとは多少異なっていますが、ＴＭＩと同様に再臨界になる恐れは小さいのです。もちろん、管理を行う東京電力には、万が一にも再臨界にならないよう極端な条件設定（例えば、何らかの化学反応に伴う凝集等の想定）をし、溶融した炉心の臨界管理を行う必要があることはいうまでもありませんが、再臨界は現実的ではなく、我々が心配する必要のないものです。

〈3〉国会事故調査報告　東京電力福島原子力発電所　事故調査委員会　381ページ

第3章　福島第一原子力発電所事故　4号機編

4号機は3号機と同一の姉妹炉です。制御室も仕切りのない同一のフロアにあります。運転開始は1978年10月。震災当日は、応力腐食割れの炉心シュラウドを交換するために、原子炉から燃料をすべて取り出して、隣の使用済み燃料貯蔵プール（SFプール）に保管していました。このことが、本書の目的とする原子炉の溶融、爆発とは別の、大問題に発展します。

余談になりますが、私は震災の前日、2011年3月10日にこの4号機の炉心シュラウド取り換え工事を見学しました。5階の燃料交換フロアには、原子炉上蓋、格納容器上蓋、遮蔽プラグなど原子炉機材が所狭しとばかりに置かれていました。原子炉の上面は、炉心シュラウド交換工事のために水が一杯に張られ、間仕切りを介してSFプールと同一の水位になっていました。現場は大勢の作業員で活気が溢れ、作業は順調に行われている模様でした。後ほど述べますが、この見聞が後日役立つとは、その時は思ってもいませんでした。

ところで、4号機の話題は2つあります。1つはこれまでの考証の続きである4号機建屋の爆発です。今一つはこの爆発が作り出した米国の懸念――4号機SFプールが地震で壊れて空になり使用済み燃料が溶融した結果、水素が発生して爆発したのではないかとの懸念――が作り出した一大騒動です。4号機が爆発した直後の10日間ほどは、1～3号機の炉心溶融事故よりも4号機の爆発の方が世界的関心事でした。

4号機の爆発が、3号機の炉心溶融でできた水素ガスが逆流して起きたものであることは、**第2章**で

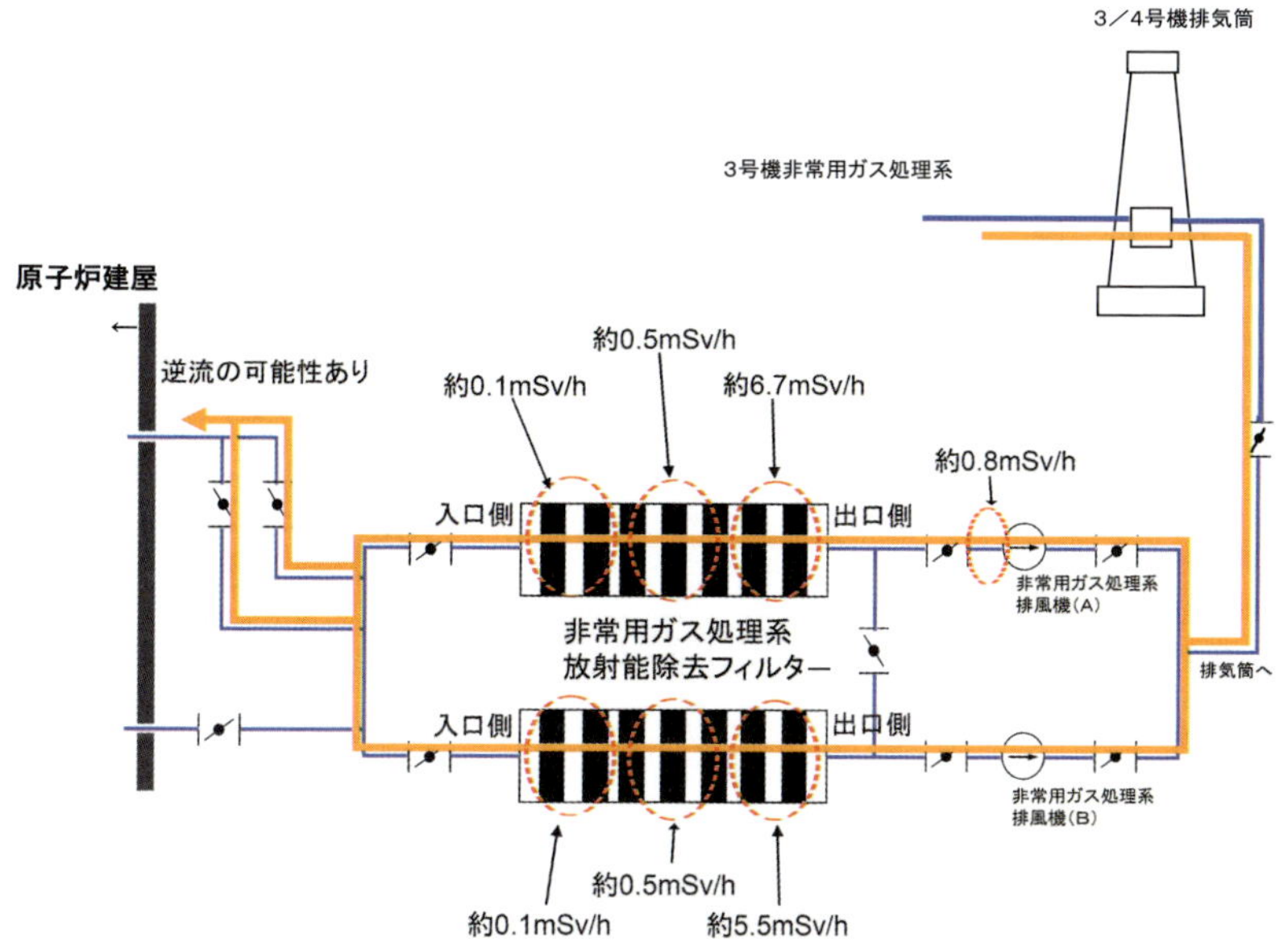

出典：東京電力『福島原子力事故調査報告書』より作成

図1.3.1　4号機非常用ガス処理系放射能除去フィルターの汚染状況

説明した通りです。ところが、この事実が分かったのは事故後5カ月ほどを経た8月末のことです。4号機の非常用ガス処理系（SGTS）に取り付けられていたフィルターの汚染状況が入口よりも出口が高いという、普通では起きることのない事実が東京電力の測定によって判明しました（**図1・3・1**）。この事実によって、3号機から4号機への水素の逆流が証明されたのです。

それまでの数カ月間、世界の原子力関係者のほとんどが、4号機は地震によりSFプールが壊れて、水が漏れ空っぽになったプールに置かれた使用済み燃料が崩壊熱で溶けて、ジルコニウム・水反応で作られた水素が爆発を起こした、と憶測していました。この憶測は、非常に高い信憑性を持って世界中に広まりました。

風評被害とは、このようにして起こるのでしょう。米国の私の友達ですら、４号機ＳＦプールの漏れはまだ見つからないのかと、しつこくメールで問い合わせてきたほどでした。このようなメールは秋口まで続きました。それほど4号機の爆発は謎だったのです。

定期検査のため停止していた4号機の爆発は、誰の目にも不思議に映ります。その明快な説明を、当時は誰もできませんでした。米国政府が、福島第一を中心とした半径80キロメートル圏外への米国人の避難勧告を行ったのは、使用済み燃料が溶融して、チェルノブイリと同様の大量の放射能放出が発生すると恐れたからです。

４号機の爆発は、その理由が分からなかったために世界の関心を集め、米国のみならず世界中の原子力関係者に心配を与えました。「日本は隠している」「真実を述べていない」「炉心溶融の事実を５月末まで否定していた」「最初は事故レベル４と報告し、それが5になり7に変わった」と自業自得の面はありますが、日本政府はそれほど信用されていなかったのです。

フィルターの汚染分布に着目した東電職員の目は、世界の風評被害と日本不信を、一挙に解決することになりました。

１．原子炉建屋の爆発

４号機に爆発が起きたのが、３月15日午前6時14分頃のことのようです。少し曖昧に「ようです」と書いたのは東電報告書には、大きな衝撃音と振動が発生し、その後原子炉建屋5階屋根付近に損傷を確認した、と書いてあるからです。爆発とは明確に書いていません。多少、曖昧です。

その理由は、2号機の格納容器の破壊時刻が、ちょうどこの時刻頃と推定されているためです。その証拠に、**図1・2・4**に示すように、正門付近での放射線量率が同時刻に高い上昇を示し始めています。ほぼ同じ時刻に、2つの出来事が重複して発生してしまいました。いずれも衝撃音を伴う出来事ですから、東京電力としては断定を避けたのでしょう。この爆発音を聞いたのは朝の見回りの時といいます。私は振動が発生したという記述から判断して、衝撃音は格納容器の破損ではなく、発生エネルギーのより大きい4号機の爆発と考えています。

東電報告書には、爆発後の15日の午前9時38分、4号機原子炉建屋の3階北西コーナー付近で火災が発生し午前11時頃に自然消火したこと、また16日午前5時45分にも4階北西コーナー付近で炎が上がっているとの連絡があったが、同午前6時15分には炎を確認できなかったとあります。いずれも自然消火していることから、これらの狐火は爆発後の残留水素ガスの燃焼と考えてよいでしょう。

4号機の爆発は、3号機の炉心溶融で生じた水素ガスが、4号機の非常用ガス処理系のダクトを逆流して原子炉建屋内に入って起きたものであることは先ほど説明した通りです。従って、爆発した水素ガス量自体もそれほど多いものではなく、また流入後に天井付近に集まった水素ガスの濃度も比較的濃度の薄いものであったと思っています。この水素ガスが軽いために原子炉建屋の天井付近に集まり、爆発性ガスにまで濃くなったのではないかと疑っています。

3号機から4号機に水素ガスが流入したメカニズムは、プールの沸騰により発生した水蒸気が冷えて凝固したため建屋全体が少し負圧になり、大気圧状態にある3号機原子炉建屋との間に圧力差が生じた

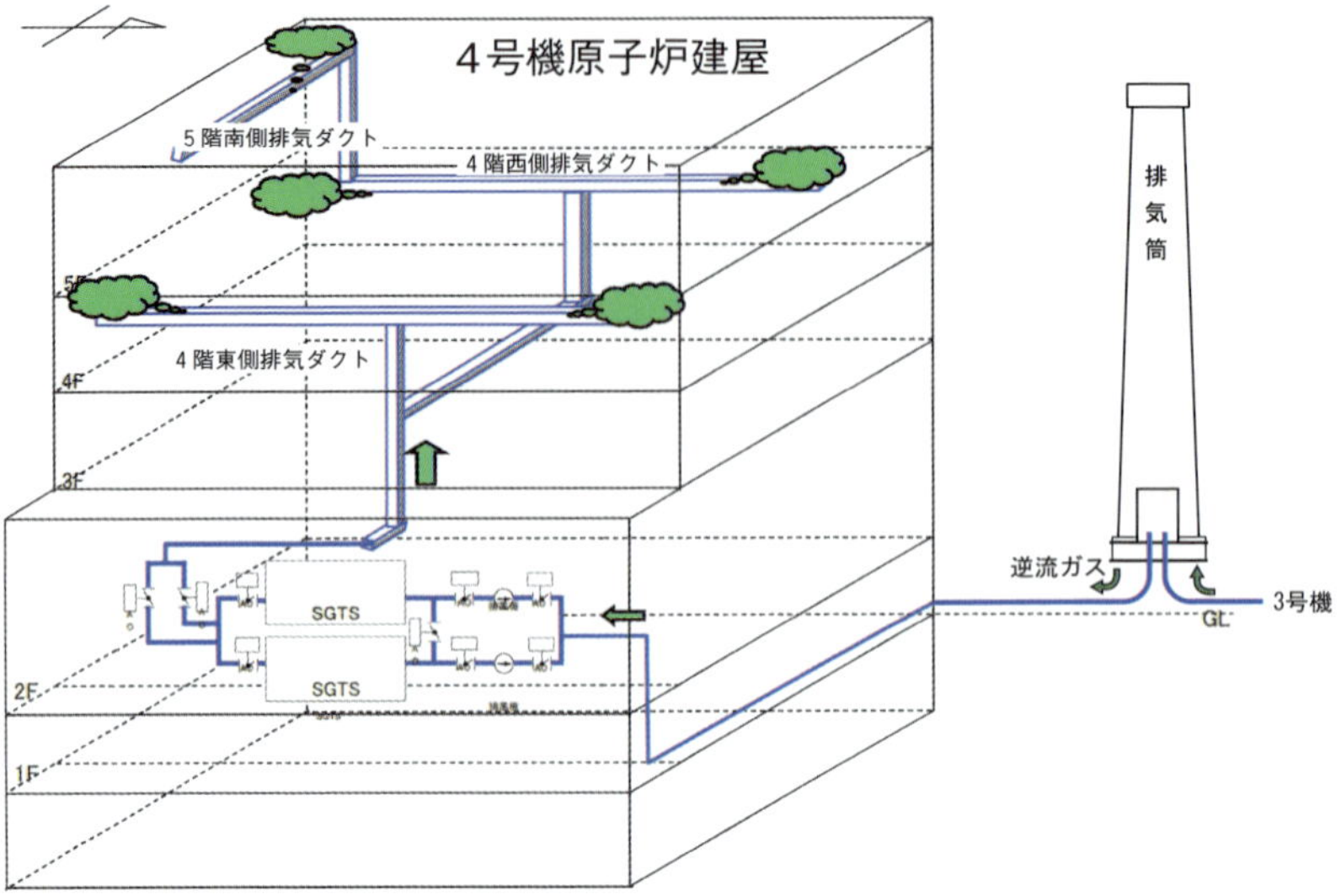

図1.3.2　3号機から4号機への水素ガス流入経路

ため、逆流していったというものです。逆流の存在は、フィルターの汚染状況から見て疑いようはありません。しかし、もしこの証拠がなければ、私はこの説明に納得しなかったでしょう。それほど、珍しい現象です。

既に**第2章6・5節**で説明しましたが、水素ガスの出自については2つ考えられます。1つは3号機のベントです。ベントにより吹き出した水素ガスがスタック下部の空間に集まって、4号機に流れ込んだと考える説です。

もう1つは、3号機の格納容器は幾分かの漏れが生じていたので――例えば機器搬入ハッチのシール部等と推測していますが――そこから3号機の原子炉建屋の中に漏れ出た水素ガスがダクトを通じてスタックの下部へ至り、4号機建屋に吸引されたという筋書きです。私は、両方あったと考えています。

難題はこの水素ガスを爆発させた着火源です。今回は1～3号機のように遮蔽プラグの落下による衝撃というわけにはいきません。爆発時刻に地震による揺れも、衝撃もありません。困っていたところ、耳寄りなヒントを得ました。東電の事故後調査で、4号機SFプール脇に設けられた吸気口の金網が、SFプールに向かって突き出すように、膨れて変形していたという情報です。この金網は空気の吸い込み口ですから、普通の状態では凹むことはあっても、膨れることはあり得ないのです。

加えて、後日4号機の爆発現場を見学した時に、爆発は4階の空調ダクト付近で起きた疑いが強いとの話を聞きました。4階ダクトの一部が粉々になって吹き飛んでいたとの記述が、東電最終報告書にもあります。この東電の疑いは、正鵠《せいこく》を射ていると思います。

4号機が1～3号機と違っていた点は、炉心から全燃料棒が取り出されていて、SFプールに移送されていたことです。このため4号機SFプールの崩壊熱は、他のSFプールと比べて4倍ほど高かったといいます。停電で冷却手段を失ったSFプールは、当然、温度上昇しました。計算によれば、4号機SFプールは、事故後3日目には100℃に達し、その後は蒸発によって水位が徐々に減少していた、とされています。

4号機の爆発が起きた15日朝には、原子炉建屋はSFプールの水が沸騰して飽和蒸気※が充満していたと考えられます。100℃に近いサウナ風呂状態にあったと考えてよいわけです。当然、建屋内に置かれた機器設備類も温度が上がります。特に、薄い鉄板で作られている空調用のダクトなどは、室温と同

※　水が沸騰する時の蒸気。圧力が決まればその温度は一意的に定まる。例えば、1気圧では100℃の蒸気。

じ１００℃近くになっていたでしょう。ダクトは温度上昇による熱膨張で伸びます。

暑い夏、鉄道のレールは直射日光を受けて高温となり、場合によっては熱膨張による変形で曲がって、列車が脱線することがあります。この熱膨張による変形を防ぐために、レールの継ぎ目部分にある程度の間隔を空けてあります。ガタンゴトンという電車特有の規則正しい音がするのは、車輪がこの隙間を通過した時です。この音がなければ、列車は脱線します。

しかしながら、空調ダクトは隙間を空けて繋ぐわけにはいきません。隙間を作れば、中を通る給排気が漏れ出ます。隙間が作れない代わりに、ダクトは常に定常的な温度条件の下で使用されています。この温度が、急に１００℃にまで上昇したのですから、ダクトは熱膨張によって伸び、変形します。

５階の燃料交換フロアは、大きな移動クレーンのある長い部屋です。クレーンの動作の邪魔にならないよう、空調ダクトはクレーンに並行して、壁沿いに真っすぐ敷設されています。従ってダクトの拘束は少なく、熱膨張による伸びは比較的自由でしょう。しかし、これが4階となると、ダクトの敷設状況は大きく変わります。ダクトは、配備された機械設備類の邪魔にならないよう、上がったり下がったり、鍵型に曲げられたり分岐したり、その経路は非常に複雑です。加えて、その要所要所が留め金で拘束されますから、ダクトは熱膨張で自由に伸びることができず、形状に歪みを生じます。ダクトは薄い鉄板で作られているので、強度はそれほど強くありません。歪みが大きいと、ぐしゃっと折れたり、割れたりします。この折れたり、割れたりした時の衝撃が、水素爆発の火種となります。

ＳＦプール表面からの水の蒸発（沸騰）による室温の上昇は、室内の空気をかき混ぜて暖めるというよりは、熱い空気が溜まって層を作り、この層の境界が上から徐々に下りてくるといったような動きをします。原子炉建屋でいえば、まず5階フロアの天井に高い温度の空気層ができ、その層が下りていって5階全体が暖まった後に4階に押し出されて、4階の空気が上の方から温度上昇するといった、温度上昇経過を辿ります。

14日朝といえば、ちょうど１００℃に暖められた空気が4階に下りてきたと考えられる頃です。熱せられた空気の層が下りてきたことで4階にあるダクトが熱膨張し、折れ曲がりました。中にある水素が着火したのはこの折れ曲がりによる衝撃です。

恐らく、4階ダクト内での水素燃焼が先ず始まったのでしょう。ＳＦプール脇吸い込み口の金網が逆方向に膨れていたことからの推測です。この水素燃焼がダクトから出て、天井に集まった濃い水素ガスに伝播し、まず4階に爆発が起きました。その衝撃が5階フロアの天井に溜まっている水素ガスに飛び火して、4号機原子炉建屋が爆発したと考えます。この時間はアッという間もない短い時間であったでしょう。爆発は4階から5階へと伝播したのです。3号機とは逆です。

4号機建屋の爆発跡には、5階の床を押し上げ、4階の床を凹ませた跡が残っています。そこが爆心点だったのでしょう。5階フロア上の天井は壊れ、壁は外に向かって押し倒されたような形で、壁と分かる形のまま倒れ落ちていました。水素は軽いですから、恐らく天井近くに集まって濃度を増し、爆発したのでしょう。壁が押し倒されたのは、爆発の力が壁の上部を強く押したためと考えられます。

私は戦時中、3度の空襲に遭いました。1回目は爆弾で、後の2回は焼夷弾による攻撃でした。日本の木造家屋は焼夷弾攻撃には弱く、火災を起こして大変な被害に遭いましたが、爆弾による被害はそれほどではありませんでした。爆弾の直撃を被った家こそ不幸でしたが、隣近所は特別な被害もありませんでした。子供の時の記憶で曖昧ですが、落下したのは500キログラム爆弾と聞いた覚えがあります。その被害は、直径6～7メートル、深さ3メートルくらいの円錐形の穴を、地面に掘った程度でした。それに対して、4号機の爆発による破壊力の強さは凄まじく比べようがありません。例えて言えば、蜥蜴《とかげ》と恐竜との差といえるでしょう。

「水素爆発は酷《ひど》くて怖い、水蒸気爆発などは比べものにならない」と、昔、米国でSL—1事故での爆発を勉強していた時に、来訪された米国の専門家から聞いたことがありましたが、全くその通りでした。それでも4号機の爆発は、3号機のそれと比べると軽微です。人類が経験した最も激しい水素爆発は、世界史上、恐らくチェルノブイリと福島第一の3号機でしょう。

余談になりますが、興味深い話を。この専門家は、「水素爆発は横に走る」という話をしてくれました。実験したのかと尋ねたところ、「そのような危ない実験などはしたことがない。人から聞いただけだ」との返事でした。しかしこの知見は正しいものでした。4号機の爆発で、建屋の天井近くから火花が横に走り出たのを、テレビ映像で見た人は多かったと思います。「水素爆発は横に走る」。いつ誰かは知りませんが、我々の先輩はこのような知見まで残してくれていたのです。

震災後、福島第一4号機の爆発跡を見学しました。私が滞在した時間は30分くらいのものだったでしょうか。見学できるように片付けられていたとはいえ、5階フロアから下の階に下りる道は、爆発でできた瓦礫の間を縫い、SFプールの補強跡を迂回し、仮ごしらえの足場を伝って、1階フロアに辿り着くまで、障害物競走さながらの難行軍でした。全面マスクを着用しての障害物競走は80近い年寄りには厳しい試練でしたが、その間受けた被曝線量は総計で0・1ミリシーベルトにすぎませんでした。しかもそのほとんどが、爆発で壁のなくなった5階フロアに佇んで見学していた時に受けた、3号機からの放射線によるものでした。5階フロアの線量率は、おおむね毎時0・3から1ミリシーベルトほどで、4号機自体から出る放射線はごく微量とのことでした。

2. 使用済み燃料貯蔵プール水漏れ問題

4号機の爆発によって、米国にひとつの懸念が俄《にわか》に生じました。それは、4号機の爆発は、大量に放射能を環境に放出したチェルノブイリ事故の再来ではないかという懸念でした。

懸念の出発点は、定期検査のため燃料棒が取り出されている原子炉建屋で、なぜ爆発が起きたのかという疑問からです。3号機の水素ガスが4号機に流れ込んでいた事実は、爆発した3月15日の時点では、誰も知りません。第一、1つのスタックを2つの原子炉が共用するという発電所は世界でも珍しく、隣の原子炉から水素が流れ込むなどという発想をする人はいなかったでしょう。

定期検査中の4号機では、原子炉内の燃料はすべて取り出されて、SFプールに仮置きされていました。原子炉停止から間もない燃料棒が出す崩壊熱ですから、4号機のSFプールの発熱は他のプールと較べて4倍ほど大きい状態にありました。

米国原子力規制委員会（NRC）は4号機の爆発原因を、地震でSFプールの水が抜け、取り出したばかりの崩壊熱の高い燃料が高温になり、被覆管が空気中の水蒸気と反応して水素ガスを放出したのではないか、と推測したのです。

SFプールは格納容器の外にあるので、原子炉建屋が爆発すれば、燃料棒を覆うものは何もありません。燃料が溶ければ、それは炉心が破壊され外界にむき出しになったチェルノブイリと同じで、大気中への放射能放出が始まると考えたのです。

この対策として米国政府は、発電所から80キロメートル以内への立ち入り制限を、米国民に対し命じる措置を取りました。4号機爆発の理由が分からない段階では、的を射た予防策でした。

放射線被害を恐れたのは米国だけではありません。1号機の溶融爆発を聞いて、東京在住のいくつかの大使館員は、いち早く東京から離れたといいます。それはニュースを取材するのが商売の、東京駐在の外国マスメディアも同じでした。

そんな中で、異彩を放ったのが英国でした。3号機爆発の噴煙の高さから計算して、30キロメートル圏外に大量の汚染が広がることはないと判断した英国の首席科学顧問は、東京に住む人が放射線被害に遭うことはないと英国大使館員全員に諭したといいます。結果はその言葉通りとなりました。

後日、フランス大使館も同じように一人の離脱者もいなかったとの連絡を受けました。

日本政府は、米国の懸念に対して的確に答えることができませんでした。少し落ち着いて考えれば、

4号機のSFプールに職員を派遣して、水の有無を調べさせれば分かることでした。仮に現場の放射線量が高かったとしても、短時間の状況調査ですから、身体に危険な放射線を被曝しない範囲で実行できたはずです。現に爆発の前日、東電職員はSFプール水温度が84℃であることを測定していたのですから。これを実行していれば、米国の懸念は一朝にして解消したはずです。自衛隊機による海水散布などの大掛かりな作戦は、必要ありませんでした。

だが、頭に血が上った日本の指導者達に冷静を求めるのは、無い物ねだりかも知れません。米国の懸念表明に反応して、3月17日には、爆発を起こした4号機のSFプールを目がけて、陸上自衛隊ヘリコプターによる海水散布を命じました。また、この日、菅首相は東京都に対して東京消防庁の高層ビル用消防車の派遣を要請。石原慎太郎東京都知事はこれに応じ、3月19日からSFプールに注水を試みました。このような大がかりな作戦が、津波と爆発とで瓦礫が散乱し、放射能で汚染された現場を舞台に繰り広げられたのです。

こうした判断ミスにより、ただでさえ慌ただしい事故現場は混乱を極めました。マスコミの伝えるニュースは国民にとっては驚愕に次ぐ驚愕で、原子炉事故についての筋道の通った説明がなかったことも加わって、不安はいたずらに増大しました。

実際のところは、この作戦実施当時SFプールにはまだ十分に水が残っており、注水する必要はありませんでした。1〜3号機の事故対応に追われている最中に、4号機について大作戦を展開する必要はなかったのです。しかし、命をかけてこの作戦に参加された人達には、その勇気に対し本当に頭が下がります。

最終的には、3月22日に配備された「キリン」と俗称されるコンクリートポンプ車により、プールに海水が確実に注入されたというニュースが発表され、世界の人達が一斉に愁眉を開くことになりました。

事故当時、4号機は、炉心シュラウド取り換え工事のため原子炉上面に水を張り、炉心燃料をすべてＳＦプールに移した状態でした。炉上面に張られた水は、間仕切り扉でＳＦプールと仕切られていましたが、もしＳＦプール水が減った場合には扉が押されて、原子炉側からＳＦプールに水が流れ込むような構造となっていました。つまりＳＦプールは、隣から水が補給できる水源を持っていたわけです。このことに米国政府は気付いていなかったようです。

爆発後の3月16日に、自衛隊所属のヘリコプターに同乗した東電職員が、ＳＦプールの様子を上空から確認した時の映像がテレビで流されました。爆発で壊れた天井の穴から、青い水を湛えたＳＦプール液面が映し出されていました。冷静に観察すれば、この映像からも、ＳＦプールの水が失われていないことは判断できたはずです。

個人的な話で恐縮ですが、私は事故直後の２０１１年3月23日に米国のワシントンに居ました。日本の原子力産業界を束ねる日本原子力技術協会に所属していましたので、福島事故の実情を整理した分かりやすい形で、欧米の協力団体に知らせる責任を感じ、自発的に説明に出向いたのです。情報が混乱している中、日本の新聞に掲載された間違いのない情報を各号機ごとに分類整理して説明したところ、お会いした先々で非常に喜ばれました。４基もの溶融、爆発事故ですから、外国の人達にはごっちゃになっていて、何が何だか分からなくなっていたようです。

意外なことに、とりわけ私たちの訪問を喜んでくれたのが、ワシントン在住の日本人記者達でした。彼らには、日本から何らの情報も入らなかったらしいのです。しかし友達の外国人記者は、彼らを頼りに事故情報を聞きにきます。日本からは何の情報もこないと、憤懣《ふんまん》やる方ない面持ちでした。私たちの情報は、まさに干天の慈雨だったようで、大喜びされました。

それはさておき、この時立ち寄った米国ＮＲＣの関心は、１～３号機の事故情報もさることながら、専ら４号機ＳＦプールの健全性にありました。私が事故前日の３月10日に４号機の現場を見学した事実、ヘリコプターから撮影した映像にプールの水が存在していた事実を指摘し、４号機のＳＦプールには確実に水があると口頭で伝えたところ非常に安心されて、ＮＲＣのグレゴリー・ヤッコ委員長（当時）は外出先から一時戻られて、私たちの訪問に懇篤な謝意を表明してくださいました。この謝意と関連があるかどうかは分かりませんが、福島支援の米軍の「トモダチ作戦」が活発化したのは、３月25日からでした。

第二部　原子力安全向上と福島復興の論点

第一部では、福島第一原子力発電所事故の炉心溶融と水素爆発について考証してきました。**第二部**では原子炉から離れ、事故による地域への影響や事故原因である津波と全電源喪失を考証するとともに、今後の原子力安全の改善、向上などについて考察します。事実に基づいた検証を行っていますが、政策面などについては石川個人の思いも入っていることをお許しください。

第1章　放射能放出と住民避難

１．放射能放出による背景線量率上昇

図２・１・１を、まずご覧ください。これまで何度か引用した、発電所正門付近での放射線線量率の変化図です。**図１・２・４**と同じ図ですが、図中の書き込みが多少変わっています。なお、このモニターカーが配備されていた正門は、４基の発電所から約１キロメートル離れた西側にあります。

番号が振られた一つ一つの急激な放射線線量率の上昇は気にしないで、図全体を大きく見てください。**図２・１・１**が示す最も大切な特徴は、２度にわたる背景放射線線量率（以下は背景線量率）の増加にあります。

まず事故の起きた翌日の３月12日午前４時頃（番号①）、線量計の指示値が毎時約０・０７マイクロシーベルトから毎時約４マイクロシーベルトに上昇しています。次いで14日午後10時頃からほぼ１日間、２つの山を持つ放射能の大量放出⑧、⑨が続いた後、15日午後８時頃には毎時約３００マイクロシーベルトという非常に高い値になって落ち着いていることに気付きます。このように福島の放射能放出は、大きく分けて、２度にわたる背景線量率の上昇が特徴です。この背景線量率の変化がどのようにして起きたか、また周辺住民の避難とどう関係したか、これらが**本章**の題目です。

この背景線量率の変化を事故状況と比較しますと、12日から14日深夜までの最初の線量率上昇が１、３号機の炉心溶融による放射能放出に由来し、14日深夜以降の上昇が２号機からの放出にあることが分かります。

ところで、背景線量率という言葉を使いましたが、これはその場所での支配的線量率、いわばバック

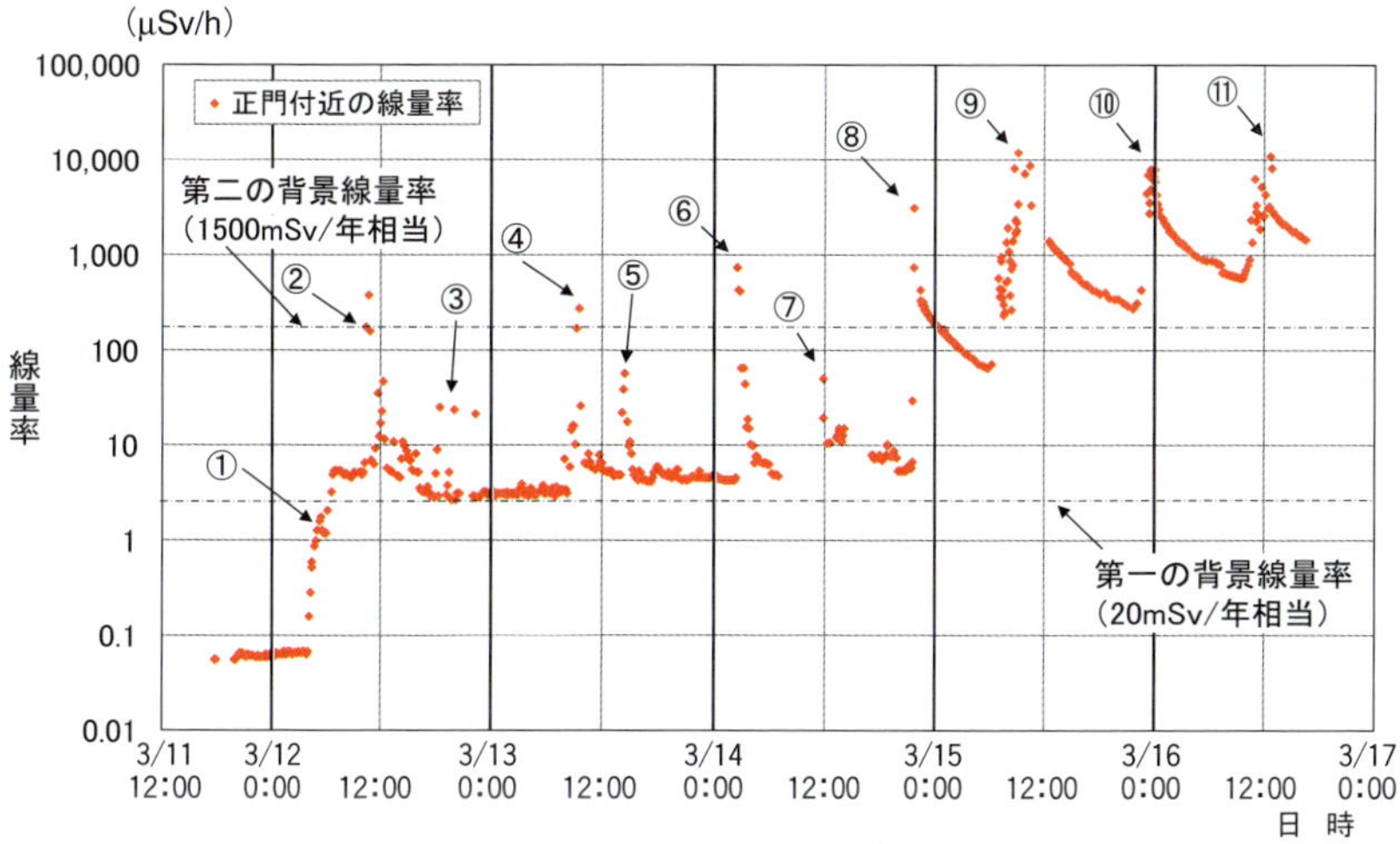

出典：東京電力『福島原子力事故調査報告書』より作成

図2.1.1　福島第一原子力発電所の正門付近での線量率の変化（測定値）

グラウンド線量率を示す新しい用語です。例えば、12日午前10時17分に起きている急激な線量率上昇②は、すぐに毎時4マイクロシーベルトにまで線量率が下がっていますが、この急激な放射能放出が落ち着いた先の毎時4マイクロシーベルトを、背景線量率という用語で表しました。背景線量率とは、いわば測定点付近の全体を代表する放射線線量率と考えてください。

番号を打った急激な放射線上昇は、**第一部第2章**での溶融、爆発の説明で一つ一つ述べてはありますが、**本章**でも全体を整理統合して**本節の末尾**に説明しておきます。

1・1　最初の背景線量率増加
——1、3号機からの放出放射能量

まず、12日午前4時頃から生じている背景線量率①の増大ですが、正直に言って、この理由は明確ではありませんでした。

実は**第一部第2章**では、この背景線量を1号機、3号機からのSCベントによる放射能放出と説明しましたが、これは正しくありません。複雑な炉心溶融、水素爆発についての説明に集中するために、参考に使うだけの放射能データについては正確な説明を避け、簡略に書いたのです。**第一部第2章**説明の複雑さを緩和するための方便です。ここで訂正しておきます。

では、これから背景線量率の増加①についての検討に移ります。背景線量率①が上昇した12日午前4時、1号機のSCベントはまだ開いていません。従って背景線量率が毎時4マイクロシーベルトに増加したのは、SCベントが原因であるわけがありません。SCベントが開いたのは12日午後2時半頃のことで、この時刻には格納容器圧力が急激に下がっていますから、ベントが開いたことに間違いはないのです。この圧力低下によって、消防ポンプからの海水が流れ込み、水素爆発に至った経緯は**第一部の第2章7節**で詳しく述べました。

では、午前4時に生じた線量率増加、これをもたらした放射能放出は何によって起きたのか、その理由が述べられていません。ただ、その時刻での作業といえばただ一つ、1号機の注水作業開始だけです。東電報告書から、その部分の記述を簡略化して引用します。

「12日午前3時30分頃、大物搬入口の防護扉の裏にあった送水口を発見。午前4時頃消防車に積載していた淡水を注入。現場の放射線量が高くなってきたため、注水作業を一時中断、………防火水槽から送水口間の連続注水ラインを構成して（消防車による）注水を継続した」（注）カッコ内、筆者追記現場の詳細が分かりませんが、大物搬入口の防護扉の裏で発見した送水口は、原子炉へ注水するための管ですから、原子炉と直結する配管であることに間違いありません。逆にいえば、原子炉から放射能が流れ出る配管でもあります。午前4時頃といえば、原子炉圧力（格納容器圧力）は約0・8メガパスカルありましたから、報告書の「現場の放射線上昇」は、この配管から放射能が漏れ出たのではないかと考えられます。

消防ポンプから注ぎ込まれた水は、送水管の内面を一杯に満たして流れたとは到底思えません。0・8メガパスカルという格納容器圧力は、消防ポンプの最大吐出圧力とほぼ同じですから、ポンプから注ぎ込まれた水は圧力容器のガス圧力とせめぎ合って、ある時は原子炉に水が入り、ある時はガスが流れ出るといったような一定しない流動状態にあったと想像できます。配管のシールが完全でなければ、そこから放射性ガスがわずかであっても漏れ出てきます。これが一つの見方です。

もう一つの見方があります。ホースが繋がれば、多少なりとも注水が原子炉に入ったに違いありません。とすれば、非常な高温になっている混合溶融物との間に、多少なりとも酸化反応が起きないはずはありません。この反応が原子炉状況、ひいては格納容器の状態を変えて、格納容器からの漏れが生じていたという説です。

この説には、一つの有力な証拠があります。12日午前8時半すぎに、発電所から7キロメートル離れた浪江町で測定された放射能から放射性テルル132が検出されたという情報です。テルル132の半減期は3・2日ですから、1号機の燃料から漏れ出たとしか考えられません。それが浪江町まで届いたとすると、放出源は地上ではなく、空高いスタック（煙突）からの放出が疑われます。
いずれが正しいのか、その答えは分かりません。読者の皆さんには、いずれにしろ1号機からの放射能の漏出と受け止めて貰ってよいのですが、実はこの辺りが、我々関係者は悩むところなのです。脳みそを絞って考え、口角泡を飛ばして論じるところなのです。いずれが正しいやら簡単に結論は出ませんので、議論はこれくらいで切り上げ、放射能の放出理由を「消防ポンプ注水作業に伴う状況変化」と、玉虫色の表現にして稿を進めます※。

ところで、もし以上の考察に間違いがないとすれば、我々は原子力安全にとって大変な宝物を、これまで知らずにゴミ箱に捨てていたことになります。それはＳＣベントの除染効率が非常に優れているという事実です。その効果は非常に大きく、もし2号機のベントさえ開いていれば、福島事故の放射能放出量は極端に減って、ＩＣＲＰの避難勧告線量以下の年間数ミリシーベルトだったであろうという事実です。

1号機では、ベントを開いた直後に線量率が急上昇③しましたが、それは背景線量率を増大させるほどの放射能量ではありませんでした。また、3月13日朝から14日昼頃にかけて3回にわたって放出された3号機のベントは（④、⑤、⑥）、格納容器の圧力低下の大きさから見ても（図1・2・15）、非常に大量の気体を放出したベントでした。それにも関わらず、背景線量率はほとんど増えていません。ほぼ毎時4マイクロシーベルトという背景線量率に変わりがないのです。このことは、消防車からの注水作業に伴って漏れ出た放射能量の大きさ①に比べて、ＳＣベントから出る放射能量が非常に小さいことを示しています。

ちょっと計算してみましょう。3回にわたる3号機のベントが毎時4マイクロシーベルトの背景線量率に戻るという事実は、ベントからの放射能が漏れ出る放射能よりも、少なくとも1桁くらい低くないと説明できません。いまこの値を借りて、10分の1低いとして話を進めます。1、3号機のベントから出る放射能の背景線量率は、計算上10分の1低い毎時0・4マイクロシーベルトとなります。これに対して2号機の、溶融炉心からの放射能による背景線量率は、毎時300マイクロシーベルトほどでした。両者を比較すると、SCベントによる放射能の除去効果、除染係数は約750となります。

この毎時0・4マイクロシーベルトという線量率は、平常時（毎時0・007マイクロシーベルト）の値のわずか数十倍にしかすぎません。750もの大きな除染係数を持つSCベントは十分に役立っていたのです。

この問題に関する詳しい検討は、後学に譲りたいと思います。しかし、BWRのSCベントが極めて有効であったという事実は、お分かりいただけたことでしょう。現設計の格納容器のSCベントがこの

※　本稿の最終仕上げを行っていた2013年12月13日、東京電力から海水注入状況についての新しい発表がありました。海水ポンプの注入口から原子炉に注水する配管には分岐管がいくつかあって、その中のいくつかはタービン建屋に開口部があったとのことです。とすればホースを接続するための繋ぎ目のシールを問題にする必要はなく、原子炉へ注水するための配管を通じて、原子炉からの放射能はタービン建屋に漏れ出ます。口角泡を飛ばした議論は両者とも成立するわけです。この東京電力の発表は、本稿にとって非常に有力な後押しとなりました。

従ってこの発表による考証結果への影響は、傍証となるところはあっても、改訂すべきところはありません。

程度有効であれば、ＢＷＲにフィルターベントを付加して敷設することは重複であり、不必要です。むしろ、現設計の改良により除去効果の改善を行うのが良いでしょう。安全設備の不必要な重複は、逆効果を生むことがあるからです。

現設計のＳＣベントが極めて有効であることは、今後の原子力安全にとって一大朗報です。何故ならば、今後起きるかも知れない緊急事態では、格納容器隔離に伴って積極的にＳＣベントを開くことが可能になります。ＳＣベントは放射能災害を防ぐ上で非常に有効です。

翻って考えれば、事故発生直後に官邸でベント開放の許可を取るのに汲々《きゅうきゅう》とした人達が、情けなくもあり、また気の毒でもあります。

原子炉建屋の爆発に伴って放出された放射線量率は（1号機②〜③の間、3号機⑦）それほど大きくありませんでした。もし爆発によって格納容器に損傷が起きていれば、そこから放射能が直接漏れ出して、背景線量率は大きく上昇したはずですが、**図2・1・1**の放射線量率の記録からはその兆候は認められません。格納容器の気密性は爆発によって損なわれなかったと言えます。

建屋の5階だけが壊れた1号機で、爆発による影響がなかったのは当然ですが、1階から根こそぎ破壊された3号機の爆発でも、爆発後の線量率に増大は見られません。このことは、格納容器の造りが良かったという話だけではなく、私には、何か幸運を感じます。

何故なら3号機の場合は、爆発前に、建屋1階にある格納容器機器搬入ハッチから水素が漏れ出ていた可能性が濃厚です（**第一部第2章6節参照**）。もし爆発が1階で起きていたならば、この衝撃で扉が変形し、格納容器からの漏れが発生してもおかしくはなかったのです。

爆心点が高かったことが、この幸運を呼びました。最初の爆発が5階で生じ、下に伝播して次の爆発が起きたために1階が爆心点となることを免れたのです。爆心点が下にずれていれば、放出放射能量も、線量率も、大きく変わっていたかも知れません。こういった検討も、後学に委ねたいと思います。

1・2 2度目の背景線量率増加——2号機からの放出放射能量

毎時4マイクロシーベルトであった背景線量率に大きな変化が生じたのは14日午後10時頃、2号機からの放射能放出が始まってからです。2号機でもベントを開くことを試みたのですが、ベントが開かず、格納容器の内圧が上昇して、溶融炉心の放射能が直接外界に漏れ出ました。これは非常に濃い、大量の放射能放出でした。ベントが開かなかった理由は、ベント管内に差し挟まれていた破裂板（ラプチャーディスク）が破れなかったためといわれています。

非常時に使用されるベントとは、格納容器に溜まった放射性物質を含む気体を、大気に放出する装置とその操作を指します。従ってベントは格納容器に溜まった放射能を閉じ込め、外部に放出させないという格納容器の役割とは全く相反する目的で設置されていることになります。1つの装置で、目的が相反する操作を行わせる、これは論理的に矛盾していますが、ベントは過酷事故対策として必須であるので後から取り付けるのは仕方ないと、目をつぶった装置、との解釈で許可されたものです。

この矛盾についての指摘や議論は当然ありました。このことは第2部第3章で触れますが、安全思想の進化がもたらした安全上の変化によります。しかし誰一人として、矛盾が持つ問題点を指摘した人は、残念ながら福島事故が発生するまでいませんでした。これが人間の限界なのかも知れません。

ところで格納容器では、放射能閉じ込めの目的達成のために格納容器を貫く配管には必ず貫通部の前後に隔離弁を配して、管の破れや漏れに備えています。前後に弁を配するのは、一つの弁が故障しても、もう一つの弁が働いて漏れるのを防ぐからです。

格納容器は放射能を外部に出さない最後の防壁ですから、その気密性については極めて高い要求が課せられています。検査もまた厳格です。このためでしょうか、非常時にしか使用しないベント管には、二重の隔離弁だけではなく破裂板を置いて、さらなる漏洩対策を期したものと推察されます。

破裂板は、一定の圧力がかかれば破れるよう設計されています。1、3号機では設計通り破れました。ところが残念なことに、2号機では破れなかったのです。破裂板の破裂失敗には、取り付けの失敗が多いといわれています。

後悔先に立たずですが、いやしくもベントは安全装置ですから、破裂板を置くならば万一の失敗を考えて、外力で破れる工夫を凝らしておくべきでした。この注意が不足していました。これは設計ミスです。

破裂板が破れなかったため、14日午後10時頃の2号機の格納容器圧力は炉心溶融に伴う水素ガスの発生によって、0・8メガパスカル近くにまで上昇しました。この圧力上昇は、格納容器上蓋のみならず、その上にあるコンクリート製の遮蔽プラグも持ち上げて、その隙間から大量の水素ガスを燃料交換フロアに吹き出しました。1、3号機は、この水素ガスで爆発を起こしました。

ところが2号機では、1号機の爆発の衝撃によって、原子炉建屋の壁の一部にあるブローアウトパネルが外れていました。水素ガスはそこから、プルーム（煙のように集合した気体流）となって外界に流出しました（**図1・2・28参照**）。その結果、原子炉建屋は爆発を免れましたが、格納容器の放射能が直接漏れ出して、背景線量の増加を招き、ひいては近隣住民の避難を引き起こしました。

その後も2号機の水素ガスの発生は続き、15日午前6時頃、過圧に耐えかねた格納容器のどこかに破損が起きたといわれています。ちなみに、格納容器の設計圧力は約０・４メガパスカルほどです。この破損により格納容器圧力は急速に下がり始め、午後12時頃には０・１５メガパスカル程度にまで低下しています（**図1・2・11**）。格納容器の破損は間違いないことでしょう。

以上の格納容器圧力の変化に対応して、放射能の放出状況も変化しています。その第1陣が、14日午後10時頃のブローアウトパネルからの水素ガスの吹き出しです（**図2・1・1の⑧**）。この水素ガスは炉心溶融によって発生したものですから、付随して出てきた放射能もまた直接炉心から来た濃い放射能です。1、3号機の放射能のように、ＳＣの貯水による除染は受けていません。濃度の高い放射能が直接外界に放出されたのです。これが福島での、第二の背景線量率の上昇理由です。

ブローアウトパネルから外に出た放射能⑧は、拡散しながら風に流されて、その一部が正門付近に達したものと考えられます。**図2・1・1**から、測定線量率値が一時的に毎時４０００マイクロシーベルトに上昇していたことが分かります。この高い線量率は、数時間後には毎時１００マイクロシーベルトにまで減少していますが、翌15日午前6時頃に起きた格納容器の破損によって放射能の再流出が起き⑨、その線量率は最大毎時1万マイクロシーベルト余を記録しました。

毎時1万マイクロシーベルト、昔風にいえば毎時1レントゲンに相当する空間線量率ですから、これは高い放射線量です。発電所周辺住民の避難は必至となりました。この線量率の上昇⑨は――⑧も似ていますが――これまでの一時的なスパイク状の線量上昇とは違って、**図2・1・1**が示すように、背景線量に戻るまでの少なくとも数時間、放射能放出が継続しています。

2号機の放射能放出をまとめると、最初の線量上昇は、14日午後10時頃の炉心溶融に伴う水素ガスの大量発生によって起きた、ブローアウトパネルからの放出です。2度目の15日朝の上昇は、格納容器の損傷部分からの放出と考えられ、長時間の放出が続いています。ともに溶融炉心から直接出てきた放射能だけに線量は高く、背景線量率は毎時約300マイクロシーベルトもの高い値を保持し続けました。

爆発をしなかったことは2号機にとっては幸運でしたが、溶融炉心の放射能が直接大気中に放出され、近隣に重篤な放射能汚染を引き起こしたのは不幸でした。住民避難を引き起こした福島の放射能災害は、2号機からの放射能と考えられます。

図2・1・1には、これまで述べた①、⑧、⑨の放射能放出の他に、番号②から⑦までの、6回の放射線急上昇が測定されています。

では、その一つ一つについて復習をしておきましょう。

②の上昇は（**図2・1・1**）、東電報告書にあるベント実施によって起きた線量率の上昇です。

③は、1号機の海水注入に伴う放射能放出の影響と思われます。
④、⑤は、3号機ベントによるものでしょう。
⑥は、3号機ベントと書かれていますが、ベントの実施時間より早く線量計の指示が上昇しています。この理由は不明です。1号機からの放出も疑われますが、この詳細は分かりません。
⑦は3号機原子力建屋の爆発による上昇です。
以上で、事故時の背景線量並びに放射線量率の急上昇についての説明はこの程度で終えます。

2. 緊急時避難

3月15日に測定された毎時300マイクロシーベルトの背景線量率は、軽水炉における炉心溶融事故時の、最高値に近い値ではないかと私は考えています。気象条件などを補正しておけば、将来の安全に、設計に、役立つと思います。最高値に近いと考える理由は、測定点が溶融炉心からわずか1キロメートルという近い位置であり、かつ放出された放射能が格納容器から直接放出されたものだからです。

加えて、当時の気象条件が非常に温和であったことによります。

11日から15日昼頃まで、大震災が起きてから4号機の爆発が終わるまでの間は、福島発電所近辺の気象は非常に温和で、穏やかな微風が東向きに（海に向かっての風）吹いていたといいます。風が変わって、西向きの風（山に向かっての風）が強くなったのは15日の昼すぎからです。

ベントを通った1、3号機の排気は、高いスタックから放出されますので風の影響を強く受けます。しかし2号機の排気は背の低い原子炉建屋からの漏洩ですから、風の影響は比較的受けにくいのですが、気候が温和であることはさらにその影響が少なく、放射能が風で吹き飛ばされることなく放出地点近辺に長時間滞在することを意味します。従って、地上に落下した放射能も多く、測定される線量もまた高いということになります。福島事故で測定された放射能汚染が、最高値とは言えなくてもそれに近いと考えた理由は、以上の事実からです。

余談になりますが放射能による汚染状況は、風向き、風速、原子炉からの距離などによって変わります。また大気中に漂っている途中で、運悪く雨に出合ったりしますと、落下して局所的な高汚染地域を作ります。具体例を挙げますと、チェルノブイリ事故でのゴメリー地方などはその典型的な例で、発電所から１２０〜２００キロメートルも離れている場所なのに、事故の避難領域30キロメートル圏に匹敵するほどの高い放射能が雨により落下し、高い汚染領域が地域の中に点々とスポット状に存在していいます（**図２・１・２参照**）。このように放射能汚染は、気象条件によって大きく支配されることもあります。

ここでもう一度、**図２・１・１**を見てください。12日午前4時頃からの正門付近での背景線量率の上昇毎時4マイクロシーベルトは、年間線量に直すと約20ミリシーベルトとなります［**備考注釈２・１**］。住宅地ではその10分の1ですから、この住宅地での値は国際放射線防護委員会（ＩＣＲＰ）が日本政府に勧告してきた緊急時避難線量20〜１００ミリシーベルトに比較して十分低く、従って緊急避難を必要とする線量とはいえません。

次に、14日午後10時頃からの第二の線量率の上昇⑨後に測定された毎時約３００マイクロシーベルトの背景線量は、年間線量に直すと１５００ミリシーベルトです。住宅地の線量は正門付近と比べるとその10分の１ですから１５０ミリシーベルトとなります。この値は緊急避難を発動する線量を超えています。つまり、ＩＣＲＰ勧告に従えば、14日深夜までは住民避難の必要はなかったのです。

ところが、日本政府は震災の当日である3月11日に、何の前触れもなく突然深夜の住民避難を強行しました。避難した住民は、何の準備をする余裕もなくただバスに乗せられて、行く先も定かでない避難だったと聞きます。国会事故調によれば、病院の入院患者や介護施設にいた方のうち、少なくとも60名に上る人達がこの緊急避難によって亡くなられました。明確な根拠なしに緊急避難を強行した政府の責任は重いといえます。

2・1 ＩＣＲＰの避難勧告線量

ＩＣＲＰが日本政府に勧告してきた緊急避難線量は、年間20〜１００ミリシーベルトでした。この勧告は２００７年にＩＣＲＰが定めたものですが、日本政府が批准をしていなかったため、福島事故を支援する目的でＩＣＲＰが再度勧告してくれたのです。

勧告値の年20〜１００ミリシーベルトは、随分と大きな開きのある数値です。上限値の１００ミリシーベルトは人体に影響がない値として、ＩＣＲＰが科学的に判断した数値です。下限値の20ミリシーベルトですが、こういった数値は、何らかの必要に迫られて検討の終了前に使用したい国が、先行使用した数値などが多いのです。20ミリシーベルトが使われたのは、チェルノブイリ事故の補償をめぐってのロシア、ウクライナ間の外交交渉による協定といいますから、学問的な数値とは言えません。

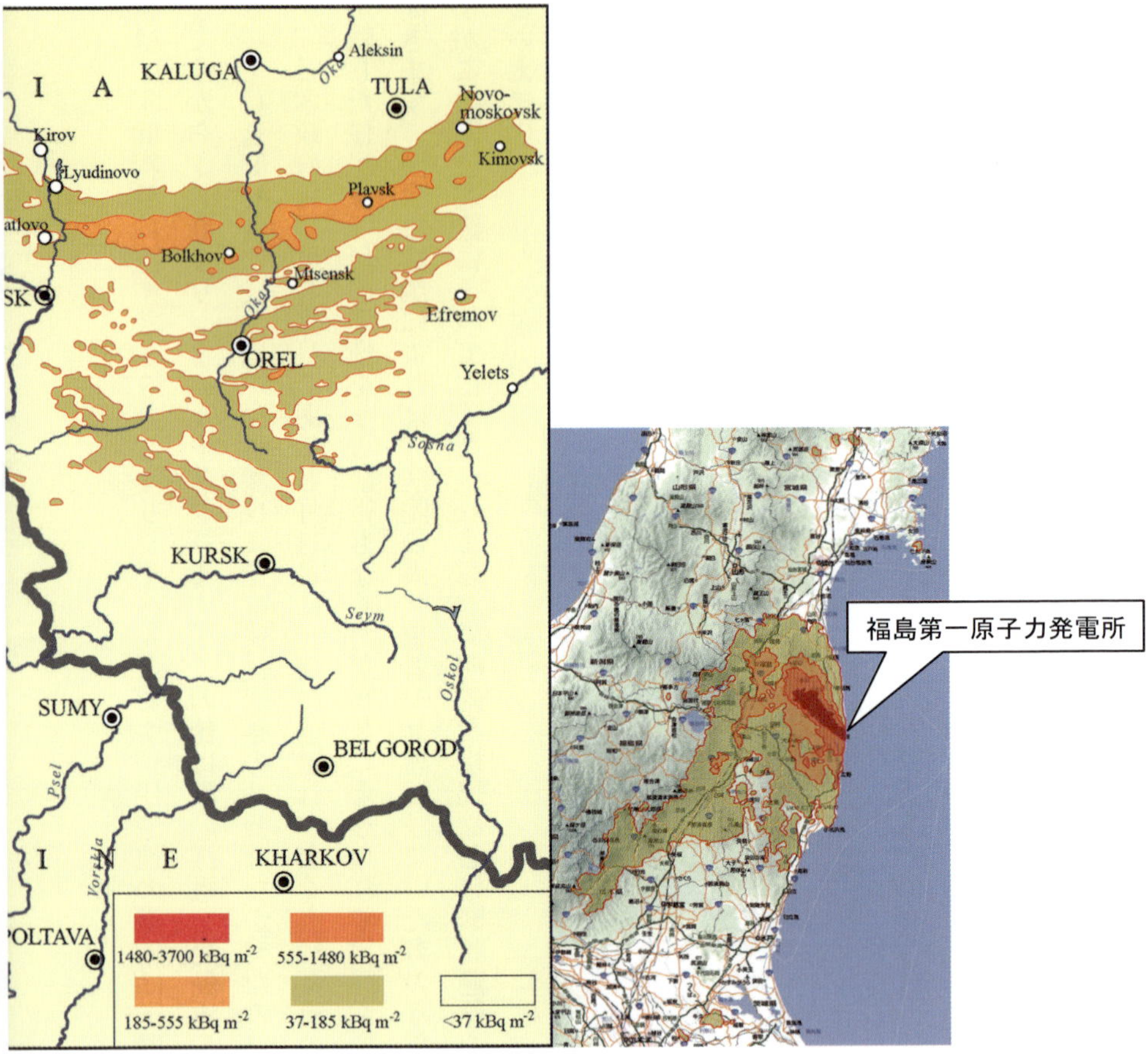

のデータに基づく。

福島の汚染区域の比較図

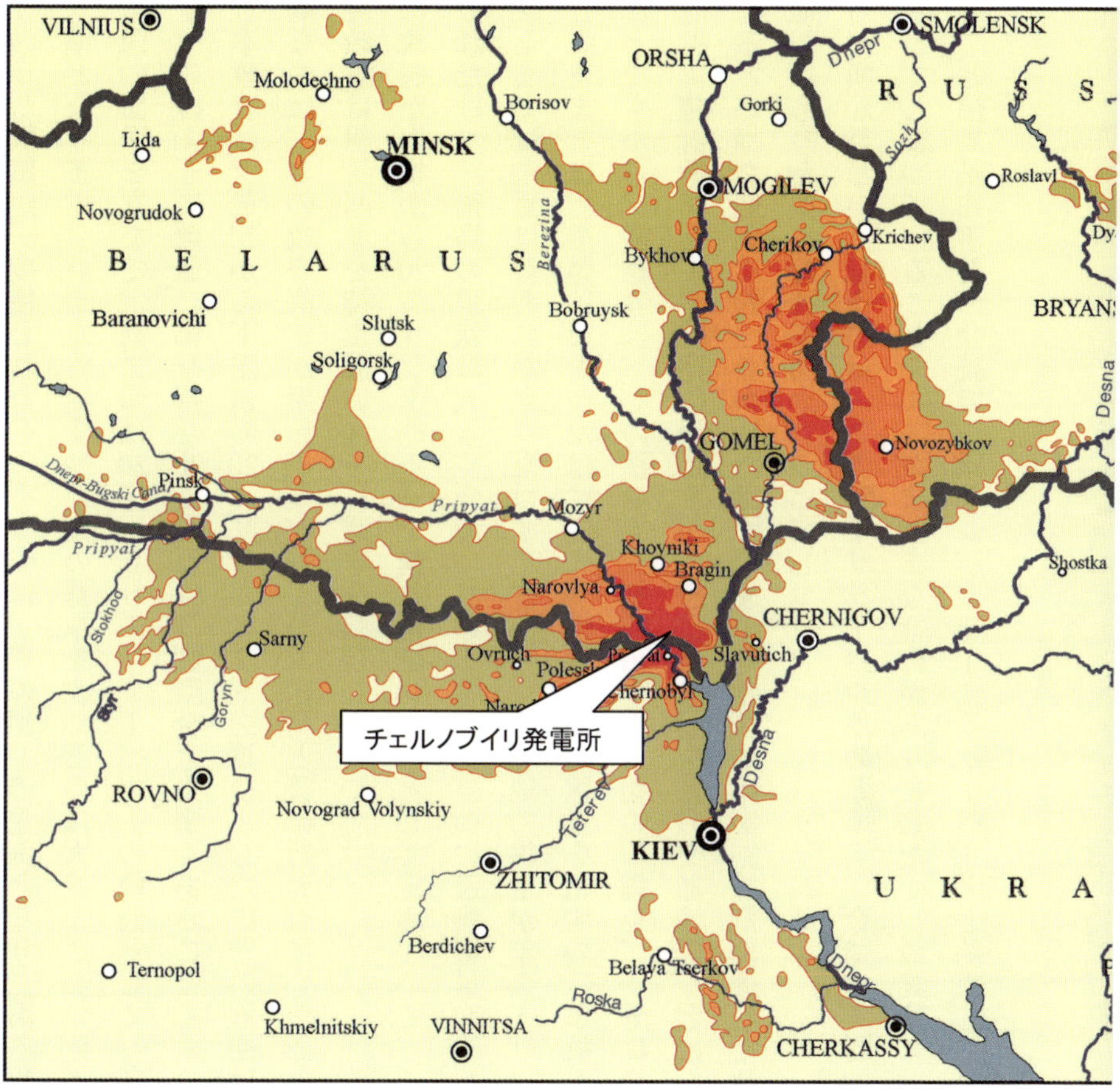

ウクライナの汚染は、 http://www-pub.iaea.org/mtcd/publications/pdf/pub1239_web.pdf
福島の汚染は、 http://www.pref.ibaraki.jp/important/20110311eq/20110830_01/files/20110830_01a.pdf

図2.1.2　チェルノブイリと

ただこういった数値が一度使われると、その値は、その国での先例となり、ある程度の重みをもって社会的な基準となります。いったん定まった国の基準を改めるのは大変なことですから、このような場合先行使用国の面子を立てて、勧告値は20～１００ミリシーベルトの範囲として、各国の自由裁量とさせるのです。このように数値に幅を持たせることは、国際合意上よくあることです。

しかし日本政府は、最初から下限値の20ミリシーベルトを選びました。その理由はよく分かりません。より不可解なのは、この政府決定が緊急避難が終了したずっと後に行われていることです。

事故当時政府は線量基準を持たないままに避難を強行したのです。

もし仮に政府が当初から20ミリシーベルトを緊急避難レベルとして定めていて、それを実行したのであれば、それだけで、福島の現状は大きく変わっていました。事前に避難線量レベルがあれば、そのレベルに達するまでは避難は行われなかったはずですから。住宅地の線量が年2ミリシーベルト程度だった3月14日深夜までは、避難はなかったはずです。線量が避難線量を超すのは事故から3日以上も経ってからのことですから、避難者は、心の準備も、持ち出す手荷物の準備も、十分にできていたことでしょう。政府も実施計画を立てる時間的ゆとりができ、避難途中での交通渋滞などはなく、お年寄りが疲れて亡くなるといった悲劇は起きなかったはずです。避難区域は実施線量に達した地域に限られますから、避難範囲はもっと狭い範囲であったことでしょう。

私がさらに嘆かわしいと思うのは、この20ミリシーベルトの基準も、今では実質的に1ミリシーベルトまで下がってしまっていることです。さまざまな経緯がありましたが、最終的に、細野豪志原発担当大臣（当時）と福島県知事との会談で、除染レベルを1ミリシーベルトと約束したために、避難住民の帰郷が心理的に1ミリシーベルトになってしまいました。事故当時の菅政権の失政が発端ですが、事故からもう7年経ちます。そろそろ冷静に、科学的に、物事を判断してよい時と思います。

2・2　避難生活

今日の日本では、緊急時避難は人道的な善行であるかのように受け止められています。少しでも早く、危険から遠ざかることができると捉えられているからです。

しかし避難は1日ですが、避難先での生活は毎日です。災害のショックが和らぎ、気分が落ちついて来ると、行く先のない、将来の希望が持てない日が、際限もなく続くのが避難生活です。私は戦争中に親から切り離されて、半強制的な学童疎開を経験したことがありますので、避難生活の苦しさ辛さは身をもって体験しています。

福島県同様に、東日本大震災によって津波被害を受けた宮城県、岩手県の人達は、一時の避難先から既に地元に帰って、故郷復興の夢を実現するために働いています。その表情には明るい笑顔があります。**図2・1・3**は、震災から半年後の9月、石巻の食堂で見た詩です。生き残った喜びを、素直に、直截に詠っています。良い詩だなと思って、写しを貰ってきました。懸命に生きて、将来に向かって進んでいく力を、希望を、よく表現している詩ではありませんか。これが大震災を生き残った喜びでしょう。戦時の学童集団疎開から帰宅できた時の私の喜びが、同じでした。

非常に書きにくいのですが、私の目から見ると、同じ東日本大震災に遭いながら、石巻と福島では、

図2.1.3　南久美子作『応援してるよ！』(石巻市ギャラリー　カフェ・ヌーン所蔵)

人々の気持ちの持ちかたが大きく違ってしまっているようです。

福島の人たちは、避難先から帰りたい人と、帰りたくない人に分かれていると聞きます。避難を強制された人は１ミリシーベルトの約束が足枷となって、帰宅したくても帰宅できない、帰郷したくても帰郷できないという、やるかたない思いをされている方々も多いと聞きます。そして、それが原子力や東京電力に対する憎しみになってしまうことは、ある意味、仕方ないことだと思います。

しかし、もし、希望が持てない理由が帰宅できないことであり、帰宅を躊躇している原因が放射線量であるとするならば、今こそ冷静に放射線を勉強していただくチャンスと思うのです。

私は、これまで約60年近く原子力の現

場で働いてきました。放射線下の作業も、色々と携わってきました。発電所の運転保守作業だけでなく、廃炉工事も手がけましたし、研究では燃料棒の溶融、破損の実験もしてきました。チェルノブイリの石棺の中にも入って、事故の跡をつぶさに見学しました。普通の人以上に放射線を浴び、放射性物質を体内に取り入れています。今年80歳となりますが、それでもまったく健康です。

その体験を基に、個人的感想を述べておきます。福島の放射線レベルは、発電所周辺の汚染の高い地域を除いて、人体に有害とは考えられません。帰宅されたい人は、一日も早く帰宅されるのがよいと思います。

確かに事故は起きてしまいました。過去は変えられないけれども、未来は希望が作るもの、希望が作りだすものです。放射線の健康影響を冷静に捉え、未来に望みを抱いて行動することが、福島の復興にも、心を含めた健康の増進にも、より大きく繋がると確信しています。

〔備考注釈2・1〕　空間線量率と年間被曝線量について

1日は24時間、1年は365日です。空間線量率から年間被曝線量への換算時には、これらを掛け合わせますが、①1日のうち8時間を屋外、残りの16時間を屋内で過ごす、②屋内では線量が10分の4に低減する――と想定しています。

例えば、空間線量率が毎時1マイクロシーベルトであれば、年間の被曝線量は5ミリシーベルトと評価しています。

3. 放射能放出と汚染

では、福島事故による放射能汚染の広がりはどのくらいでしょうか。

図2・1・2は、チェルノブイリ事故の汚染区域と福島のそれを、同じ尺度で比較した図です。正しくいえば、チェルノブイリの汚染領域はもっと広いのですが、広すぎて紙面に収まりません。また、チェルノブイリの汚染地図は事故から約5年後のものですが、福島のそれは1年後のものです。比較することにあまり意味はありませんが、感覚的に汚染の広がりを知る上では有益です。汚染領域の広さが大違いであることが一目で分かります。次に放出された放射能量ですが、ひと口にチェルノブイリは福島の7倍といわれています。それでよいのですが、溶融を起こした原子炉の出力は、チェルノブイリが１基約１００万キロワットに対し、福島が3基総計約２００万キロワットと約2倍の差があります。出力当たりの放射能放出でいえば、福島はチェルノブイリの15分の１程度になります。

この大きな差が生じた理由は、山の多い日本の地形や事故当時の風向きなどの自然条件の差にも関係しますが、より大きな理由として、原子炉の型式の差があります。チェルノブイリ事故の場合は、火災が発生し、空高く放射能を舞い上がらせたこと、並びに放射能の拡散を遮る格納容器がなかったこと、この2つが放射能の広域拡散を招いた致命的な原因です。本書の目的から少し離れますが、チェルノブイリの放射能の放出状況について記しておきましょう。各自で、福島の現状と比較してください。

3・1　チェルノブイリ事故での放射能放出

チェルノブイリの炉心は、直径約11・８メートル、高さ約7メートルの黒鉛の塊の中に、直径約10センチメートルの穴が1700本ほど通っていて、その中にジルカロイ（正確にはジルコニウムニオブ）でできた冷却水管が通っていて、そこに18本の燃料棒が入っています。これが炉心構造です（**図2・1・4**）。炉心の外側は薄い鉄板で覆われていますが、さらにその外側に分厚いコンクリート製の円筒の囲いがあり、これが軽水炉の圧力容器の役目を果たしています。

この原子炉に爆発、火災が起きたのがチェルノブイリ事故ですが、この経緯は非常に長いので、拙著『原子炉の暴走』に譲ることとします。

チェルノブイリ事故を考える時は、30年前まではどこの家庭でも暖房に使っていた練炭を思い起こして貰えるとよく分かります。練炭は石炭の粉を、直径、高さともに15センチメートル程度の円筒形に固めたもので、その中に直径1センチメートルほどの孔が縦に12個通っていたと覚えています。大きさこそ違いますが、チェルノブイリ炉心は円筒形の黒鉛の塊に沢山の孔が開いている練炭と、形がそっくりなのです。おまけに、炉心材料の黒鉛は非常に純度の高い炭素ですから、材料的にも練炭と同じといって差し支えありません。チェルノブイリ炉は大きな練炭と考えてよいのです。

チェルノブイリ炉は、10日間にわたって放射能放出が続きました。その様子は、**図2・1・5**に示すように、初日に比較的大量の放射能が放出された後、放出はいったん減少しますが、7日目頃から、再び線量が上昇に転じるという、非常に奇妙な放出経過を辿っています。事故直後の放射能散出状況は、大量放出、炉心火災による放出、燃料溶融による放出の、3つに分かれます。

チェルノブイリ事故は、原子炉の暴走、爆発に引き続いて、翌日から炉心黒鉛の火災に移りました。米国の衛星写真に写し出された真っ赤に焼けた炉心が、まだ私の記憶には残っています。

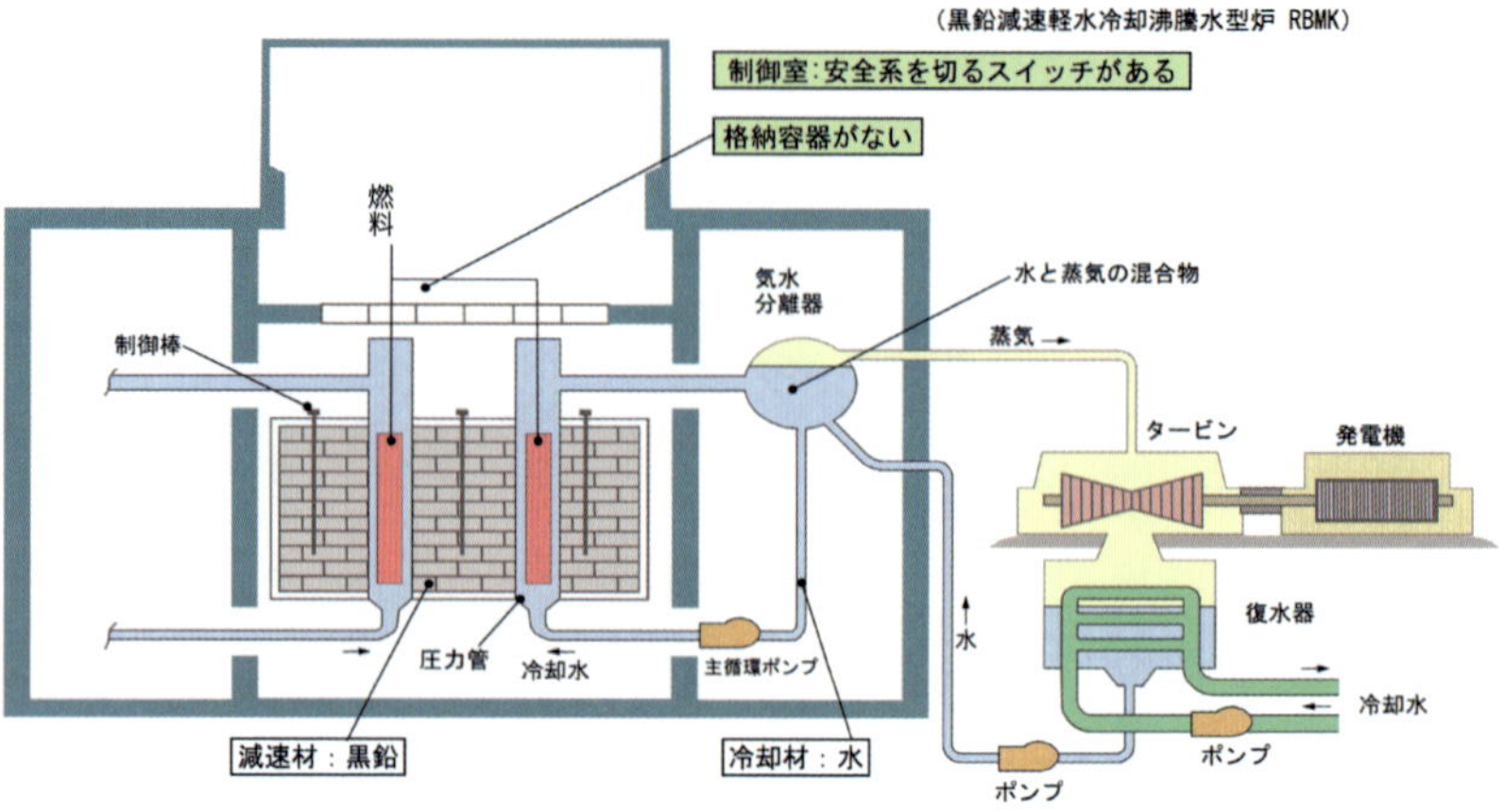

出典：資源エネルギー庁パンフレット

図2.1.4　チェルノブイリ原子力発電所の構造

事故直後の放射能放出は、事故原因が反応度事故という、極端に大きい発熱が瞬間的に炉心に起きる事故だったので、燃料の二酸化ウランが溶融、一部が蒸発して気体となって出ていきました。そのため、燃料棒中に存在する放射能が、爆発に伴って原子炉の外へ飛び散り、一部の燃料棒からも拡散されました。短い半減期の放射能までも勘定に入れてのことですが、事故直後に放出された放射能量は大量でした。

最初に放出された放射能の核種は、燃料のギャップに溜まっていた希ガスなどの気体放射能が主体ですが、中にはプルトニウムのように3000℃近い溶融点を持つ放射能も混じっていました。これが反応度事故の特徴です。ただこの放射能放出による汚染は、ごく原子炉近傍に限られていました。

2日目からの放出は、炉心を構成する黒鉛の火災によって気化した放射能です。この放射能が、火災の煙に伴われて広く北半球全体に広がって放散された放射能です。事故から5時間くらい経った当日の朝、発電所から5

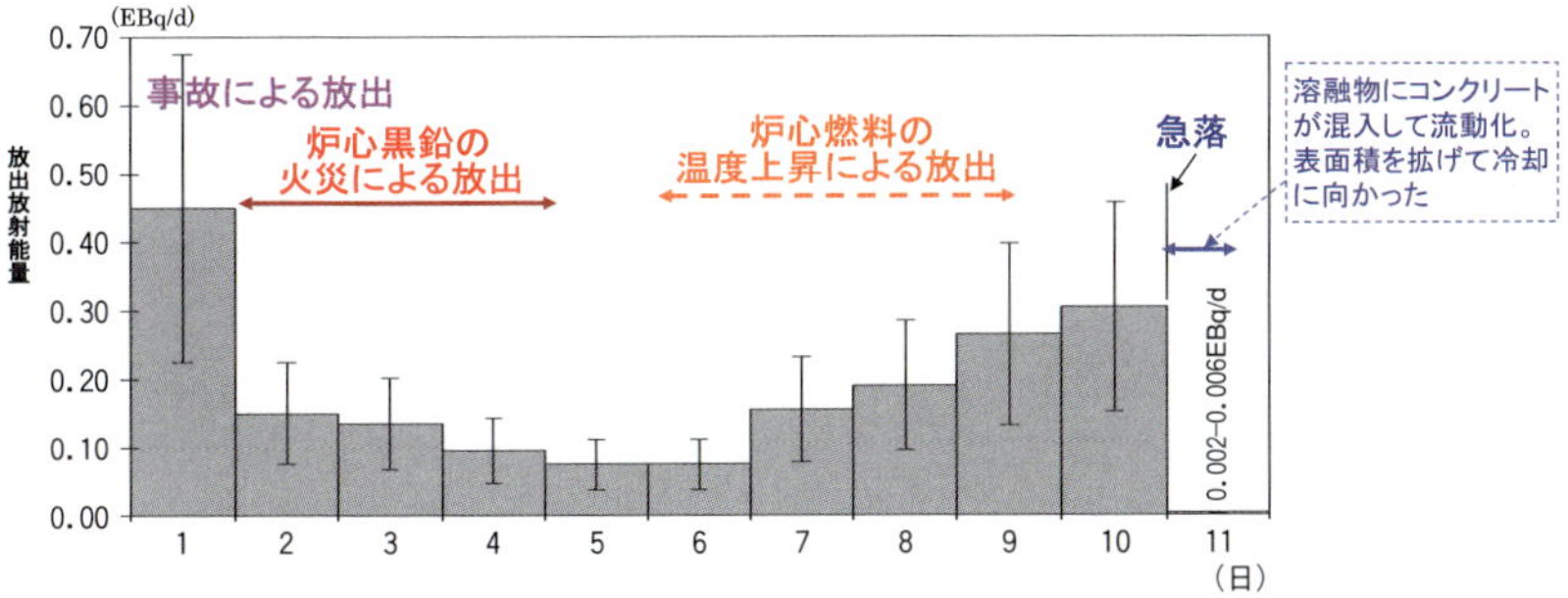

出典：IAEAチェルノブイリ環境専門家グループ報告書より作成

図2.1.5　事故後10日間のチェルノブイリ炉からの放射能放出量の変化

キロメートルほど離れているプリピャチ市の子供達は、外に出て発電所の上に煙がうっすら立ち上っているのを眺めたといいます。この煙は、爆発によって飛び散った燃料棒が起こしたタービン建屋火災の名残です。その時刻、炉心黒鉛は火種が着火したばかりで、まだ黒鉛火災とは呼べないほど小さなものでした。練炭を熾《おこ》す時に火の付いた消し炭を使いますが、その消し炭の火が付いたくらいの状態でした。従って、外で遊んでいても平気でした。プリピャチまで届いた放射能量も少量でした。プリピャチの人達は皆、事故は終わったと思っていたのです。

その夜住民は、発電所の上部が桃色に染まるのを見ました。不思議に思っていたところ、翌日昼になって放射線量が急上昇して緊急避難となりました。

練炭が着火するには、消し炭で暖められた空気が練炭の穴を通って、練炭全体を７００℃くらいまで上昇させれば着火し、自己燃焼が始まるといいます。同様のプロセスで、チェルノブイリの炉心黒鉛に自己燃焼が始まると、１７００本の穴を通る上昇気流が増え遠方にまで広がります。プリピャチ市の放射能レベルが急に高まって緊急避難に至ったのはこのためです。4月26日の夜空を染めた桃色の光は、炉心火災が始まった時の炎の色だったのでしょう。

チェルノブイリの炉心を構成する黒鉛全体が、少なくとも１２００℃になったといわれています。１５００℃という人もいます。巨大な練炭で熱せられた二酸化炭素の高温プルームが、爆発によって壊れた天井を突き抜けて大空に舞い上がったのです。

このチェルノブイリの放射能は、ジェット気流に運ばれて、予想より早く北半球の各地に到達したといわれています。記憶に間違いがなければ、事故後5日目には北海道に届きました。放射能が火災のプルームに乗って上空高く吹き上げられ、５０００メートルから1万メートルもの上空を流れるジェット気流に乗って、北半球の各地に運ばれたのです。想像を絶する凄いプルームです。

この炉心火災によって、沸点１２００℃以下の放射能は気化して、火災プルームに乗って世界各地に放散されました。逆に、沸点がそれ以上の放射能は火災によって冷やされて、ペレットの中に温存されたということになります。

火災によって冷やされるとは、人を馬鹿にしたような奇妙な表現ですが、事実なのです。融点２８８０℃の燃料ペレット（二酸化ウラン）からみれば、１２００℃の火災などは冷たい水と変わらない低い温度といえます。チェルノブイリの燃料棒は、炉心火災の最中、火災が作る二酸化炭素の流れによって冷やされていたのです。練炭が燃焼して上部から灰になっていくように、黒鉛の燃焼は上の方から昇華していきますので、時間とともに炉心の背丈は短くなります。それに伴って、出て行く放射能量も減少していったのです。

その証拠に、炉心黒鉛の上に斜めに落下した巨大な原子炉の遮蔽プラグは、初めのうちは斜め横だったのですが、黒鉛の燃焼に従って斜度を増し、垂直倒立に近い格好になったのです。遮蔽プラグは、爆発により空中で宙返りして炉心黒鉛の上に落下しました。遮蔽プラグの着地点（荷重の作用点）である炉心黒鉛は、燃焼に連れて背が低くなっていきますので、着地点もまた下降し、結果として遮蔽プラグは垂直に近い角度となってしまったのです（**図1・2・20**）。

図2・1・5が示す放射能の放出量低下は、燃焼により炉心黒鉛が減ったために起きた現象です。事故後5日目から6日目（4月30日から5月1日）にかけて放出量が少なくなっていますが、この頃が黒鉛火災の終了点です。炉心の黒鉛は完全に燃焼（昇華）しきったのです。この時点で火災による空気の動きが止まります。原子炉を囲っている巨大な円筒形のコンクリート遮蔽壁の中で、燃料棒を冷やす空気の流れが止まったのです。崩壊熱を持つ燃料棒は、嫌でも温度上昇せざるを得ません。この温度上昇による放射能放出が、3番目の放出です。

ところでチェルノブイリ燃料の長さは約7メートルあります。黒鉛が燃えて無くなれば、ひょろ長い燃料棒を支えてくれるものはありません。燃料棒は当然崩れ落ちます。おそらく、火災の途中から崩れ落ちていたことでしょう。

座屈したり、もたれ合ったりしながら、燃料棒は円筒形のコンクリート遮蔽床の底に、最終的には横たわったことでしょう。火災による放熱が失われると、この崩れた燃料棒集団の温度はぐんぐんと上昇して、最終的には溶融しました。この温度が火災温度であった１２００℃を超えた時、放射能の再放出が始まります。これまで燃料棒内に温存されていた沸点の高い放射能が次々と気化して、円筒形のコンクリート遮蔽壁の外に出たところで外気に冷やされて固化して、原子炉の周辺に落下したことでしょう。

風に流されて遠方にまで運ばれたものもあったでしょう。これが6日目以降の放出状況です。6日目以降に、再び放射能放出が増加しているのは、崩壊した燃料棒の温度が上昇していることの現れです。

ところで、この放射能の放出は10日目でぴたっと終わっています。「急落」との表現の記載があるだけでその理由は書かれていませんが、恐らく、温度上昇が混合溶融物の融点二千数百℃近傍に到達して、燃料棒の溶融液化が始まったためでしょう。溶融点に達した固体が溶融し液化するまでには大量の潜熱を必要とします。その間の温度は一定ですから、放射能の放出はお休みとなります。これが10日目以降の「急落」の理由と考えます。加えて、液化した混合溶融物が下部のコンクリート遮蔽床を溶かすことによって融点が低下したことによると思われます。チェルノブイリ炉の底となる円盤状の遮蔽盤（遮蔽プラグ）は、約4分の1象限にわたって溶けて貫通しています。

ご覧になったように、チェルノブイリの放射能放出は、事故直後の大量放出、火災プルームによって広く世界中に放射能をばらまいた2番目の放出、沸点の高い放射能が出てきた3番目の放出に分かれています。このように放出形態が事故状況によって明確に分かれたのは、チェルノブイリ型炉が格納容器という放射能の閉じ込め施設を持たないからでもあります。

3・2　福島の放射能放出

福島事故での放射能放出は、事故翌朝の12日午前4時、1号機冷却のための消防ポンプ注水作業に伴う漏れにより始まりました。その漏れは比較的小さく、毎時4マイクロシーベルトほど背景線量率を高める程度のものでした。その後に、1号機と3号機からのベントが開いて、格納容器に溜まった溶融炉心の放射能をスタックから放出しましたが、背景線量率はほとんど変わりませんでした。ところが、14日深夜、ＳＣベントに失敗した2号機の格納容器から、溶融炉心の放射能が直接放出して、背景線量率が毎時約３００マイクロシーベルトに上昇しました。その線量率も17日以降減少に転じ、仮設電源が設置された3月20日以降は漸減の一途を辿りました。

この間放出された放射能は、格納容器から直接放出された放射能と、ＳＣベントを通してスタックから放出された放射能に分かれます。前者は放射能濃度が濃く、背景線量率を2度にわたって高めました。これに比較して、ＳＣベントを通った放射能は水の除染効果によって濃度の薄いものでした。

前者の、格納容器から直接放出された放射能は、格納容器圧力が高かった事故後10日ほどの間は、有意な量の放射能を放出し続けていたと思われます。仮設電源が敷設され炉心冷却が始まると、溶融炉心から漏出する気体放射能は、注水によって冷却され、固体もしくは液体に戻って格納容器のＳＣ水に混じるため、急速に減少したと思われます。

事故後10日以降の放出核種は、そのほとんどがヨウ素およびセシウムです。その他の核種は沸点が高いため、炉心冷却のための注水により冷やされて固化し圧力容器や格納容器の底部に溜まって、放出された量はごく限られています。

その放出放射能も、6月から運転を始めた浄化冷却装置によって格納容器水温（ＳＣ水温）が１００℃以下に低下すると、急激に減少しました（**図2・1・6参照**）。事故後1年半経った２０１２年11月の放射能放出量は1時間当たり約０・１億ベクレルで、事故直後の3月15日の最大放出量である、１時間当たり８００兆ベクレルと比べると、１億分の１ほどにまで減っています。

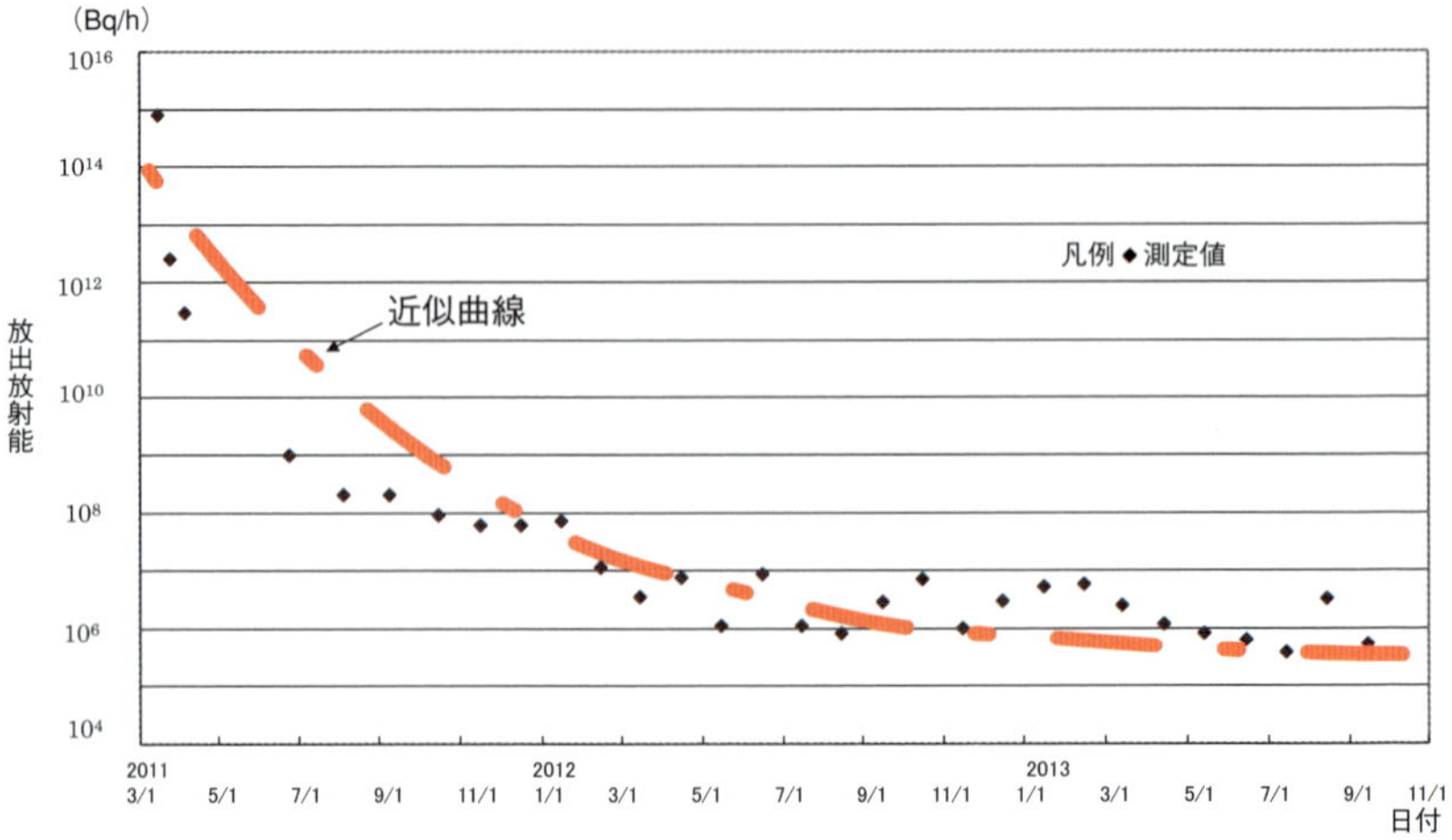

出典：東京電力資料より作成

図2.1.6　福島第一事故後約２年間における放出放射能量の低下の様子

細部は抜きにして、チェルノブイリと福島の放射能放出を比較すると、福島の放射能放出量はチェルノブイリの約７分の１です。チェルノブイリの場合は、火災により放射性物質が直接外界に出て、広く世界（北半球）を汚染しましたが、福島の場合は事故直後に放出されたヨウ素とセシウムがそのほとんどです。その他の放射能は炉心冷却によって固化し、かつＳＣベントで洗い除かれた結果、外界に放出された量は少なかったといえます。この差を生じたのは格納容器の存在にあります。

もし、２号機の格納容器破損がなければ、福島の放射能放出量はさらに減って、チェルノブイリの５００分の１ほどに少なくなっていたと考えます。それは、一般居住地域への影響では５０００分の１ということを意味します。この計算は、読者自身で検討してください。

逆にいえば、格納容器を備え、火災が起きない水を

表2.1.1　TMI、チェルノブイリおよび福島の災害比較

	避難者数	被曝線量（mSv）		出典
		最大	平均	
TMI	約1,000名 （自主避難： 約150,000名）	約１mSv	約0.01mSv	「原子炉の暴走」 p.361
チェルノブイリ	約130,000名	約5,000mSv	約100mSv	
福島	約157,000名（1）	25mSv（2）	0.8mSv（2）	(1)地震・津波・原発事故等にともなう総避難者数（H24.12.6福島県災害対策本部発表） (2)福島県　第13回「県民健康管理調査」検討委員会資料（H25.11.12）

使用している軽水炉は、もっと安全であって然るべきでした。これを損ねたのがベントの失敗にあったといえます。

チェルノブイリ事故の場合、発電所の東にあるゴメリー地方の広大な汚染、さらにその東側ベラルーシのミンスクにまで飛び火した汚染は、火災により空に吹き上げられた放射能が雨によって落下したためといわれています。地図には示されていませんが、この他にもフィンランド北方のツンドラ地帯の汚染、またイタリア・アルプスのドロミテ地方の牧場の汚染など、数々の汚染が報告されています。

福島の場合は軽水炉ですから、空高く炉心の放射能を吹き上げる火災は起きません。従って放射能の放出は比較的低い高さで、地上を吹く風により運ばれて地上に降り、山の斜面や樹木に遮られて汚染したと考えられます。正確な調べではありませんが、事故後数日の風向きはおおむね海側に向かってゆるやかに吹き、16日頃からは、北東方向の飯舘村に向かって吹いたと聞いています。

表2・1・1は、事故による放射線被曝並びに避難状況

を、炉心溶融のあったＴＭＩ事故を加えて、比較して示したものです。

溶融炉心が短時間の内に冷やされ、かつ格納容器が健全だったＴＭＩ事故では、放射線被曝は人数的にも線量的にも少ないものでした。強制避難をした人は１０００名くらいでしたが、その被曝線量は平均０・０１ミリシーベルトでした。もっとも、避難勧告を受け入れて自主避難した人数は15万名余と、非公式にいわれていますが。

これに対してチェルノブイリ事故では、事故直後のタービン建屋火災の消火に出動した消防士達29名が大量の放射線を浴びて死亡したほか、爆発による2名の死亡者が出ています。強制避難者数は約13万名、その人達の平均被曝量は約１００ミリシーベルトです。

これに対して福島の避難者数は、推定約16万名、平均被曝線量は約1ミリシーベルトといわれています（いずれも福島県調査による）。

３つの事故を比較すると、避難者の総数に差がないのは偶然の一致でしょうが、平均被曝線量が等比級数的に並んでいるのは注目してよい結果です。何度も述べてしつこいようですが、2号機のベントの失敗がなければ、平均被曝線量はＴＭＩに近かったことでしょう。

表2・1・1から、４基もの原子炉が溶融または爆発を起こした事故であるにも関わらず、福島事故での災害状況は、チェルノブイリ事故と比較して軽微であったことが分かります。この事実からでしょう。福島の国際事故評価尺度をチェルノブイリと同じ7とするのではなく、尺度６に改めよとの声が国際的に出ています。この意見は妥当なものと、私は思います。

というより、日本でこそ声は挙がりませんが、原子力発電を熟知する米、英、仏の関係者の間では、あれほどの大きな自然災害に遭遇しながら、事故による死者数がゼロ、放射線被曝も軽微であったことに、驚きを隠しきれないという話が本音で囁かれています。

その具体例が、事故直後の２０１１年3月21日、英ガーディアン紙に掲載された著名な環境ジャーナリスト、ジョージ・モンビオ氏の論評です。彼は福島第一原子力発電所の事故について、「数万人が死傷した自然災害に遭いながら、死に至る線量を与えていない。私は原子力支持者になった」と述べています。私も、その通りだと思います。この事実が、福島事故を経てなお、米、仏による日本製原子力発電所の輸出の後押しに繋がっているのです。

また、日本の原子力規制委員会は安全設計基準を改正、実施していますが、欧米を中心にこの改正には強い疑念が提出されています。その具体的証拠に、ＩＡＥＡの国際原子力安全基準に改正の動きは――強化の動きはありますが――全くありません。日本の国民感情を抜きにして忌憚《きたん》なく言えば、このような日本とは正反対といえる欧米各国の論評は、**表2・1・1**に示した福島第一事故の災害の軽微さによるものです。欧米の指導者達の多くは、口にこそ出しませんが、軽水炉の持つ強固な安全性に、確かな手応えを感じていると推察できます。またそれ故に、日本に対して原子力発電の早い再開実施を要請する声が、数多く寄せられているのです。

以上、**本章**を総括しますと、福島事故での放射能の放出による背景線量率の変化は、１号機の消防ポンプ注水に伴う放射能の軽度の地上放出に始まり（12日午前4時）、２号機の溶融炉心からの地上放出

（14日午後10時）により増大しました。前者は３月12日より14日までほぼ３日間続き、その放射線量率は毎時約４マイクロシーベルトでした。後者は、その後の発電所周辺の放射線量率を支配するもので、その線量は毎時３００マイクロシーベルトでした。

もし、２号機のベントが成功していれば、放出された放射能はＳＣにより除染されるので、その線量率は１、３号機とほぼ同じ毎時数マイクロシーベルトに止まったことでしょう。もしそうであったなら、ＩＣＲＰが推奨してきた避難勧告の最低値である年間20ミリシーベルトを超える地域はほとんどなく、住民の避難はなかったことでしょう。

帰宅への目途が見えない長期避難にいらだちを覚え、将来への希望を失っている避難者も多いと聞きます。それにはさまざまな理由があると推察されますが、その一つに年間１ミリシーベルトという無意味な低線量が避難民の呪縛となって、帰宅を阻止していることがあります。政治はこの歪みを是正し、帰宅したい人は帰宅できるようにする方策を講ずるべきでしょう。

安全上の朗報は、２号機溶融炉心からの直接放出の陰に隠れて見えにくいのですが、ＳＣベントの除染効率が非常に大きいという事実です。もし完全に作動していれば事故時の線量率を平常の数十倍程度に抑える可能性が期待できることです。この検討、証明は後学の人達に譲りますが、私はＢＷＲはフィルターベントを追加して設置する必要はないと考えています。

第2章　津波と全電源喪失

今回の福島第一原子力発電所の事故は、地震による停電（外部電源喪失）に加え、津波により非常用電源、配電盤等が被水して、電気で動く非常用安全設備がすべて使用不能に陥ったことが発端でした。加えて、8時間あれば復旧できると電力会社が絶対的な自信を持っていた停電からの復旧が遅れ、発電所の停電状態が解消されたのは仮設電源が引かれた10日ほど後のことでした。このため、電気なしで動く2、3号機の炉心冷却装置が設計以上の奮闘をしたにも関わらず、1～3号機は炉心溶融に至りました。

表2.2.1　福島事故の炉心溶融と水素ガス爆発

日付		1号機	2号機	3号機	4号機
3月11日	午後	2時46分、地震発生 3時35分、津波来襲			
3月12日	午前	4時頃 炉心溶融			
	午後	3時36分 水素爆発			
3月13日	午前			9時30分頃 炉心崩壊	
	午後				
3月14日	午前			10時頃 炉心溶融 11時01分 水素爆発	
	午後		10時頃 炉心溶融		
3月15日	午前				6時14分頃 水素爆発
備考			ブローアウトパネル開のため水素爆発せず		地震発生時は定期検査で停止中

ここで少し考えてみましょう。同一時刻に起きた地震、津波に遭遇しながら、なぜ1、2、3号機の溶融や爆発時間が同一時刻でなかったのでしょうか（**表2・2・1参照**）。

復習すると、1号機の水素爆発が3月12日午後3時半頃、2号機の炉心溶融が3月14日午後10時頃、3号機の水素爆発が同日午前11時と、3基の炉心溶融や爆発の時刻に2日以上の大きな時間差があります。この理由は、電気なしで働く安全装置がどれほどよく働いたかによります。その作動時間の差が、炉心溶融と爆発時刻の差になって現れているのです。

マスコミ報道では、既設の原子炉の安全装置は停電によって全く無力であったかのように伝えられていますが、電気がなくとも原子炉を冷却する装置があって、それが働いて炉心溶融を防いでくれていたのです。1号機のＩＣは作動に失敗しましたが、2、3号機のＲＣＩＣは設計以上の働きを示しました。原子力発電所の安全設備は決して伊達ではありませんでした。これらの安全装置が頑張っているうちに、もし停電が復旧していたら、福島事故は違ったものになっていたでしょう。

この意味で、停電復旧の遅れは、事故を災害に拡大した原因の一つといえます。地震、津波に次ぐ第2の事故要因です。**本章**では全電源喪失と、それを誘起させた津波についてメスを入れます。

1．防潮堤

２０１１年3月11日、大震災のあった日の夕刻、福島第一原子力発電所に津波が来襲し被害を受けたというニュースをラジオで聞き、我が耳を疑いました。その時まで、原子力発電所が建設される敷地は津波の影響を受けない高さになっているとの地震学者達の話を、いささかも疑っていなかったからです。

それは今から40年以上も前の１９７０年代初頭の話です。私は原子力安全委員会の安全審査補助員を命じられていました。まだ若くて、自分の専門以外の物事を十分に知らなかった、見習い中の話です。専門外の津波について、安全審査の席上質問したことを覚えています。原子炉の敷地高さは津波に対して十分なのかと。それに対して、審査で地質地震部会を担当された老先生のお答えは、おおむね以下のようなものでした。

「恐らく小学校の読本で習った〝稲村の火〟が頭にあっての質問であろうが、あのような駆け上がる津波は複雑な形状のリアス式海岸に起きるもので、広い大洋に面するオープンな海岸では津波は波長の長い大きな波のうねりである。感覚的には奥行きの深い高潮と考えればよい。日本の場合、大洋での津波高さはせいぜい6メートルを考えておけば十分」

というものでした。今もその時の声は耳に残っています。

今回の津波を目のあたりにして、吉村昭著『津波』を改めて読み直しました。氏は小説家ですが、科学技術の進歩発展については非常に鋭い洞察力があり、間違いや誇張のない作家です。同書には、1771年、太平洋上に浮かぶ沖縄県石垣島に、85メートルもの高い津波が来襲した記録が書かれてあります。

私は2013年7月に現地を訪れて、その跡を確かめてきました。島の南東にあるなだらかな傾斜地の、標高100メートルほどの高台に立派な慰霊碑がありました。津波の犠牲となった跡なのでしょう。碑には、当時の島民の約半数に当たる1000名ほどが死亡したとあります。この津波を引き起こした八重山地震の大きさは、マグニチュード7・4といいます。

慰霊碑からの眺めは一望千里、津波がやって来たという南東の方角を中心にほぼ180度にわたって見渡せます。傾斜地の先に見えるのは、遠く珊瑚礁に打ち寄せる白波と青い海だけです。どう見ても、津波が駆け上るリアス式海岸ではありません。「オープンな海岸での津波は奥行きの深い高潮」との教えは、津波の全体的な特徴を表現されたものでしょうが、八重山津波に当てはまるとは思えませんでした。福島での津波も同様だったのでしょう。

津波は奥の深い高潮で表現できる単純な自然現象ではなさそうです。海岸の地形だけでなく、海底の地形、同時に発生した地震の数、発生した津波の重畳効果などで変化し、一筋縄で表現し尽くせるものではないのでしょう。地球相手の非常に難しい学問分野であると思います。この津波について、学問的知見がこの40年でどれほど進んでいるのかよく分かりませんが、原子力発電所の耐震設計指針改訂に際しての委員会質疑から見る限り、津波についての知見は昔とあまり変わらず、大きく進んでいないように見受けられます。まだ昔の、ごく大ざっぱな知識にとどまっているようにみえます。

このような知識状態にある中、菅直人首相（当時）は、過去40年間にわたって最も大地震の発生可能性が高いと言われ続けてきた、東海地震の震源地を抱える中部電力浜岡原子力発電所に対して、高さ18メートルの防潮堤を設置するよう中部電力に対して要望しました。中部電力はこの要望を退け難く、高さ22メートルの防潮堤を建設しました。その費用は1千億円を超えるといわれています。

この動向を注視していた他電力も防潮堤建設に踏み切りました。発電所に来襲する津波高さを再検討して自主的に決めたことですから、第三者が容喙《ようかい》すべき事柄ではありませんが、念を押しておきたいことがあります。津波の高さの再検討の過程で、例えば高さ85メートルの八重山津波をコンピュータ上で再現できているのでしょうか。もしできていないのであれば、作られる防潮堤は科学的根拠が薄弱と言わざるをえず、意味のない工事に無駄な大金を投じたことになります。

私は、必要な防潮堤を築くことに反対するものではありません。世界には、オランダのアムステルダムという素晴らしい防潮堤建設の成功例が現存しています。しかし、原子力発電所に設置する設備に、科学的根拠のあやふやなものを作るのは反対です。これは、規制についても同じです。なぜならば、そのことによって、逆に原子力安全が脅かされるからです。

具体的に述べておきましょう。防潮堤を作れば、確かにその背丈だけ津波の被害を食い止めることができます。しかし、22メートルの防潮堤は85メートルの八重山津波を防ぎきれません。吉村昭氏の『津波』には、さらにアラスカでは５００メートルを超える津波の痕跡があると書いてあります。この巨大津波を防潮堤で防ぐことは不可能でしょう。ではその害とはどんなものでしょうか。

仮に、浜岡原子力発電所に22メートル以上の津波が押し寄せたとします。奥行きの深い高潮は発電所全体を覆い尽くし、海水は防潮堤の中に充満します。こうなると防潮壁は、充満した海水を留める貯水池として逆に働きます。津波だけなら、波が引くまでの時間を耐え凌げば良いのですが、排水用のフラップゲートを付けているとはいえ、水溜まりとなった防潮堤池の水は簡単には引きませんから、その被害は拡大します。電気設備も回転機械もすべてが泥水に潰されて再使用不能となることでしょう。

それ以上に、溺死したり窒息死する発電所員も出てくるでしょう。それにも関わらず、原子炉の崩壊熱だけは必ず残っていて、発熱し続けています。この対応を誰がどうやって行うのでしょうか。福島のように、我が身を挺して災害防止に努めてくれた運転員達はいないかも知れません。電気が来ても動く機械はありません。津波の泥に埋もれた発電所の中は、福島よりもっと酷い事故環境となります。その結果起きる災害は、福島事故の再現というよりも、それ以上となることは明白です。これが防潮堤建設による負の効果です。非科学的な論拠に基づく、曖昧な安全装置の敷設がもたらすマイナスの効果です。

このような想定可能な失敗をなくすために作られてきたこれまでの安全装置は、確実な科学的知見に基づいて有効性を確かめ、場合によっては原子炉の破壊実験まで行って適否を糺《ただ》し、さらに安全上のマイナス面がないことを検討審査した上で採用されたものばかりです。それでも、福島での失敗が起きました。それほど慎重な検討を重ねたものですら失敗が起きたのは、発生した事故事象が設計での想定を超えていたからです。菅首相の思いつき防潮堤は、この禁を犯していないでしょうか。

2. 全電源喪失

全電源喪失を引き起こした元凶は津波です。この電源喪失状況は長時間続きました。電源盤などが水没したため、仮に電気がきても、接続することはできず無意味であったとの見解があります。それは事実ですが、それが電源復旧をしなかった正当な理由とは私は考えません。なぜなら、少しでも電気があれば、現場は何らかの対応を取り得たからです。1キロワット時の電気は、熱量的には20人分の労働力に匹敵します。電気は停電の暗を白昼に変えます。電気の回復は、万人の応援協力に相当します。政府や東京電力首脳が直ちに、電源復旧作業に取りかかれるような緊急支援に全力を挙げていたならば、事故の拡大は防がれ、避難を必要とするような事態に至らなかったのではないか、と私は考えています。

しかしながら、マスコミにミスリードされた一般世論は、こういった政府の緊急支援の拙さではなく、全動力電源喪失時間を「短時間」と定めた旧安全審査指針に非難の矛先を向けました。その結果、これまで世界で研鑽、検討を重ねてきた安全の考え方を擁護する声は影をひそめ、対症療法的に安全対策を安易に変更するような風潮が誕生しました。この世論に押されて、原子力規制委員会は外部電源喪失時間を７日間と定め、同時に非常用所内交流電源の７日間の運転性能を要求しました。しかし、それにより電源対策は万全になったといえるのでしょうか。

全動力電源喪失とは、外部電源の喪失（一般用語では停電）に加え、内部にある発電設備および非常用発電機（複数）のすべてが使用不能となる事態が、重複して起きる状態を指します。単純な停電ではありません。

ところで、旧安全設計審査指針は、「指針９：電源喪失に対する設計上の考慮」（１９７７年６月）で「短時間の全動力電源喪失に対して、原子炉の安全な停止と、停止後の冷却の確保（要点のみ記載）」を要求し、またその解説に「長時間にわたる電源喪失は、送電系統の復旧または非常用ディーゼル発電機の修復が期待できるので、考慮される必要はない（要点のみ記載）」と記載してあります。

福島事故に関する限り、旧安全設計審査指針は落第したといえます。全動力電源喪失時間も、停電時間も、指針が要求した以上の長時間でしたから、落第したのは仕方ありません。指針解説にある「非常用ディーゼル発電機の修復」は津波被害の状態下では全く期待できませんでした。指針にはその場合、残る手段として「送電系統の復旧」を挙げていますが、これが実施されなかったので、旧指針は福島で落第したのです。

しかし、もし政府が沈着冷静に対応していれば、指針が要求する停電からの早期復旧は、社会的にも技術的にも、不可能ではありませんでした。これが遅れたのが致命傷でした。指針に違反したのは、日本の国力、技術力を活かさず無策に終わった政府です。具体的な方法としては、例えば護衛艦１隻を福島原子力発電所に派遣して、その発電機を使って電気を回復させればよいのです。

表2.2.2　過去の米国での停電時間と回数の実績

米国の原子力発電所における外部電源喪失頻度
（1968年～1985年　NUREG-1032による）

外部電源喪失の原因	件数（件）	外部電源喪失発生頻度（サイト・年）	継続時間の中央値（時間）
発電所内の機器故障・人的過誤（所内への落雷を含む）	46	0.087	0.3
送電系統	12	0.018	0.6
悪天候	6	0.009	3.5
合計	64	0.114	0.6

米国の原子力発電所における外部電源喪失事象の発生件数と継続時間
（1975年～1989年　NSAC-144、-147による）

外部電源喪失の継続時間	30分未満	30分以上	1時間以上	2時間以上	4時間以上	8時間以上
外部電源喪失事象の発生件数	49	28	21	13	7	3
うち悪天候によるもの			13	7	6	3

津波来襲後10時間も経てば津波は収まっていきますし、発電所には港湾設備は整っています。護衛艦の接岸は難しいことではなかったと考えられます。

旧安全設計審査指針が全動力電源喪失を解説で「長時間の電源喪失は、考慮の必要がない」と定めた論拠は何であったのか。この論拠は2つあります。一つは基準作成当時の米国での停電時間と回数の実績（**表2・2・2**）と我が国での停電実績（**表2・2・3**）であり、もう一つは、電気がなくても原子炉冷却が可能な安全設備の存在です。

旧安全審査指針が審議された1975年頃は、日本の各地の配電網が2回線となり極端に停電回数と時間が短くなった頃でした。信じられないかも知れませんが、米国

表2.2.3　過去の我が国における停電実績

（運転開始―1988年３月末）

発生年月日	発生場所	事故継続時間 注)		DGの状態		備考
		送電線	所内電源	起動	負荷	
1979.10.19	福島第一原子力発電所（２号機）	０分	瞬時（15分）	有	有	台風により福島幹線２号がトリップし、２号機がトリップしたが、１、２号機共用の起動用変圧器１Sが起動中の１号機に電源を供給していたため、２号機は、起動用変圧器１Sの容量不足から起動用変圧器１Sを通じ電源を受電することができず外部電源喪失に至った。 その後、１、２号機へ同時に電源を供給できるよう１Sの設計を改善しており、PSAにおける「外部電源喪失」事象の発生頻度の算定に際しては、本事象を対象外としている。
1985.9.12	島根原子力発電所（１号機）	１分	瞬時（２分以内）	有	有	落雷により山陰幹線１、２号線がトリップし、外部電源喪失に至った。
1987.8.12	島根原子力発電所（１号機）	１分	瞬時（２分50秒）	有	有	同上
1980.8.27	伊方発電所（１号機）	１分	瞬時（28分）	有	有	落雷により予備送電線手動停止中に伊方北幹線１、２号線がトリップし、外部電源喪失に至った。

注１）送電線については、送電線２回線事故の継続時間。
２）所内電源喪失については、起動変圧器若しくは予備変圧器或いはEDGに自動で切替わった場合、所内電源喪失とは考えないが、その場合、“瞬時”と記入。
また、括弧内は外部電源喪失の継続時間（安全設備への給電がEDGにより行われていた時間）
３）外部電源喪失の継続時間は、EDGが起動していれば、外部電源が復旧しても切替を急がないことからやや長めになっているものと考えられる。

出典：原子力施設事故・故障分析評価検討会全交流電源喪失事象検討ワーキング・グループ「原子力発電所における全交流電源喪失事象について」

の送電網は今でも1回線が多いので、停電もしばしば起こっています。その米国が採用した停電時間が8時間であったことから日本も同様に採用したと記憶しています。

我が国の原子力発電所での停電時間が8時間を超えないと決定した論拠は、①2回線以上の送電線を必ず持つ我が国の原子力発電所に長時間の停電は考えられない、②複数立地が多い日本の原子力発電所では、同じ発電所の中で他号機からの受電を期待できる、③加えて、独立した非常用発電設備（ディーゼル発電機）を複数配備している、の3点です。

具体的に書けば、福島第一原子力発電所の場合、2回線以上の外部電源を持ち、1～4号機間または5、6号機間で相互に接続できる構成となっており、各号機とも2台または3台の非常用ディーゼル発電機が設置されていました。また、非常用ディーゼル発電機のうち、2、4、6号機の各1台は空冷式で多様性も備えていました。ここまでやっていれば、長時間の電源喪失はないであろうと想定していたのは事実です。

また後者の、電気がなくても原子炉冷却が可能な設備は、具体的には、これまで度々述べてきたＩＣとＲＣＩＣです。ともに、最大停電時間の8時間は作動するよう設計、製作されています。8時間もあれば停電からの回復はできると電力会社も自信を持っていました。なお、この設計時間はおおむね世界共通です。

以上のように、全電源喪失事故が起きたときの安全確保の考え方は、①電気に頼らない安全装置をある時間準備する、②その時間の範囲内で何らかの電源を復旧させる――というものでした。この考え方は、全世界共通の全電源喪失事故に対する対策であり、共通の了解事項でもあります。もしこれが間違いならば、停電対策は全世界的に落第ということになります。

余談になりますが、チェルノブイリ事故が起きた原因は電源喪失対策の試験がきっかけでした。旧ソ連製ディーゼル発電機の立ち上がり時間は、西欧諸国のそれと比較してかなり遅く、設計基準事故時の使用に間に合わないものでした。それを補うため、発電を停止したタービンが回転している間に、その大きな慣性力を非常用電源として利用できないか、という実験を試みたのが事故発端です。

今日のように、原子力発電についての安全協力が世界一体となって進んでいる時代ではありません。まだ米ソ冷戦の真っ最中の時の話です。しかしながら原子力発電を持つ国は東西を問わず、電源喪失に対しては共通の問題意識を持ち、非常に苦労して対応策を考えて実行に移し、解決を図っていたのです。

ではなぜ、旧指針は、原子力規制委員会のように時間を明示せず「短時間」と定めたのか。

指針や基準のみならず、一般の法律や政令にも、「速急に」とか「可及的速やかに」などの表現が、しばしば用いられています。この表現は、明確に目的時間を定め難く、かつ定めることで周辺関連事項に重大な影響を与える懸念がある場合に、時間的な明示を避ける目的で使用する表現です。つまり、「短時間」とぼかしたのは、期間や時期を明示することで予期せぬ逆効果が派生することを憂慮したからです。旧指針において時間を明示しないのは、指針などを作文する上での慣行というのが、検討に当たった先生方から教えられたことでした。

旧指針でも当初、「短時間」とぼかす表現を止めて、期間を明示すべきであるとの議論はありました。指針が曖昧になることを防ぐという主張ですが、この主張はあまり賛同が得られませんでした。一つは明示するにしても停電時間を予測することは無理ですし、停電時間の実績がほとんど1秒未満といった短いものであったからです。さらに、安全評価において許容する停電時間などを定めることは、安定供給義務が課せられている電力会社に対し、事故時といえども許容できないとの意見が大勢でした。これはもっともな意見で、許容停電時間などは津波の高さ以上に不透明です。

「短時間」と定まったのは、電力供給の実情と電力会社の責務、この両面からの決定でした。

一方、原子力規制委員会は、7日間と明示して外部電源喪失に耐えるよう原子力発電所に要求しています。これは福島第一の実例を考慮してのことでしょう。仕方のない決定だったのかも知れませんが、強制力を伴う準法的な決定です。旧指針では、訴訟を意識した明確な根拠が要求され、極めて厳密な審議がなされました。また、決定が独り歩きして予期せぬ逆効果が起きないよう細心の留意が払われました。従って、規制条文には、短時間とは書き得ても、7日で停電が復旧するとは書けません。何故7日なのか、その論理的証拠が存在しないからです。

旧指針において、予期せぬ逆効果として議論されたのは、期間を限定した停電規定が独り歩きして他の行政問題に準用され始めれば、それが世間常識と化すという点です。今回、原子力規制委員会が規定した「7日間」が一人歩きし、もし、裁判によって一般の公共施設にも7日間の停電対策を課せられることとなれば、それは国民にとっても、社会にとっても、大変な出費となります。必要な安全問題に対し費用を惜しむのは愚ですが、あまりにも過度な不安への対策は国費の浪費です。強制力を持つ指針の作成ではこの兼ね合いが難しいのです。

ところで、仮に7日以上の停電が東京で起きたとすれば、国はその補償をするのでしょうか。原子力規制委員会は国の機関の一つですから、その決定は国の考え方、方針の一つといってよいでしょう。7日以上の停電は、決定事項への違反です。補償請求の論理は、原子力発電所のように危険な装置でも7日間の停電が許可されているのだから、従って一般住民の住む安全な場所では7日以上の停電を起こしてはならない、それが起きたならば行政の怠慢であるとの主張となります。判決がどのように判断するかは知りませんが、起こりうる事柄です。

それよりも、もし本当に東京で7日間もの停電が起きた場合、30階建て、40階建てという高層ビルではエレベーターが止まります。最近は高層マンションが増えています。停電が起きれば、部屋にいても水道は使えず、料理もできず、トイレも流せません。生活のためには高層ビルを昇り降りしなければなりません。高層マンションにはお年寄りも多く住んでいると聞きますが、東京都はこの対応に万全の備えを講じているでしょうか。停電の7日間、高層マンションの住人を東京都は、国は、安全に保護できるのでしょうか。死者が出る可能性もあります。先ほど述べた補償問題が生じることは必定です。

考えてみれば、東京都という都市も、原子力発電所という工場も、現代文明によって築かれた文物はすべて電気がなければ安全な営みができない、人工の構築物なのです。エネルギーを必要とする近代社会とは、電気がなければ生きていけない運命の下にあるのです。

福島事故の原因は津波がもたらした全電源喪失であり、教訓として最も重要なことは全電源喪失を起こさないこと、起きてもできるだけ短くすることです。

旧指針が「短時間」という一見曖昧な表現を用いたのは、前述の通り様々な事情への配慮と、作文上の慣行に沿ったものでしたが、反面その表現により、全電源喪失が起きても短時間で回復できる設備と防災対策を、政府と原子力産業界に強く要求していました。当時、指針を策定した原子力安全委員会は、「原子力発電所の全電源喪失は短期間に終わらせる。長続きさせてはならない」という強い決意を持ってこの表現を採用したのです。電力会社も、これまでの実績からこれを実現できるという自信がありました。結果的には先程述べたように、関係者の決意を大きく上回る天災が起き、旧指針の要求が実行されない間に事故が起きてしまったわけです。

新規制基準では「7日間」と明記されました。しかし、だからといって安心というわけでも、十分というわけでもないでしょう。旧指針の教訓を活かすならば、新基準の「7日間」に縛られることなく、指針が真に必要とする要求内容をしっかりと実行していくことです。**次章**で述べる防災安全がそれで、今後の原子力安全の確立には、そこが重要になるでしょう。

3．機器配置とB5b問題

福島第一原子力発電所の非常用ディーゼル発電機の多くはタービン建屋の地下に配備されていました。また、発電所の主要機器に適切な電気を送る配電盤も、多くは1階または地下にありました。水に弱い電気設備を、防水構造になっていないタービン建屋の地下に配備するとは非常識だ、水密構造に作られた原子炉建屋に設置すべきであった、などといった事故後の批判はもっともです。これらに抗弁するつもりはありませんが、なぜタービン建屋の地下に設置されたのか、その歴史的な背景と経緯を説明しておきましょう。

もともと福島第一原子力発電所の敷地高さは、海抜約35メートルの高台でした。この高台を海抜約10メートルの高さにまで、わざわざ掘り下げて整地したのが、今の敷地です。海岸沿いに並べられた海水ポンプの設置レベルはもっと低く、海抜約4メートルです。

なぜそのように低く、海面近くに設置したのか。その理由は、当時の機械製品が今日のように、性能が良く信頼度の高いものでなかったことにあります。例えば、当時使われていた一般のポンプは、軸受けの内面は油溝が刻まれた銅製品で、その溝に毎日油を補給することと、掌《てのひら》を当てて軸受け温度を測り異常のないことを確かめるのが、日常の保守点検業務でした。工場での作業とは、油にまみれての作業でした。しかし油に汚れたポンプを原子力発電所の中で使って放射能で汚れることを避けたいので、軸受けを随分と工夫して、新しく作ったのが原子力発電に使われるポンプでした。開発当初は使用実績に乏しいためによく故障を起こしたものでした。

特に、発電所のタービンやポンプなどの大型回転機械はほとんどが特注品で、タービンの羽根などは一つ一つが手作りといった時代でした。従って、できあがった機械類の性能にはばらつきがあり、特にポンプは弱点といわれる水の吸い込み部分に無理がかからないよう、海に近い低い位置に設置するのが機械工学の常識だったのです。今日の性能の優れた回転機械を念頭に、昔のプラントの機器配置を批評するのは誤りです。復水器を冷やす大型海水ポンプがより海岸近くに設置されているのも、このような技術上の時代背景によります。

同様に、発電所の敷地を掘り下げて低く整地したのも、より確実に原子炉の冷却を達成するための、当時の技術的最善の実行といえます。

もう一つの、非常用電気設備類が地下室に配置されていた理由ですが、これは、ひと口に言えば先進国の模倣です。その背景には、溶接、自動制御、システム工学といった新しい学問分野が発展して原子力発電所が誕生し、原子力発電所の誕生によってこれら新しい工学分野がさらに発展するという、科学技術発展上の歴史過程があります。当時、この面では米国がダントツの先進国でした。その中の一つに、プラントの機器配置についての考え方があります。

福島第一原子力発電所1号機は、米国GE社の設計、製作です。その当時、貧乏国であった日本人の目には、米国の配置設計はスマートで合理的と映ったものでした。発電所の配置設計の要点は、同一の機械設備はできるだけ一緒にして、同じ場所に並べて置くことでした。そうすることによって、引き回される配管類が綺麗に整理され、かつ保守作業が容易に均質に行える利点があるからです。タービン建屋に非常用電源装置類のすべてが配備された理由も、以上のような技術的時代背景が根っこにあります。また、重量のある非常用ディーゼル発電機が地下に配置された理由は、耐震設計上の配慮からでした。

2、3号機の配置設計が1号機のコピーであったのも、まだ原子力発電所の設計を十分に会得していなかった当時の日本メーカーにとって、無理からぬことでした。津波は敷地高さで防げるとの考え方には何の異論もなく、自然現象への安全対策は、発電所立地地点での記録を参考として最大値に余裕を持たせた設計とすれば可とする考え方でした。これは、当時は最も進んだ安全設計の方法であり、もちろん世界共通の考え方でもありました。

以降40年、日本の原子力発電技術は世界一との評価を得るまでに育ちました。我が国設計の原子力発電所が製作され、開発され、またその安全運転実績が世界一の座を誇った期間もありました。この評価はそのまま頂戴しておいてよいものです。特に１９９０年代前半は、欧米各国の原子力発電所の人達が、日本の発電所を見学訪問するのに引きも切らない有り様だったのですから。

事故により色々な批判が出てきましたが、それはそれとして、福島事故が起きたにも関わらず安全な日本の原子力発電所を購入したいと希望する国々が存在しているのがその名残です。「日本の技術は優れている」「作られる製品に間違いがない」。有り難いことですが、そう考えている国が世界には多いのです。

この発電所の配置設計に疑問を投げかけたのが２００1年9月11日の米国同時多発テロです。乗っ取られた航空機の１機は途中で墜落しましたが、アルカイダの当初の犯行計画では原子力発電所に突入を図る予定だったとも伝えられています。米国原子力規制委員会（ＮＲＣ）はこの事件を重視して、原子力発電所のテロ対策に腐心した結果、２００5年にその強化策として、国内の各発電所に非常用電源の増強と分散配置を命じました。この命令を、指令文書の条項番号を取り、通称Ｂ５ｂと呼んでいます。

Ｂ５ｂは最初は米国のみのルールでしたが、その有用性に鑑み米国政府は世界の原子力発電保有国に極秘勧告として通告しました。日本を除く各国は秘密裏に勧告を実行に移しました。もちろん、Ｂ５ｂは日本にも伝達されましたが、日本政府は民間の原子力関係者にはそれを伝えませんでした。米国の通達を棚上げにしたのです。日本は福島事故を防ぐ絶好のチャンスを逸したのです。

もしこの通告が何らかの形で原子力関係者に伝達されていたら、非常用発電機は分散して増設され、津波の被害から逃れた電源によって、福島事故は回避されたでしょう。同一敷地にある福島第一原子力発電所の5、6号機が、同じ津波被害に遭いながら、たった1台だけ生き残った非常用ディーゼルをやりくりして、2基の原子炉を共に冷温停止させました。このように誇るべき運転技術を、福島第一の運転員達は持っていたのです。

Ｂ５ｂの秘匿は、悔やみきれない逸機でした。私は、福島事故を災害に拡大した最大の責任を、Ｂ５ｂの秘匿にあると思っています。その意味では、事故責任は東京電力よりも政府に重いといえましょう。また、この秘匿は、役人の過失や職務不履行というよりも、私は犯罪に近いと考えています。

厳しい話となりましたので、ここで一服しましょう。Ｂ５ｂの勧告する非常用電源の分散配置は、メンテナンス上の利便性、信頼性が失われないのかとの疑問をお持ちの方がおられるかも知れませんが、その点は心配ないようです。この30年間の機械工学上の進歩は著しく、昔は年1回の分解点検が欠かせなかったポンプなどは、分解点検をすること自体がいじり壊しに繋がるといわれるほど信頼性の高い製品となり、メンテナンスフリーのポンプが出現しているのです。今日、油差し片手の補修作業などは昔話となり、見たくとも見られません。

4. 機器の信頼度と多様性

福島第一原子力発電所が運転を開始した１９７０年代、ジャンボの愛称で親しまれた大型旅客機Ｂ７４７が就航しました。ジャンボが運ぶ旅客数は４００人を超え、両翼に合計4発のジェットエンジンが輝いていましたが、飛行には1発のエンジンで十分との話でした。

それから30年、石油価格の高騰と地方空港の整備がもたらした乗客数の変化によってジャンボの役割は終わり、代わってＢ７７７が飛び始めたのが２０００年頃です。機体はＢ７４７の70・6～76・4メートルに対し、Ｂ７７７は63・7～73・9メートルとやや小型ですが、搭載エンジン数はジャンボの4発から、2発に半減しています。

航空機は人の命を預かる機械です。エンジンの信頼度は航空機の信頼度といえます。１９７０年から２０００年までの30年間に、航空機のエンジンが4発から2発に半減したということは、ジェットエンジンの信頼度が2倍以上高くなり、客の生命を預かる航空会社がそれを認めたという事実を意味します。一般的には気付き難いことでしょうが、機械産業の発展によって、技術的な品質ともいえる製品の信頼度が、この30年間に飛躍的に向上しているのです。

30年前の福島第一原子力発電所の建設時代に戻って考えると、非常用発電機として信頼が置ける機械といえば、水冷のディーゼル発電機しかありませんでした。ですから非常用電源には、水冷ディーゼル発電機を重複して配置せざるを得なかったのです。

この点が、古い設計の発電所を多く抱える米国の、テロ対策上の悩みだったのでしょう。Ｂ５ｂが非常用発電機の分散配置を強制発動した理由です。テロは津波と同じで、武力攻撃という1つの原因で、複数の機器やシステムの機能不全を引き起こせます。これを、専門的には共通原因故障と呼びます。

地震や火災なども、共通原因故障を引き起こす可能性を持っています。同じ場所に、同じ機械が集中して配置されていれば、地震、火災、テロといった同一の原因で、同時に壊れる確率は高くなります。二重、三重に配備した安全設備も、共通原因故障が生じれば同時にダメになる可能性が高くなります。福島の津波がまさにそれでした。


共通原因故障の対策としては、Ｂ５ｂが指摘した分散配置がその一つですが、その他に多様性があります。多様性とは、同一の機種を複数設置するのではなく、同一機能を持つ異なった機種を配備する考え方です。自動車のブレーキに、サイドブレーキがあるのと同じです。多様性があれば共通原因故障から免れやすいことは明らかでしょう。

多様性が有効なのは、テロに対しても同じです。形状寸法が変わっていれば、現場に不慣れなテロリストは同種の機器と思わず、意識的な破壊から免れる確率が高くなるからです。こう考えてくると、Ｂ５ｂが指示した同じ場所に置かないという分散配置は、多様性と似た考え方の安全対策であることが分かります。

実は、原子炉の旧安全設計審査指針にも、多様性が要求されていたのです。

安全設備は、少なくとも2系統が独立して配備されていなければ、安全設備とは認められません。これを多重性といいます。多重性の要求根拠は、独立したものが2つあれば、仮に一つが壊れても、残りの一つが生き残って目的は達成されるとの一般常識にあります。ところで、この多重性要求に注意書きがあって、なし得れば多様性を併用することとなっていました。多様性が必要なことは、安全設計の当初から分かってはいたのです。

福島第一原子力発電所の建設時代は、多様性を取り入れたくとも、採用できませんでした。信頼の置ける非常用電源は水冷ディーゼル発電機しかありませんでしたので、水冷ディーゼル発電機を多重に配備する以外に、安全設計指針を満たす手段はありませんでした。

しかし今は違います。多様性を採り入れた設計は容易です。空冷ディーゼル発電機もあれば、ガスタービン発電機もあります。起動してから全出力に至るまでの時間も短縮され、大型機器の多い原子力発電所の設計要求に耐え得る製品が続々と出てきました。今は、非常用発電機は水冷ディーゼル発電機である必要はありません。幅広い選択が可能です。

残念なことに、建設から今日まで40年という多大な時間が、この技術進歩を取り入れないまま無為に流れていました。指針の注意書き、多様性要求を十分に取り入れなかったのは東京電力の責任です。そのミスを気付かなかったのは規制当局の怠慢です。双方が、ともに責任を負うべき問題です。

5．自然災害と安全設計

ここで原子力安全という言葉の意味が、少し変化してきていることに触れておきます。

もともと、原子力発電所の安全設計とは、保守ミス、点検ミスなど運転員のミスや機械が故障した時に起きる破壊（起因事象）の防止を図るとともに、発生した場合に発電所を適切に守るための緩和手段（安全設備）を用意することでした。

この安全設計においては、地震、津波、台風といった自然現象は、起因事象を誘発する脅威として取り扱われてきました。その方法は、過去の最悪データを参考に十分な余裕を持たせた設計に基づいて建物、防波堤などを作ることで、その脅威は取り除き得ると考えていました。福島第一の事故は、この点に誤りがあったことを、はしなくも気付かせてくれたといえます。津波は単なる起因事象ではなく、非常用電源全体を破壊する共通原因故障としての一面を持つことでした。

全体を破壊する事象、これはテロと同じです。その共通点は、第一に設計を超える（想定外の）破壊力を有すること、第二に多重性と独立性を基に作ってある安全設備をすべて使用不能にする（共通原因故障）、の2つです。

これに対して発電所の安全設計は、事故による発電所設備の破壊（起因事象）に対して、作動する緩和手段（安全設備）のうち最も有効な手段が使えないと想定（単一故障想定）した事故状態においても、発電所の安全が確保されるよう発電所全体を設計するというものです。日本語では、発電所を作るための安全設計と、自然現象やテロによる共通原因による破壊への対策は、どちらも安全という1つの言葉で表されますが、その中身が大きく違ってきていることに気付きます。

この相違を交通安全全体に例えてみると、比較的分かりやすいでしょう。発電所の安全設計は良い自動車を作る設計に相当します。それに対してテロや自然現象に対する安全は、自動車が走る基盤となる道路、標識、ガソリンスタンドの適正配置などを含めた社会全体にわたる交通安全です。安全の中身が違ってきているのです。

これまで原子力発電所に要求されていた安全を交通安全に置き換えて論じると、原子力発電所の安全設計は、ある程度の凸凹のある砂利道対策や、ガソリンスタンドの間隔、ミラーの視野など、自動車の安全運転に対応する事項には、すべて配慮しています。単一故障想定ルールによって、自動車以上に、原子力の安全設計は完備されているといえるでしょう。ですが、通常の自動車が砂漠の砂の中を走るようには設計されておらず、また適切な距離ごとにガソリンのステーションがあるように、原子力発電所の場合もある程度の常識的な社会条件に基づいて設計が行われているといえます。これは致し方ないことでしょう。

福島事故を交通事故になぞって示しますと、地震によって道路が壊れ（停電）、津波によってガソリンスタンドが使用不能（全電源喪失）となった環境下で、動いていたエンジンも停止した（炉心冷却の停止）という状態に陥ったといえます。仕方なく目的地に向かって自力で歩き出しましたが（崩壊熱利用の冷却装置）、水も食糧もなくなり、力尽きて遭難するに至った（炉心溶融、爆発）と例えれば、分かりやすいでしょうか。

安全設計は、最悪の場合、自力で歩くことまでは想定に入れていましたが、その時間は短く（8時間）、歩いている間に必要な水や食糧の補給は途中でできる社会構造であるとの前提に基づいた設計でした。津波で、前提となる社会条件がすべて壊れるとまでは考えていなかったのです。社会条件は常識的な範囲で利用可能であり、水や食糧は費用を払えば手に入る（停電は8時間で復旧する）というのが前提でした。

この間違いは、安全設計の前提条件として自然現象を取り扱っていたところにあります。福島事故では、自然条件は、安全設備を一切合切破壊する共通原因故障の原因となって働きました。改めるべきはこの点です。福島事故の教訓、反省点はここです。

安全とひと口に言っても、原子力発電設備の安全設計とテロや自然現象に対する安全対策との間には、起因事象と共通原因故障という本質的な相違点が存在します。前提条件を変えて対策を考える必要があるということが分かります。

言葉が似通っていて煩わしいのですが、テロも自然現象も安全設計も、すべてを含めた安全が「原子力発電の安全」です。これは「安全設計」とは違います。この点をしっかりと確認しておいてください。車に例えれば、「原子力発電の安全」は道路から交通標識、ガソリンスタンドから、警察、ＪＡＦまで、すべてを総合した「交通安全」に相当するものです。「安全設計」は自動車の設計です。別物なのです。では、「安全設計」を「原子力発電の安全」に昇華させるには何が必要でしょうか。それが**次章**で述べる防災安全です。

第3章　安全再構築

1．これまでの原子力安全

これまで、福島第一原子力発電所事故の、炉心溶融と爆発、放射能放出、津波と全電源喪失について述べてきました。**本章**ではこれまでの原子力安全の歴史とその変遷について述べ、その反省に立って今後取るべき安全対策の方向を示したいと思います。その中で、原子力規制委員会や多くのマスコミが犯している間違いについても指摘することとします。問題は、どうしても話が理屈っぽくなることですが、これはお許し願いましょう。一般読者には、斜めに読んで頂くだけで十分です。

原子力開発初期の昔から、核分裂反応は反応時間が非常に短く、かつ桁違いの膨大なエネルギーを発生するので、原子力の制御には従来採用されてきた人の目と手に頼る方法では無理と考えられていました。

その当時の技術レベルは、第２次世界大戦を調べれば分かりますが、標的は望遠鏡で眺めて狙いを定め、号令によって大砲を発砲するのが常識でした。今日の長距離ミサイルは自分で目標に到達します。命中精度の高さは比較になりません。このような昔の技術レベル時代に、原子力発電は誕生したのです。従ってその完成には、人手による制御ではなく、正確で飽きることを知らない機械による制御が不可欠と考えられました。戦勝各国はその研究と開発に、しのぎを削りました。

商用原子力発電の完成第１号は英国の黒鉛炉、コールダーホール原子力発電所でした。次いで米国がＰＷＲのシッピングポート原子力発電所を完成しました。その後の軽水炉の発展は、敗戦国であったドイツと日本が共に米国と協力して進めました。今日のＰＷＲ、ＢＷＲの安全設計を完成させたのは、米独日3国の協力があってこその成果ですが、協力のきっかけは、1970年代初頭に起きた石油ショックが引き起こしたエネルギー危機です。

今日、軽水炉が世界の原子力発電の主役となっているのは、他の発電炉と比べて格段に信頼の置ける、安全設計を裏付ける実証実験の結果があるからです。いま国際的に広く使われているIAEAの国際安全基準（NUSS）は、この米独日の3国が心血を注いで作った安全設計の指針を手直ししたものです。

原子力開発当初の夢であった機械による発電所の制御と安全確保は、今日完成の域にあります。では何故、福島事故は起きたのかという読者からの疑問の声が聞こえてくるようですが、**本章**ではこの点を述べていきます。

現行のIAEA国際安全基準（NUSS）には、安全設計の指針だけでなく、政府組織、立地、運転、品質保証についての5つの指針が含まれています。少し裏話を紹介しますと、1986年のチェルノブイリ発電所の事故は、IAEAの国際安全諮問委員会（SAG）が10年もの審議を経て作り上げた旧安全設計指針（NUS）が完成して、わずか1年の後に起きた事故でした。この事故の反省に立って改訂されたのがNUSSです。俗に、1992年のIAEAの安全指針改訂といわれているのがこれです。

この指針改訂では、運転員ミスの連続により起きたTMIとチェルノブイリの事故を反映して、これまでの機械任せの安全確保（安全設計）から運転管理にも安全の責任を委ねる体制に改訂されました。粗い説明にとどめますが、具体的に2つの大きな変更が加わりました。その1つは格納容器の設計圧力にゆとりを持たせることと、もう1つは運転開始に先立って近隣住民の避難路を用意することです。

敷衍《ふえん》するとこの2点は、これまで安全設計では考えていなかった過酷事故（シビアアクシデント）の存在を認め、それに必要とする安全対策を付加したものといえます。このことは、過酷事故時の防災対策の必要性と、事故対応による状況の緩和の可能性を認めたことを意味しているといえます。

格納容器の耐圧設計にゆとりを持たせたということは、運転員の非常時操作が可能となるよう時間的ゆとりを与えることを意味します。

このことは、原子力開発の初期に考えられた機械による原子炉の制御から、安全の最終責任が人間の手に移ったという、安全の考え方の変更を意味します。原子力発電の経験を重ねるに従って、人間の手と目による原子力制御の必要性が、特に緊急時の対応において、改めて認識されたのです。事故状況の緩和を図る運転員の対応を事故時対応（アクシデントマネージメント）といいますが、この対応を定めることにより運転員が果たすべき安全上の役割が定まり、事故における責任の所在がこれまでの機械設備から運転員に移ったのです。安全についての思考上の大きな変化です。

臨界前に避難路を用意することは、機械が果たす安全確保（安全設計）を上回る過酷事故の存在を認めたもので、その中には、住民避難に至るような災害も起き得ることを示唆したものです。

ＮＵＳＳが過酷事故の存在を認めたことから、原子力発電保有国は、それぞれに対策を考えました。例えば、福島第一の事故で話題となったベント設置はその具体例です。それまでＢＷＲの安全設計には含まれていなかったベントは過酷事故対策として採用されたものです。

当時の国際会議に発表された論文などをみると、過酷事故対策については百花繚乱ともいえるほど多くの発表がありましたが、その多くは格納容器の余裕について検討したものでした。しかしながら、具体的な事故時対応策となると発表は少なく、各国それぞれに、自国の国情を斟酌して準備をするといった程度でした。

その理由は、事故時対応策を準備するにしても、参考となる過酷事故の事例が、軽水炉ではＴＭＩ以外になかったからです。考えるにも、具体事例がなかったのです。その意味で福島事故は、原子力防災についての具体的問題を世界に与えた反面教師といえます。

ＩＡＥＡに集まった専門家も、具体策となると確とした考えは持っておらず、ただ防災ルートを準備するという表現にとどまらざるを得なかったのです。過大な事故想定は国費の浪費となりますし、過小な評価は悲劇を招きます。ＴＭＩだけの知見では不足でした。他日を期す、それが福島になったのは大変遺憾なことですが、これが１９９２年当時の実情でした。私はその頃の約10年間、国際安全諮問委員会の日本代表委員を務めていましたので、その雰囲気はよく知っています。

安全設計から運転安全へ、設計基準事故から過酷事故対策へ、１９９０年代の発想転換は正しく、また時宜を得ていたといえるのですが、肝心の防災対策となると茫漠として決め手がなく、各国ともに試行錯誤して苦しんでいたというのが世界的な時代風潮でした。

その具体例の一つが、これまで行われてきた原子力総合防災訓練の恒例行事です。防災服を着用した総理大臣がテレビに出演し原子力発電所事故の指揮を執る風景、こんなことが始まったのがこの頃です。だが、折角テレビに総理大臣が出演しても、肝心の防災のための具体策は、電力会社によるベントの設置を除いて、一向に進みませんでした。防災についての意識高揚運動、これが精一杯の時代だったと言えましょう。

マスコミが好んで使う安全神話とは、こういった状態を指すのでしょう。テレビでは、したり顔の識者も、反対派の闘士も、国会議員も、原子力事故が起きれば幾百万人が死ぬなどというデタラメ物語には議論に花を咲かせますが、その対応策については、誰も、何も、論じませんでした。事ほど左様に、原子力防災は具体策が見えないままに、月日は３・11に向けて進んでいったのです。

２．安全設計と自然災害

では一体、福島事故は何を我々に教示しているのでしょうか。それは、自然災害は安全設計のためのインプット（前提条件）ではなく、過酷事故を引き起こす脅威となり得るという、具体的教訓です。自然の破壊力は安全設計を上回る脅威となり得ることが分かったのです。これは重複した運転ミス、テロ攻撃も同じです。

これまでの安全設計では、自然現象を堅牢な構築物を作るための設計条件と考えていました。従って、過去の歴史を調べ、その最大記録や発生頻度を参考にして、これ以上の事象は起きないであろうと考えられる最悪条件を定め、その値を基準として建物や機械設備を設計製作してきました。これは世界共通の考え方です。地震、津波、台風、洪水、つむじ風、火山噴火、大雪、酷暑、極寒等々、書き出せば枚挙にいとまがありませんが、これらすべての自然現象は設計条件として取り扱われ、それらに耐えるよう設計上配慮していたのです。

この中で、1つだけ特別な設計法を確立した例外があります。それが地震、耐震設計です。原子力発電の黎明期の頃の研究用原子炉の耐震設計は、まだ最悪条件をインプットとする設計でした。関東大震災の3倍に設計しておけば十分といった、極めておおらかな時代でした。福島第一原子力発電所の敷地高さを10メートルと決めたのと同じおおらかさといえます。自然現象についての当時の知識はその程度だったのです。

ところがそれ以降、地震国日本は米国に学んで、地震波を捉え、分析し、それらを参考にした振動解析を行うなどの、工学的な耐震設計手法を学びました。その結果、建造物は地震に対して非常に堅牢となりました。１９７５年頃からの変化です。今回の東日本大震災においても、福島第一を含め、震源域に位置する15基の原子力発電所すべてが、マグニチュード9といわれる設計以上の地震に耐えました。

なお、国会事故調査委員会は地震動により福島第一1号機の配管破断が疑われると報告書に記載しましたが、その見解を支持する証拠は何もありません。東日本大震災に遭遇した他の14基の発電所も、津波による被害こそ甚大でしたが、地震により原子力発電所の重要な設備に被害はありませんでした。なぜ1号機だけが地震による配管破断が疑われるのか、まったく不思議な話です。津波が到達するまでの約40分間、1号機は正常に停止し、冷温停止に向かって円滑に作動していました。プラントデータはすべてが正常で、地震被害を示すデータも兆候も、何ら記録されていません。この事実を無視して書かれた国会事故調査委員会の報告は、極めて恣意的な歪曲があったと思います。

話は元に戻りますが、このような優れた耐震設計法が編み出されたのは、複雑な地震波の振動解析が始まりでした。物作りが命である工学者達が地震という地球物理学の領域に参画して、工学的手法を駆使して作り上げた成果でした。ありとあらゆる地震波を集積し、分析することにより、地震の危害原因である地震動についての徹底的な振動解析を実施し、それに耐える建築構造物や機械設備類の設計を確立していったのです。今回の事故で活躍した免震重要棟なども、この成果の一つです。

この耐震設計が、すべての自然現象に対する安全対策のお手本となります。現行の安全設計指針では、地震以外はすべて推定最悪値を設計条件として使用することで可としています。その理由は、これまで、より妥当な方法が見当たらなかったからです。これは世界全体で考えねばならない問題です。

地震でその危害原因を振動問題と捉らえて成功したように、すべての自然現象についてその危害原因を解明し、特定して、広くデータを集め、それらに耐える工学的手段を開発することが必要です。耐震設計で成功したように、自然現象の脅威に対し工学のメスを入れる検討作業を、すべての自然現象について行うのです。この作業は膨大ですが、ＩＡＥＡを中心に国際協力で行えば、20年を経ずして完成するでしょう。この検討によって、自然現象に対して強靱な発電所が生まれることは必定です。また、その結果は広く一般産業にも応用されるでしょう。

以上が、自然現象に対して強靱な発電所を作る方法です。安全設計における自然現象対策です。強靱な発電所が生まれれば、福島第一のように、津波により一挙に安全設備が失われるといった悲劇は繰り返されないでしょう。安全設計としては合格です。

しかしながら、さらに考えねばならないことは、そこまでやっても、それを上回る自然現象の発生が起きないという保証がないことです。杞憂と言われるかも知れませんが、上回る事象は起きると考えるべきです。それが福島事故の反省事項です。自然現象が持つ脅威に対する防災安全対策を、もう一層用意するのが、福島の反省を踏まえた道です。

事実、福島事故の直後の２０１１年4月27日、竜巻により米国ブラウンズフェリー原子力発電所の３基が長時間の外部電源喪失状態に陥るという事態が起きました。昔の安全設計指針の基となった最大停電時間８時間を超えた停電でした。オバマ大統領が非常に心配して、激励に駆けつけたといわれるほどの長時間停電でした。結果は、Ｂ５ｂによって強化された非常用発電機の長時間運転によって、発電所の冷温停止状態が保たれました。

その後も米国においては、ハリケーンによる停電が度々起きているそうです。このごろ、自然現象は少し暴れん坊と化しているようにみえます。

先ほども述べましたが、自然現象は発電所の安全設計のためのインプットではなく、すべての安全設備を破壊しうる能力を持つ脅威と考えて、方策を講じなければなりません。この方策が、**次節**に述べる防災安全です。

3．防災安全

自然の脅威が現実のものとなって原子力発電所を襲ったとき、それを防止しうる完全な対策はありません。それは東日本大震災において、津波により約2万名に及ぶ死者および行方不明者の被害が出たことを考えれば理解できます。第一、東日本大震災が起きる前までは、福島県浜通り地方に地震の脅威はないというのが、地震学会の結論でした。科学技術も「完全に」とはいかないのです。

となれば、自然の脅威への対抗策は、被害状況をよく観察しながら、当事者が力と知恵の限りを尽くして災害の緩和に努める他に、道はありません。

福島事故では十数万名といわれる避難者を出しました。しかし炉心溶融や水素爆発の発生にも関わらず、原子炉事故及び放射線災害による死者は一名も出ていません。いわゆる原子力災害による死者は、ゼロでした。福島第一の職員および関係者は、よく務めを果たしたといえます。このような事故対応活動を、あまり良い命名ではありませんが、本稿では防災安全と名付けておきます。

防災安全と安全設計とは、相互に補完関係にありますが、中身は全く別のものです。安全設計を超える状態が起きた時、その災害をいかに軽微に止めるか、その第1弾が過酷事故対応でした。さらにそれを超える事態となった時の対策や活動を防災安全といいます。その中身を具体的に検討してみましょう。

福島事故後、電力各社は、非常用発電機の増設、電源車の追加配備などを行いました。防潮堤の設置、フィルターベントの設置などもあります。

このうち防災安全の範疇に入るものは、電源車の追加配備だけです。非常用発電機の増設は安全設計の強化です。フィルターベントは、格納容器の一部品とみなせば過酷事故対応の範疇でしょう。防災安全の範疇に入れても差し支えありません。防潮堤は薄利多害の金喰い建造物、安全の名を冠するに価する代物ではありません。

防災安全と安全設計の差、何となくお分かりになったかと思います。

防災安全は、災害の緩和低減を目指す行為ですから、その手段や方法は色々です。複雑多岐に渡ります。とても、計画されたプログラムに従って動くだけが能の機械設備では、間に合うものではありません。仕事の性質が機械のそれとは違うのです。防災安全は、人の判断の許に、人が動いて、初めて始まる仕事です。自動的に作動する安全設備とは、全く正反対です。

防災安全の準備は、原子力発電所の安全設計指針のように、世界一律ではありません。北海道の積雪対策を九州の発電所で必要としないように、防災安全は発電所の立地環境に強く依存します。すべて一様ではないのです。すべてが特殊という方が正しいかも知れません。

では防災対策としてどのような用意が必要でしょうか。難しい問題ですが、相手が巨大な自然現象ですから、まずは水と食糧、電気とガソリン、緊急時の集合場所と応急工事に便利な電気機械類でしょう。防災安全に使われる道具や機械は、人の働きを効果的に援助してくれる価値ある補助具です。金槌1丁、釘1本が防災安全に役立つこともあれば、1000億円を費やした防潮堤が邪魔な障害物となることも考えられます。今回の福島事故でも、緊急に必要としたものは、第一に電気と冷却水でした。免震重要棟と呼ばれる緊急集合場所は、2007年の新潟県中越沖地震の教訓を活かして建設されていたものです。この免震重要棟は役立ちました。発電所員は、この免震重要棟で寝泊まりして事故対応にあたりました。女川原子力発電所では、たまたま発電所内に残っていた1台の土木機械を自分達で動かして、簡易道路を作って外に出ました。発電所への道路が、地震で寸断されたためです。

この具体例が示すように、必要とする防災安全の機材は、時と所により違ってきます。応急に必要とする諸道具類は発電所で用意すべきですが、防災安全の設備、機材一式をすべて一発電所で揃える必要はありません。時間的にゆとりのある物品は、災害を受けていない地域から融通して貰えばよいことです。ただ融通しあう計画をあらかじめ用意しておくことは大切です。鉄道、海運、空輸、道路と、日本ほど輸送手段が多くまた完備した国はそうありません。この意味では発電所にヘリポートを用意しておくなどは、総理大臣の訪問のためではなく、効果的な防災安全対策といえるでしょう。

物品の運搬だけではありません。日本全体の防災安全を考えれば、国が準備しておく機材もあります。例えば大型の快速電源船です。今回の事故において、一隻でも電源船として使える船を発電所に派遣していれば、事態は変わったことでしょう。津波の余波は半日も経てば接岸できるほどには収まりますから、仮に送電開始が１日遅れたとしても、電気が利用できていれば、２、３号機の炉心溶融は防げました。電源船は、大型ポンプや応急の土木機材なども運べたでしょう。

原子力屋の手前みそですが、大型電源船には原子力船が最も適しています。重い原子炉は船の重心を下げますので安定度が増します。頑丈な大型船ですから、いざという時は数千名の避難民を運べます。また緊急時の司令塔として使えますし、作業員の寝泊まりも可能です。

電源船として使わない平時は、自衛隊か海上保安庁の訓練船として使えばよいのです。１隻建造しておけば、災害救助に大変な力を発揮することでしょう。かつて、南極観測船の「宗谷」が、旧ソ連の原子力砕氷船オビ号に救助された故事が思い出されます。

震災当時、菅首相は米国からの救援の申し出を断りましたが、これは考えが浅すぎました。技術大国の驕りが先に立ったとすれば、あまりにも原子力を知らなさ過ぎました。米国が何を考えていたかは分かりませんが、全交流電源喪失による苦闘状態を首相が正直に米国に伝えれば、原子力潜水艦による電力の供給くらいは考えてくれたかも知れません。それ以前に、海上保安庁や海上自衛隊の艦船を福島第一に派遣して、電力供給に当たらせる緊急支援活動を、菅首相はどうして考えつかなかったのでしょうか。防災安全という発想が政府首脳に全くなかったという証拠でしょう。

防災安全は、自然災害大国である日本が今後考えていかなければならない問題です。アドバイスできるとすれば、防災安全は人が考え、人が行う安全活動ですから、人を訓練することが大切です。人の嫌がる危険な作業に我が身を投じる活動ですから、義侠心と勇気のある人を育てることです。ここに安全文化の淵源《えんげん》があります。その具体的な方策は、将来を担う若者に任せたいと思います。

4．原子力発電の安全

話が前後していますが、防災安全を説明した以上、その前段の安全を担う原子力安全について述べなければなりません。原子力安全を後回しにしたのは、理屈っぽい話が続くからです。

原子力発電が本格的に始まってから既に40年以上が経っています。その間に起きた原子力災害といえば、ＴＭＩとチェルノブイリの2つの事故だけでした。型式も安全設計の概念も違うチェルノブイリ事故を別にすると、軽水炉の事故はＴＭＩのみ、それも放射線被曝を含めて一人の死傷者も出さない事故でした。その歴史的事実を踏まえて、原子力発電は安全であるとの認識が、世界に広まろうとしていた矢先に起きたのが福島事故でした。

それでは軽水炉の安全はどのようにして確保されてきたのでしょうか。その主力は安全設計です。言い換えれば、機器設備に頼る安全確保システムの完成です。少し理屈っぽくなりますが、機械設備に頼る安全確保の中心となる安全設計について、しっかりと述べておきます。

余談になりますが、20世紀における科学技術上の三大進歩といえば、原子力発電、宇宙開発、コンピュータでしょう。この中で宇宙開発での安全は、機器の品質を確実に作る品質管理技術に負っています。宇宙に飛び出すには、原子力発電のように何重もの安全設備を背負っていては、重くて宇宙に飛び出せません。その身一つを間違いなく作って、安全を保っているのです。これに対して原子力では、必要とする安全設備を数多く備えて安全を守ります。宇宙と原子力の安全確保のフィロソフィーは正反対であり、かつ好対照です。

本章の書き出しで、原子力開発の当初から、原子力発電を達成するには機械による間違いない制御が不可欠と考えられていた、と書きました。その理由は、昔から人類が馴染んできた化学反応に較べて、核分裂反応はあまりにも速く、あまりにも大きいエネルギーを発生するためです。この核反応を的確に制御するには、正確で飽きることのない機械設備以外には不可能と考えられたからです。

原子力開発が始まったのは、第2次世界大戦の余波も落ち着き、目覚ましい工学上の進歩発展が相次いで起きていた時でした。原子力発電はこの工学の進歩を利用して発展する形で、急速に完成に近づいていきました。同時に問題となり始めたのが安全確保です。膨大なエネルギーを短時間に発生する核分裂反応、その制御を機械に任せるしかない以上、安全確保もまた機械に頼らざるを得ません。安全設計という概念が具体的に始まったのが１９６０年頃からです。米国で起きたＳＬ―１の事故がきっかけです。

原子力安全は、放射能災害を起こさない発電所を作ることにあります。具体的には、放射能を内蔵する燃料棒を含め、放射能を閉じ込める障壁を確実に守る設計をすることです。

軽水炉では、核分裂反応を起こす燃料を包む被覆管、燃料棒を冷やす冷却水が循環する一次冷却材系統、これら放射能を持つ原子力発電設備全体を包み込む格納容器の３つを、放射能を閉じ込める障壁としています。これらを順に、燃料棒被覆管、原子炉冷却材圧力障壁、格納容器障壁と専門用語で呼んでいます。

安全設計は放射能災害を起こさない発電所を作ることですから、具体的には、放射能を内蔵する燃料棒、放射能を閉じ込める障壁を、確実に守る設計をすることです。なお、格納容器障壁は、この２つの放射能障壁が破れた場合に、放射能を閉じ込める最終防壁として働くよう、密閉構造に作られた頑丈な耐圧建造物です。

この開発黎明期には、今日のように大きな格納容器を作る技術がありませんでした。このため、ＰＷＲ発電所として最初に作られたシッピングポート発電所は、格納容器を３つも持つ発電所でした。原子炉を内蔵する格納容器１基と、２つある蒸気発生器を収容する２基です。その代わりに、タービン発電機は復水器を覆う建屋の屋上に、青天井で設置されていました。今残っていれば世界遺産として申請されたかも知れませんが、惜しいことに発電所の廃炉工事第１号として解体撤去され、その跡地は更地となっています。

何しろ、今日のように原子力発電所の設計が十分に固まっていなかった頃の話です。

安全設計の考え方は、原子炉からタービン発電機に至るまでの発電システムで使用されている機械設備が、故障したり破損したりするところから始まります。この出発点の故障や破損を起因事象と呼びます。運転員の誤操作、保守補修ミスなども起因事象です。起因事象が起きれば、円滑に作動していた発電システムには、通常状態から外れた何事かが起きます。例えば、冷却材ポンプが壊れれば、燃料棒温度が上昇するとか、原子炉圧力が上昇するといったような、異常状況が発生します。この異常状態を復元させたり、緩和したりする設備が安全設備です。

安全設計では、設計図に描かれた機器設備の一つ一つを起因事象として壊してみて、3つの放射線障壁に与える影響を検討して、その対策として最も適切と考えられる安全設備を設計します。当然のことながら、類似の異常状態を招来する起因事象が多くありますから、必要とする安全設備も、その大小は別として、同種の設備となることが多いのです。安全設計では、この中で最も容量の大きい設備を、発電所の安全設備として採用します。大は小を兼ねるというわけです。この検討を、発電所の全機械設備を対象に隅から隅まで行えば、できあがった安全設備群は、論理上すべての起因事象に対応できるということになります。

この安全設計をチェックするのが安全解析の仕事です。起因事象それぞれについて計算解析を実施して、安全設備が働いて、燃料棒や圧力障壁が破壊されないことを計算上確かめます。この計算に、単一故障想定という、意地悪いルールを加えます。単一故障想定とは、起因事象によって起きた異常状態を復旧緩和するのに最も効果的に働く安全設備を除外するという意地悪いルールです。この単一故障想定をクリアするには、原子力発電所に置く安全設備を、重複して配備するしかありません。

安全設計指針が、発電所が具備すべき安全設備に対して多重性、独立性、試験可能性を要求しているのは、この単一故障想定の裏返し要求でもあります。電力会社が、原子力発電所は二重三重の安全対策が施されていると説明する根拠も、ここにあります。

さて、計算解析の結果に間違いがなく、燃料棒や安全障壁が健全に保たれることを確かめるには、実験による検証が不可欠です。何しろ実験する相手が原子炉ですし、しかも事故状態ですから、そう簡単には実験できません。この実験検証に、米国は広大な砂漠を利用して実物原子炉を使っての実験を行いました。これに協力したのが日独の2国です。いわゆる安全性研究における国際協力の始まりです。１９７０年代の初頭の頃からです。

米国の原子炉実験で、原子炉そのものの事故状況が総合的に確かめられました。**第一部第1章3節**で書いたＰＣＭ実験もその成果の一つです。日独は、複雑な事故挙動を要素別に区分し、区分ごとに緻密な実験と解析を実施しました。これらを合わせて安全解析コードの作成検証を終了したのが、１９８０年少し前のことです。

実験と解析の結果は、総体的に複雑な事故現象とよく一致しています。安全設計に従って原子力発電所を作れば安全は保証されると、関係者の誰しもが思いました。ところが、こう思った直後にＴＭＩ事故が起きました。１９７９年3月のことです。原因はポンプの故障でしたが、保守ミスや運転員の判断ミスなどが重複して炉心溶融に至った事故です。この事故を契機に、運転安全への模索が始まったことは既に述べました。

安全設計は、原子力発電のシステムが起こす単純な故障や誤操作に対しては、極めて有効です。完全に近いといってよいでしょう。しかしTMI事故のように運転員ミスが重なって、単一故障想定を超える事態が生じ、状況が複雑になると破綻を来します。事故の状況を把握した運転員によって、人力に頼る安全操作が必要になります。これが「AM」と略される、アクシデントマネージメントです。

安全設計は、原子力の安全を守る最前線の設備ですが、原子力開発初期に夢見た万能の安全手段ではありませんでした。安全設計が安全確保の首座の位置を降り、安全の責任が原子力発電所の管理責任者に委ねられたのはこの頃からです。

安全設計における自然現象の取り扱いも、この時点で気付くべきであったでしょう。ですが、1992年の安全基準NUSSの改訂に際しては、関係者の目は運転安全には向けられていましたが、自然現象については堅牢な構築物を作るためのインプットと考えただけで、安全設備を破壊し尽くす脅威であるとは、誰一人考えてはいませんでした。この欠点を突かれたのが福島事故です。運転安全と同じく、自然は安全設計を超える脅威であると、気付くことになりました。

では、安全設計は自然の脅威の前に無力なのかといえば、それは大間違いです。福島第一5、6号機は、たった1つ生き残った非常用発電機をやりくりして、冷温停止を達成させました。その道具となった非常用発電機は、安全設計に基づいて作られた安全設備の一つです。

より力強い証拠があります。それは1~3号機の溶融時間が違っていることです。崩壊熱で働く炉心冷却設備RCICが働いた時間だけ、2、3号機の炉心溶融時間に差が生じたように、安全設計が原子力安全を守る基礎であることは、昔も今も変わりありません。

原子力発電の開発当初は、「安全設計」と「原子力の安全」とは同義語でした。安全設計への絶対的ともいえる信頼が、今回の事故を招きました。福島事故は、原子力発電が今後「安全設計」から「原子力の安全」へと脱皮する必要性を強く示唆しています。それは、車社会の安全が、車の設計だけにあるのではなく、広く交通安全手段全体にあるのと同じです。原子力発電の安全を確保するには、安全設計はもちろんですが、広く交通安全に相当する、発電所を取り巻く周辺問題の解決が大切となります。

車の設計に相当する「安全設計」は、ＩＡＥＡの安全基準ＮＵＳＳに代表されるように世界共通です。発電所の設計は、発電所が置かれる地形や社会状況などから独自に設計される部分もありますが、安全上最も重要な原子炉および発電施設の設計については世界共通です。発電所ごとの変化はそれほどないのです。強いて相違点を挙げれば、古いか新しいか、作り方の上手下手、品質の善し悪しくらいです。軽水炉がほぼすべてを占めるようになった今日、原子力発電の安全設計はほぼ同じと考えて差し支えありません。どこの国の車も、主ブレーキとサイドブレーキの両方を持っているように、今動いている世界の軽水炉の間では、安全設計に大きな相違はありません。

原子力規制委員会は、世界一の新たな安全指針（規制基準）を制定して施行すると言っていますが、それは不必要なほど力みすぎです。今、新規制基準で行われている規制は活断層の規制だけで、原子力安全の規制ではありません。その前の原子力安全・保安院が実施していた規制は、品質保証の細部にこだわった規制で、誤字脱字規制とあだ名を付けられていました。いずれも、これまで述べてきた安全設計の考え方を合理的に実行しているとはとてもいえません。

新基準は、定義や分類に首を傾げる部分が散見されます。全世界が使用している車の安全設計に変化はないように、世界で採用されている原子力の安全設計に変化がないとアドバイスしておきましょう。となると、広く「原子力の安全」へ展開するためには、原子炉（安全設計）の改造ではなく、安全設計に不足していた原子力周辺の安全、防災安全の取り入れにあることが分かります。防災安全は原子力発電に関わる総合的な安全対策と言い換えてもよいでしょう。それは、自動車の走る道路であり、道路標識であり、適切な距離ごとに配置されるサービスステーションであり、さらにはそれでも起きる事故車や故障車に対処できるＪＡＦの仕組みなど、すべてです。

5. テロ対策

5・1　原子力テロとは何か

私は、テロ対策の専門ではありませんが、原子炉安全の立場からＩＡＥＡの関連委員（AdSec：IAEA Advisory Group on Nuclear Security）を2年間ほど務めた経験があります。今後の原子力安全にとって、テロ対策は自然現象とともに、防災安全を固める上で重要になると思われます。未熟を承知の上で解説しておきます。

まず、原子力テロについては、４×４と覚えておくと見落としがなく、全体をほぼ網羅できます。最初の４は大項目で、その中身は

①原爆を盗む

②核物質を盗む
③放射性廃棄物を盗む
④原子力発電所を攻撃する
の4つです。

テロリストにとっては、原爆を入手するのが一番手っ取り早い方法です。これが項目①の原爆を盗むです。ただ原爆その物を盗むことは警戒が厳しく、テロ組織といえどもそう簡単にはできません。となると、原爆を盗むより、原爆を持っている政府を乗っ取る方が容易かも知れません。米国政府が、政情の不安定な国の原爆保有に神経をとがらせる所以は、ここにあります。

②は核物質防護と呼ばれている事項です。核拡散防止の目的で創設されたＩＡＥＡの主業務、発足以来、継続して実施されている業務です。旧ソ連の崩壊時代、貯蔵されているプルトニウムなどが国外に流出しないよう、非常に神経をとがらせた時期もあったようですが、業務は極めて厳格に実施されています。

③の放射性廃棄物の入手は、前2者と較べると容易に思えます。その代わり効果は小さいのです。放射性廃棄物には、高レベル廃棄物と低レベル廃棄物の2つがあります。高レベル廃棄物とは、使用済みの核燃料を再処理してウランやプルトニウムを取り出した後の、放射能廃液をガラスに固めた物をいいます。別名「ガラス固化体」とも俗称しますが、この放射線量はべらぼうに高く、仮に近寄って直接見たとすると、ＪＣＯ事故で亡くなられた職員と同じ程度の放射線被曝を受け、アッというまもなく倒れるほどの線量です。ガラス固化体は、分厚い鋼鉄の遮蔽容器の中に入れられて厳重な警護の下で運

搬されますから、この窃盗は怪盗アルセーヌ・ルパンでも無理でしょう。仮に盗めたとしても、大型のホットセルを持たなければ、開くことは不可能です。無防備で開けば即死です。

これに対して、低レベル廃棄物は大量に排出されるものですが、放射線レベルはそれほど高いものではありません。この廃棄物を爆弾に混入したものをダーティボムと呼んでいます。テロリストがこのダーティボムを使用することを心配する向きがありますが、中の放射線レベルが低いので、人体に与える影響は実質的には小さいものです。恐れるに足らずとは言い過ぎですが、最近では微量の放射能まで測定する計測器も出回っていますから、仮に使用されたとしても汚染場所は簡単に発見できます。テロリストが使用しても実質的な効果が上がるとは思えません。それよりも、ダーティボムという名前で脅す宣伝効果のほうが、脅威としては高い利用価値となるでしょう。いたずらに放射能を恐れすぎないことです。

④の原子力発電所の攻撃が**本節**の本命です。原子力発電所への攻撃は、さらに4つに枝分かれします。4×4の後の4ですが、その中身は、陸、海、空とインサイダーです。

陸、海、空がテロ攻撃の手段であることは、説明するまでもないでしょう。しかし最も警戒する必要があるのが、内部で手引きするインサイダーの存在と専門家はいいます。池波正太郎の小説『鬼平犯科帳』でいえば、裏戸の桟をそっと外しておく下女のお松の役です。将来、原子力発電所で働く人については、テロ対策上身元を厳重に確かめるといった、嫌なことが起きるかも知れません。

以上が原子力テロ全体についての雑駁《ざっぱく》な紹介です。私も、これ以上の知識は持ち合わせません。

原子力発電所のテロについて、9・11直後に最も警戒されたのが、不特定多数の人々が参加できる発電所の見学でした。以後、原子力発電所の警備は格段に厳しくなり、今では見学そのものが実質的にできなくなっています。

いま仮に原子力発電所の見学を希望したとします。まず、事前に住所氏名を明らかにして、見学許可を得る必要があります。次いで、発電所入構に際しては、パスポートか運転免許証の顔写真で本人確認がなされます。さらに発電所内部の保全区域に入るには、随行者に伴われる必要があります。さらに管理区域に入るには、放射線計測器使用に際して再度本人再確認が行われます。これらの入域にはすべて、バリケードがありますから、発電所見学を装ってのテロ実行はまず無理でしょう。仮に、その意志があったとしても多勢に無勢、行動開始と共に取り押さえられるのが関の山です。

武力攻撃の攻め口は、陸海空の3つです。各々についての警備方法は当然違っているでしょうが、これは明らかにされていません。外からの観察で推測するだけです。

我々一般人が外から観察できるのは、陸からの攻撃に備えての、発電所正門付近の警戒態勢だけです。警戒は極めて厳重で、正門に至るまでのジグザグ道路を始めとして、トラックなどに分乗しての攻撃に対しては、十分に対処できるように見受けられます。海からの攻撃に対しては、海上保安庁の艦艇が1隻、常に沖合をパトロールしている姿が見られます。空からのテロ攻撃については、航空機1機が発電所を神風突入するのが精一杯でしょう。フランスではテロ対策として、再処理工場に地対空ミサイルを配備するとの報道もありました。

なお、原子力発電所に対する武力攻撃について、今考えられているのはテロだけです。戦争は考慮していません。テロと戦争とでは、攻撃の規模と質が違います。戦争ともなれば、例えば艦砲射撃で原子炉を狙い打ちにすれば、いかに分厚い遮蔽コンクリートに囲まれているとはいえ、度重なる砲撃によって破壊されるでしょう。バンカーバスターを持ち出せば、より効果的でしょう。１発で済みます。これに対してテロは、人目を忍んでの奇襲攻撃しかありませんし、武器もお粗末です。従って対処の仕方が全く違ってきます。

５・２　陸海のテロ対策、設計基準脅威

今述べた差を念頭に、テロ対策の教科書は次のような対処策を打ち出しています。まず、発電所の立地条件から、考え得るテロ攻撃を陸海空それぞれに想定します。この想定の最大のものを設計基準脅威と呼び、これに対抗できる防御設備や人員配置などを、予め発電所に準備しておくというものです。安全設計でいえば設計基準事故に相当するものです。設計基準事故までのトラブルは発電所にある安全設備で自動的に対応ができました。これと同じで、設計基準脅威までは、即応できるよう防備体制が準備されているということになります。

問題は、設計基準脅威を超えた攻撃です。原子力発電でいえば、設計基準事故を超えた過酷事故対応の問題です。この対応には、自衛隊の出動によるテロ鎮圧しかありません。テロ鎮圧までに、発電所施設がどこまで破壊されるか、その破壊がもたらす原子力災害はどこまでのものか、ここがテロ対策の課題となります。

テロ攻撃がどこまで効果的に原子力施設を破壊できるのか、この鍵を握るのがインサイダーといわれ

ています。インサイダーの能力と攻撃の時間の長さがテロ攻撃の成否を分ける問題といいます。逆に、どの程度までに破壊を防止できるかは、攻撃をどれだけ素早く退治できるかにかかっています。いわば、テロと守備隊の攻防の時間的競争といえます。テロを素早く退治するには、出動する守備隊の基地が発電所に近いほど有利です。基地から遠い発電所は、必然的にテロ対策の強化が必要ということになります。

逆に攻撃するテロ側から見れば、同じ安全装置が隣接して配置されている古い発電所は、並んでいる同一設備を一挙に壊せるので、攻撃は効果的となります。一昔前までは、同一の機器は同一の場所に置くのが、運転保守上便利であるという考え方が支配的でした。しかし、テロ対策では全く逆です。同一の安全設備は、互いに離れた別の場所に設置するのが有利です。これは福島事故で、非常用発電機が同じ地下室に置かれていたため、津波によって同時に使えなくなったという教訓と同じです。テロ対策と自然現象に対する防災安全の考え方には、このような共通点があります。

1999年のJCO臨界事故において、現地に指揮連絡が行える緊急時対策施設（オフサイトセンター）がなかったことから、日本政府は約1000億円を費やして、主要な原子力施設の近隣にオフサイトセンターを設置しました。ところが福島事故では、地元大熊町に設置されていたオフサイトセンターが地震による破壊と停電によって使えなくなり、そこで事故対応に当たるべき役人は放射線レベルが高くなったことを理由にさっさと福島市に移転して、世の顰蹙《ひんしゅく》を買いました。オフサイトセンターは、人も機能も、何の役にも立たなかったのです。

いま政府内では、オフサイトセンターを廃棄して、少し遠隔地に免震構造で作られた放射線防護対策のある緊急対策所を新たに作ることを計画しているそうですが、本当に行うとすれば税金の無駄使い、もったいない話です。今回の事故でも、発電所の中に作られていた免震重要棟が事故対策所として効果を発揮しました。しかし、何らの被害もない東京の官邸は、立派な連絡設備を持ちながら事故対応の邪魔となっただけで、何の役にも立たなかったではありませんか。現場から離れた場所に新しい緊急対策所など作っても、現場に来たこともない役人が出張ってくるのでは、俗にいう「屁の突っ張り」にもなりません。国費の浪費です。

しかし、廃棄されるといわれるオフサイトセンターは、テロ対策として立派に使えます。数十名の自衛隊を交代派遣して、普段は教育訓練用施設として使えばよいのです。自衛隊が近所にいるだけで、テロ抑止効果が生まれます。そのために必要なことはただ1つ、毎朝の勤務ラッシュ時に国旗を掲揚し、完全装備での分列行進をすることだけです。お祭りなどの土地の行事に積極的に参加するのも、テロへの強い抑止力となります。テロを狙う輩には心理的圧迫が有効です。

テロ対策とは、このように何気ないところから始めるべきでしょう。

5・3　航空機テロ

原子力施設に対する航空機テロについては、9・11事件でハイジャックされたボーイング767型機2機が、ニューヨークの世界貿易センタービルに突入した事件の後、電気新聞の依頼で調査検討したことがあります（電気新聞リレー連載『米テロの事件の波紋』2001年12月3日～7日）。本書の目的からは離れますが、一般的に非常に興味を持たれる話題ですので、調査結果を簡略に述べておきましょう。

ハイジャックされた旅客機は合計4機で、うち2機が貿易センタービルに突入し、1機はワシントンにある国防総省ペンタゴンに突入し、最後の1機は、乗客と犯人との格闘によって墜落したといわれています。アルカイダの当初の犯行計画では「原子力発電所に突入を図る予定だった」との報道も、後日ありました。

貿易センタービルは、海に面して建てられた地上約530メートルの高層ビルで、ハイジャック機の突入後に巨大な火玉が登り、その後に大火災が発生して、約3000名（うち日本人24名）の死者を出しました。

原子力施設への航空機墜落問題は、昔から安全上の問題となっていました。航空機事故は離着陸時に多いことから、発電所近傍に飛行場を作らない、発電所上空を飛行しない、といった安全上の規定は作られていましたが、原子力にトラブルが起きるたびにマスコミはこの規定を平気で破って、ヘリコプターで発電所上空を掠めるように飛ぶ違反飛行を繰り返していました。

この問題が現実味を帯び始めたのは、青森県六ヶ所村の再処理施設の安全審査が始まった頃です。再処理施設が米軍三沢基地に近いことから、米軍戦闘機が工場に墜落した場合の安全が問題となったのです。再処理工場は、巨大な建屋が連続する天井の広い建物で、原子炉のように比較的小さい格納容器の中に納まっているのとは訳が違います。航空機が落下できる面積が広いのです。広い天井のどこかにファントム戦闘機が墜落したらとの懸念は、無理からぬことかも知れません。

この問題解決のために、建設主である日本原燃は、ファントム機の衝突実験を米国サンディア国立研究所に依頼しました。サンディア研究所は米国ニューメキシコ州にある国立の研究所で、ロスアラモス国立研究所に協力して最初の原爆実験を成功させたことで有名な研究所です。

実験は、重量約20トンのファントム戦闘機の機体をレールに乗せて、ロケット噴射により秒速２００メートルにまで加速させて、厚さ３・７メートルのコンクリート製の壁に衝突させる実験でした（**図2・3・1**）。私はこの実験記録を映像で見たことがあります。壁に衝突したファントムは、まるで提灯が畳まれるように、頭からくしゃくしゃと潰れていきました。墜突時間は約０・１秒と伝えられています。感覚的には短い時間ですが、爆発や衝撃現象と比べますと随分と長い時間です。一方、ファントムが当たったコンクリート壁には、深さ70センチメートルほどの大きな凹みが生じていたといいます。

９・11の後、この実験結果は関係者に紹介され、国際的に高い評価を受けました。航空機の衝突といえば、重いエンジンが破壊の牙となるように思っていましたが、これは錯覚で、実験は柔らかい機体全体が一体となって、１つの破壊力として作用することを示したのです。ついでながら、青森県六ヶ所村の再処理工場は、この実験結果を基に設計されていると聞いています。

９・11が示した航空機テロの問題は、

①航空機は格納容器に墜突できるのか
②墜突によって格納容器は壊れるのか
③墜突落下した航空機燃料が格納容器内で火災を起こさないか

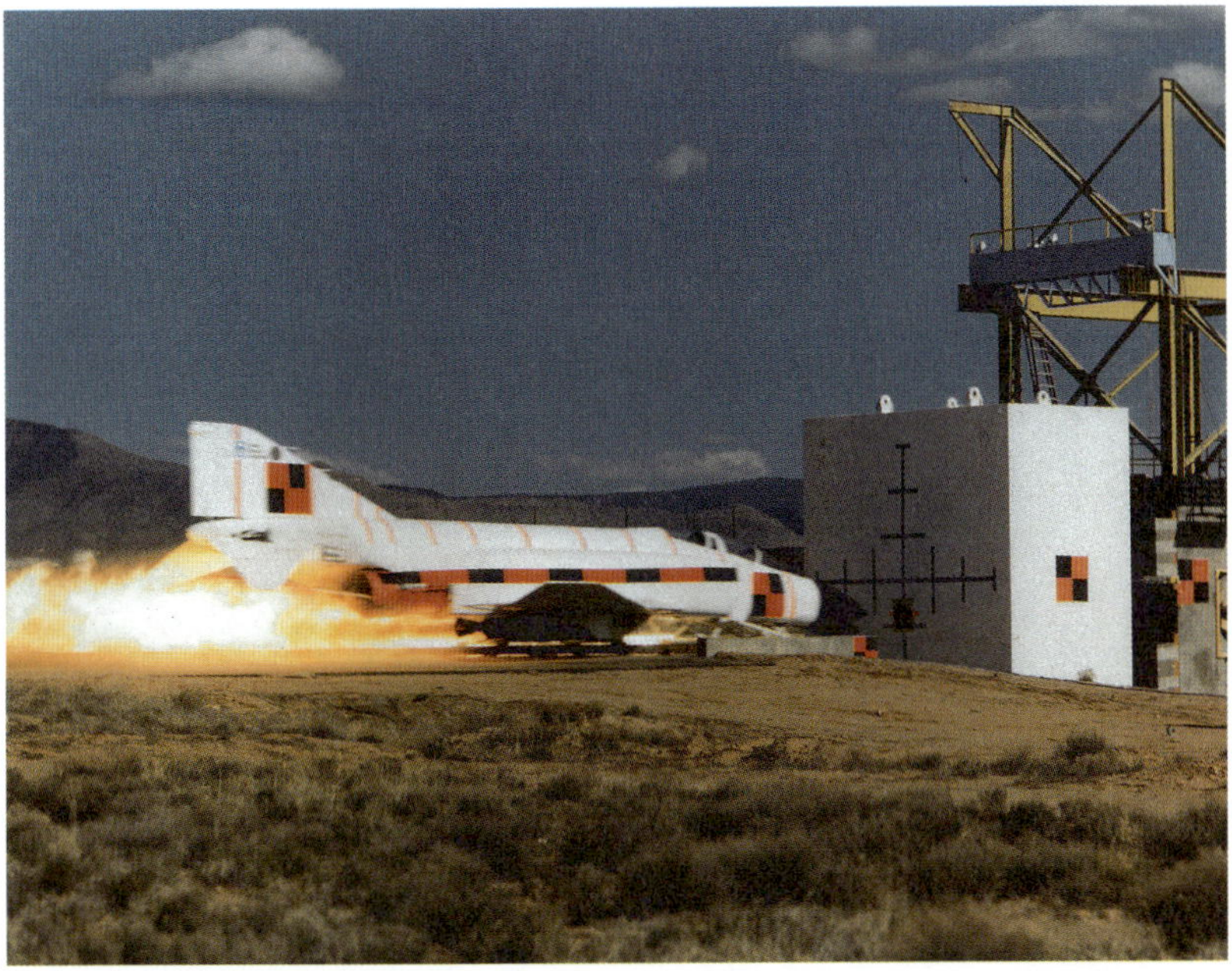

（サンディア国立研究所HPより）

図2. 3. 1　サンディア国立研究所におけるファントム戦闘機の墜突実験

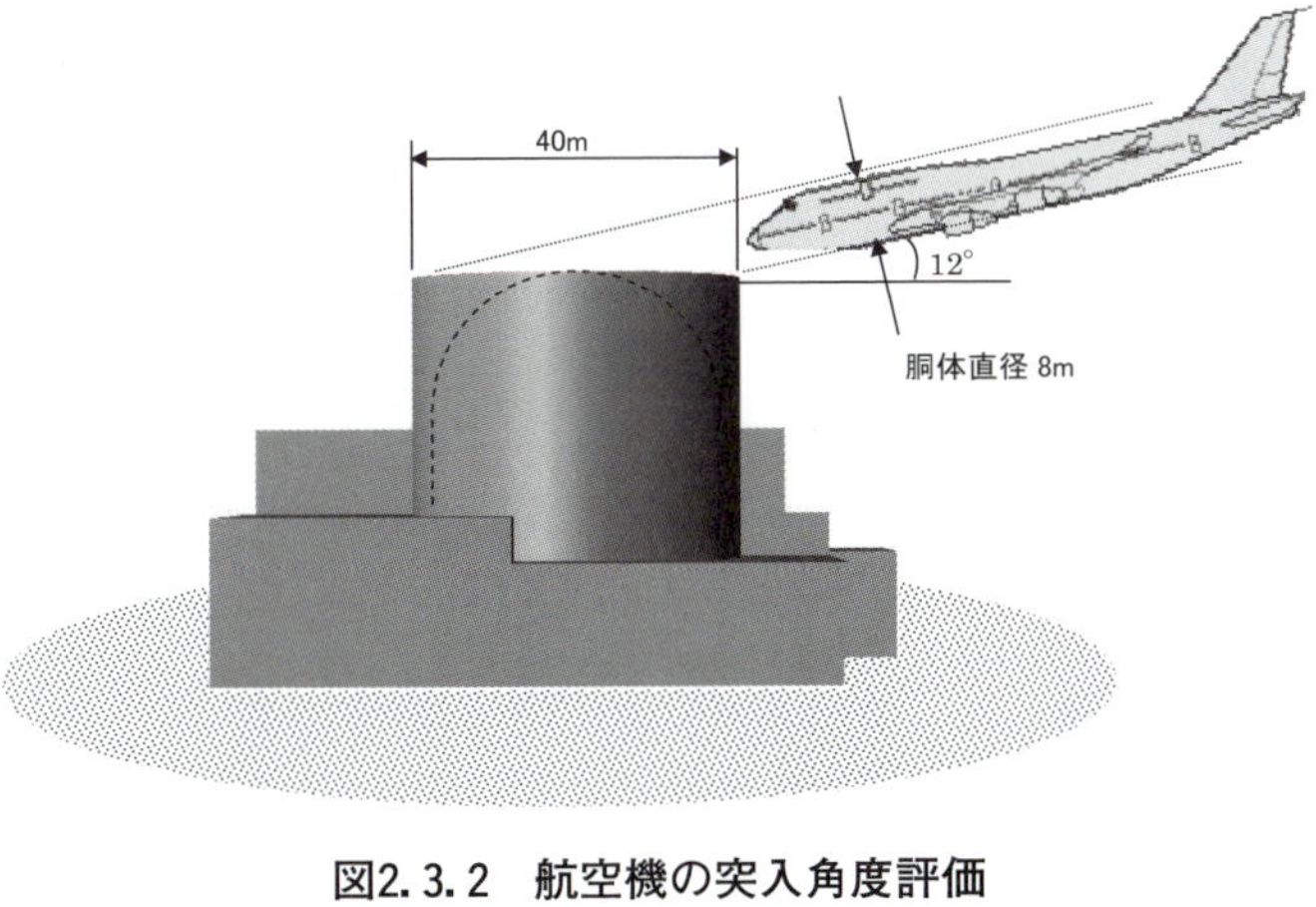

図2. 3. 2　航空機の突入角度評価

の3点です。これらを順次説明しておきましょう。

　テロ機が貿易センタービルに突入した速度は、巡航速度秒速250メートルの半分くらいといいます。破壊を狙うなら、より速い速度で突っ込めばより効果が上がると思うのですが、そうはいかない事情があります。低い標的に確実にぶち当てるためには、減速が必要なのです。

　テロ機は、少なくとも数十キロメートル先から高度を落とし始めたと推測されています。貿易センタービルは、高いといっても地上約530メートルです。高度1万メートルを飛行する旅客機にとっては、非常に低い目標物なのです。テロ機は、ビルの高層部分、約300メートルの高さに突入したといわれています。この高さまで降下するには、着陸時と同じ速度くらいまで減速する必要があるといいます。


「減速して一度高度を下げてから、狙いを定めて再加速すればよいではないか」との私の質問は笑われてしまいました。再加速すれば、航空機は浮上します。再加速は、遠方から定めた狙いを外す行為です。航空機が着陸するときに、遥か前方から滑走路を目指して、一定の降角を保ちながら緩やかに減速している情景を頭に描けば分かるでしょうとの返事でした。ちなみに、着陸の時の降下角度は3度くらいだそうです。

　この話から、海に面してそびえ立つ貿易センタービルですら、目標として衝突するには余程技量を磨いておく必要があることが分かります。地上50メートルの原子炉格納容器を狙うのは、更なりでしょう。おまけに原子炉周辺には、タービン建屋、スタック、タンク類、気象観測塔などがごちゃごちゃと配置されていますので、それらをかわして真っすぐに突入するのは、数多い実地訓練が必要といいます。長い滑走路を真正面に見ながらの着陸とは違うのです。熟達したパイロット達は、できないとは言いませんが二の足を踏むといいます。

格納容器に衝突することは、相当難しいことのようです。

次に、仮に衝突できたとして、その衝撃で原子炉を内蔵する格納容器が壊れるのかという課題です。サンディア研究所で実施したファントム機は、コンクリートの壁を約70センチメートル凹ませました。BWRの場合は、格納容器に至るまでに原子炉建屋の壁が沢山あり、その厚さは延べ4メートルほどにもなりますので、まず大丈夫といえます。

PWRの場合は、コンクリート格納容器の場合は壁圧が約1・3メートルで、鋼鉄製の場合は格納容器を保護する外周コンクリートは、厚さ約1メートルですから、ともに微妙です。

旅客機とファントムとの相違は、衝突速度など判断するのに不確定要素が多いのですが、検討をして頂いた方からは、衝突で壊すことは無理との返事でした。その判断の基となる計算結果は、テロ問題のこととして明かせないとの返事でした。困ったなと思案をしていたところ、意外な盲点があることに気付きました。そのヒントはビリヤード、玉突きが教えてくれます。

サンディアの実験は平板なコンクリート面への衝突でした。PWRの格納容器は円形です。円どうしの衝突ですから真心にぶち当たらなければ、玉突きと同じで、すべてのエネルギーが格納容器に伝わりません。平板への衝突とは違うのです。芯から外れて斜めに当たった航空機は、玉突きの玉のように、はじき飛ばされます。ただでさえ衝突するのが難しい、低い格納容器です。仮に命中しても、それが真心に当たることは希でしょう。すべてのファントムのエネルギーが、破壊のエネルギーに変わることはまず有り得ないのです。

残る問題は、航空機燃料による火災の問題です。これまでの検討から、格納容器の内部に航空機が突入できないことは分かりました。航空機の燃料は格納容器の外にこぼれると考えてよいことになります。２００１年11月13日、ニューヨークで離陸直後のＡ３００が住宅地に墜落しましたが、火災は近隣に延焼を及ぼすことなく鎮火されたといいます。一般的な航空機の墜落では、火災は取り立てて問題視する必要はないそうです。

テロ直後に話題となった問題は、鉄板で作られたＰＷＲ格納容器の頭部に旅客が突っ込み、そこから流れ込んだ燃料が揮発して、貿易センタービルで観察されたような火球を生じないかという問題でした。火球そのものの本質がまだよく分かっていませんが、映像から見る限り爆発現象とは違っているように見えます。

ところで、鉄製のＰＷＲ格納容器の真上には覆いがありません。コンクリート壁で外周が保護されているだけです（**図２・３・２**）。格納容器の頂部に旅客機が衝突すれば、航空機燃料が格納容器に入り火玉を作らないとは限りません。この場合、航空機は外周のコンクリート壁には触らないで衝突する必要があります。図をご覧ください。このための突入角度は、少なくとも12度以上必要ということになります。

降下角度12度といえば、スペースシャトル着陸の世界だそうです。旅客機とは桁違いの急降下ですから、普通のパイロットにその芸当ができるかどうか、しかもその目標は直径40メートルほどの小円の中心です。成功確率ゼロとはいいませんが、できないと考えた方がよいでしょう。

これも熟達のパイロットに意見を求めました。直接の返事ではありませんでしたが、曲乗りのできるパイロットなら小型のプロペラ機を使ってやれるであろう、との返事がありました。それも旧日本海軍が編み出した錐モミ降下の技術を使って、真上から急降下するのだそうです。ただし急降下に移る前に真上で旋回して、ポイントを確認する時間が必要とのことです。この防止対策には小銃1丁あれば十分で、格納容器の真上を旋回する不審機を撃墜するのは、比較的容易だそうです。

以上が航空機テロについての検討結果です。標的となる原子力発電所は目標が小さく、また衝突できたからといって、貿易センタービルのように格納容器の中にまで入り込んで、火災を引き起こすことは無理でしょう。

陸海からのテロは、警備の隙を狙っての武力攻撃ですから、対処方法は予め決まっています。設計基準脅威が決まれば、それを上回る武力を準備することによって補充のないテロを撃退できます。安全設計でいう起因事象は取り除けます。問題はその時間です。テロの攻撃時間が短く破壊量が少なければ、テロは失敗です。テロが退治された時点から、破壊を逃れた機械設備を利用して、原子炉の安全を図るのです。そのためには、同種の機器が同時に破壊されないよう、分散配置が効果的です。

これに対して、航空機テロは一発必中狙いです。衝突すればテロリストもいなくなりますから、2次攻撃は有りません。のるかそるかの一発勝負、これが航空機テロです。陸海と空では、対策や防御法は違ってきます。以上でテロの話は終わりとします。

第4章　廃炉への道

事故を起こした福島第一原子力発電所の廃炉工事は（正式には廃止措置といいます）、２０１３年８月に発足した国際廃炉研究開発機構が溶融燃料の状況や在処《ありか》を調べることを手始めに、40年後の廃炉完了を目指すといわれています。長い先の話ですが、気の早いマスコミ関係者から、どんなロボットを使うのかとか、溶融燃料の処分はどうするのかと、聞かれます。しかしながら、廃炉工事に携わった専門家で、この計画がその通りに完了すると考える人はいないでしょう。

まずは廃炉の説明から入ります。一般的に、廃炉が特殊で危険な工事と受け取られているのは、原子力施設には放射能があるからです。逆にいえば、放射能さえ完全に取り除けば、原子力施設は普通の一般施設と変わらないということになります。従って、廃炉工事とは、原子炉施設から放射能を取り除く工事といえます。そのため、工事に先立ち放射能の在処を正確に突き止め、取り除く計画を立てることが必要です。

原子炉の放射能はその99％以上が燃料棒の中にあります。これは核分裂反応が燃料棒の中のウランで起きていることを考えれば、容易に理解できることでしょう。残る１％未満の放射能は、原子炉の周辺にある構造物材料が中性子を浴びて放射能を持つ元素に変わったか（放射化といいます）、もしくは水中の不純物が放射化したかの、いずれかです。

普通の廃炉工事では、燃料棒を原子炉から取り出した後に工事を始めます。燃料棒を原子炉から取り出す作業は、毎年行っている燃料交換作業と同じですから、比較的簡単です。交換作業に使う遠隔操作機器も発電所に完備しています。この設備を使って、あらかじめ99％の放射能を持つ燃料棒を取り出してから、残る放射能がある周辺の構造物を取り除いて綺麗にするのが、一般的な廃炉工事です。ですから、廃炉工事で取り除く放射能量は量的には少ないのです。

しかし福島第一の廃炉工事は違います。原子炉の放射能の99％を占める炉心の燃料棒が、溶融して崩れた形となって施設内に残っています。その溶融した燃料は、まだ所在すら正確に分かっていません。溶融燃料の在処を正確に把握して、かつその物性が明確となるまでは、具体的な廃炉計画など立ちません。解体のための遠隔操作ロボットを開発するという話ですが、それは具体的な作業計画が立った後のこと。どこでどのようなロボットを作るのか、そんな先のことは全く決まっていませんし、分かってもいません。マスコミの人達は気が短すぎます。

政府は40年で終了するという福島第一の廃炉計画を、何とかやり遂げたいと思っているようです。その気持ちは私も同じですが、恐らくそれは無理でしょう。なぜなら、炉心溶融事故を起こした原子炉で廃炉工事を完了した事例は、特殊な米国のＳＬ―１原子炉１基しかなく、その他はすべて厳重な監視下に置かれているのが現状だからです。

１．炉心溶融を起こした原子炉の現状

炉心溶融を起こした最初の原子炉は、英国・セラフィールドに作られた黒鉛型炉ウィンズケールです。１９５７年10月に炉心が溶融し、放射性ヨウ素が環境を汚染し、近隣の牧場からの牛乳の出荷が８週間停止されました。ウィンズケールは出力の小さい黒鉛炉ですが、この程度の規模の事故でも廃炉工事は難しく、１９８０年頃に工事を検討していましたが、今は中断されています。それほど溶融燃料の持つ

放射線レベルは高く、取り扱いが厄介なのです。

１９７９年に炉心溶融事故を起こしたＴＭＩ発電所2号機は、溶融燃料が完全に固化した後、固化した溶融燃料を打ち砕いて取り出しましたが、その最終処分先はいまだに決まっておらず、広大なアイダホ砂漠の中にある国立研究所の敷地の中で、仮保管されています。また、溶融燃料を取り出したといっても、１００％完全とはいきません。従って、施設内の汚染状態はまだ高く、特別許可を得ないと見学すらできません。

１９８６年、旧ソ連でチェルノブイリ事故が起きました。炉心の黒鉛はすべて燃焼しましたが、残った燃料棒はすべてが溶融して、炉心を支えていた3メートルもの厚さのコンクリートを溶かした上、２メートルほど下の地下１階廊下に落下して堆積し、築山を築きました。崩壊熱はこの堆積物の中で発生するので、築山の真ん中は再溶融し、高温の溶液となって築山の外縁へ３度にわたって流れ出たといいます。この溶融物は、比較的粘性が低い物であったらしく、最後の流出では地下の廊下を50メートル先まで流れて固まったといわれています。例えて言えば、チェルノブイリの溶融燃料は、チューインガムのように薄っぺらな形状となって、流れて行った先で冷えて固まったのです。

チェルノブイリでは、事故当初から廃炉工事は考えませんでした。発電所からの距離30キロメートルの範囲の住民を強制疎開させ、通称「石棺（サクロファス）」と呼ばれる覆いを原子炉建屋に被せて、放射性物質の飛散を防いでいました。その石棺が事故後30年の風雪に傷み、脆化して壊れやすくなったので、ＥＵが資金１７００億円を出して新しい覆いを作る工事を進めていましたが、２０１６年11月に工事が完了したと伝えられます。今後60年後を目指して内部の放射性物質を取り除く計画であるといいますが、その費用捻出が大問題といいます。

なお石棺という一般名称は頑丈な構造物を連想させますが、実態は原子炉建屋の壁を補強して鉄パイプを並べた上に、鉄板を敷き詰めて天井としただけの簡易バラックです。風も通れば、雨も降り込みます。事故が起きたのは旧ソ連時代のことでしたが、今は独立したウクライナに変わりました。

余談ですが、強制疎開させられた30キロメートル圏内には、非合法に帰って生活している農民達が沢山いるそうです。また、人のいなくなった強制避難の跡地には野生動物が繁殖し、狼までいると聞いています。ニュースで聞く福島の避難跡地の状況は、これと似た状況になってきています。

炉心溶融を起こした原子炉で、唯一解体撤去された原子炉であるＳＬ―１は原子力潜水艦の乗組員を訓練するための小型原子炉で、クリスマス休暇で訓練生が帰郷していた間に行われた補修作業が済み、燃料棒の交換も終わって運転に移ろうとしていた矢先に事故が発生しました。１９６１年のことですが、作業員が太い手で、炉心の真ん中にある制御棒を引き抜いたのが事故の原因で、反応度事故による炉心溶融が起きたものです。

薄い板状に作られた、アルミ被覆金属ウラン燃料は瞬間的に蒸発し、近傍の水と反応して水蒸気爆発を起こしました。燃料は溶融蒸発して跡形もなくなり、ほぼすべてが原子炉建屋内に放散されました。水蒸気爆発が誘起した水撃力で、原子炉圧力容器は配管を引きちぎって真上に飛び上がり、頭上にあるクレーンに激突して元の位置に戻りました。その飛び上がりで、容器を取り巻く保温材が崩れ、落下した容器の下に、座布団のようになって敷かれていたといいます。

記憶に間違いがなければ、溶融した燃料棒は新しいものに取り換えられていたので、事故による放射能汚染はそれほど高くなかったと思います。加えて、反応度事故は急激に大出力が発生することにより起きる事故ですが、その発熱時間は数ミリ秒という短さですので、核分裂量はそれほど大きいものではありません。従って、炉心の持つ放射能量もごく少ないものでした。ＳＬ―１の原子炉建屋は除染され、その一部は研究室として使われました。私は留学時代に、この研究室で２週間ほど過ごした経験があります。

１９５０年代の原子炉の開発時代――敗戦国であるが故に原子力研究を認められていなかった日本がようやく研究再開を許されたばかりの時代ですが――、世界各国で多数の臨界事故（反応度事故）が起きました。まだ核分裂の連鎖反応（臨界）そのものがよく分かっていなかった時代です。もちろん、今日のようにコンピュータという強い味方も出現していなかった頃の話です。精度の粗い放射線計測器を臨界実験装置のあちらこちらに配備して、その測定値を見ながら、手計算と勘で燃料を装荷したり、制御棒を引き抜いたりして、原子炉を作る実験を行っていました。このような実験設備は、総称して臨界実験装置と呼ばれています。

当時、臨界実験で起きた事故は、ＩＡＥＡの調べでは60件ほどもあるといいます。これらの多くの装置は、今では使い物にならなくなり、多くが処分（廃炉）されたと思います。これらはみな、核分裂量が少ないために、放射線下の工事というほど大げさなものでなく、廃炉工事とは呼べない取り片付けです。憶測ですが、作業員の被曝線量を測りながら、手作業で撤去したのでしょう。

その他に原子力の開発初期には、軍事用原子炉も含めて、使われた研究用原子炉が相当数あります。これらの設備内容はまちまちですが、まだ未熟であった放射線対策のために、いたずらに分厚く頑丈な遮蔽体を持つ設備が多くありました。これらは、もちろん今では使い物になりません。無用の厄介者として廃棄処分に付されています。解体撤去されたものもありますが、燃料棒を取り出した後に永久埋設(Entomb）に付されたものもあるようです。原子力開発が始まってから既に60年、放射化によってできた放射能のほとんどが減衰して消滅していますので、埋設処分としたのでしょう。

2. 廃炉工事の黎明期と今

発電用原子炉の解体撤去が始まったのが、1980年代中頃からです。先ほど述べた格納容器が3つもある米国のシッピングポート発電所、英国の黒鉛炉WAGR、日本の動力試験炉JPDRが、発電用原子炉の廃炉工事としての一番手でした。面白いことに、これら初期の解体撤去工事の方法は、国情を反映してそれぞれに違った特徴を持っていました。

まず先頭を切ったシッピングポート発電所は、原子炉圧力容器や蒸気発生器といった大型の放射性機器はそのままの形状を保ったまま撤去して、放射線の高い小物は原子炉圧力容器の中に収納してコンクリートで固め、内部を密封して艀《はしけ》でハンフォード廃棄物処分場に運びました。

シッピングポート発電所の位置は、ピッツバーグ近郊のアレゲニー川とオハイオ川が合流する近傍にあります。両川はミシシッピ川となってメキシコ湾に流れ込みます。発電所の位置が米国東部の内陸ですから、米国西海岸ワシントン州にあるハンフォード処分場とは、随分と距離が離れています。原子炉容器や蒸気発生器など、廃炉で出た放射性廃棄物を陸送するには大変な費用が必要です。おまけに、TMI、チェルノブイリ両事故の直後のことですから、放射性物質の輸送には神経質で、さすがの米国政府も陸送には二の足を踏んだようです。

しかしこれからが廃炉関係者が示した、米国人らしいフロンティア気質です。陸送が駄目なら水運でと、トムソーヤの冒険話もどきに、艀《はしけ》に乗せて放射性廃棄物を運んだのです。それも、発電所のあるミシシッピ川を下り、台風で名高いメキシコ湾を横切って、パナマ運河を通って波高い太平洋にでて、北上してコロンビア川の中ほどにあるハンフォード処分場まで、舟底の平べったい艀での運搬をやり遂げたのです。

艀は平底の船ですから、波高い海での航海は不安定です。メキシコ湾名物の台風に出合えば一発で転覆です。しかし彼らは怯まず、天候を調べに調べて、それをやり遂げました。凄まじいばかりのフロンティア気質ではありませんか。なお、放射性物質の陸送は今では問題なく行われています。

英国は、最初から17年もの時間をかける廃炉計画を発表していました。理由は、発電所職員の失業対策です。17年も経てば職員の大多数が定年になり、その間に、今は不慣れでも廃炉工事のコツを覚えるであろうし、放射能も減衰する。工事が原子炉本体に達する頃までには、近隣諸国のどこかが廃炉作業に適した遠隔操作機械を開発するであろうから、その結果を見て採用しても遅くないという、極めて気長なものでした。悠々たる計画です。英国の大工さんは古い家を買って住み込み、内装を作り直して、新しい家として売って生計を立てるといいますが、その伝統でしょうか、少しも慌てません。

領土が広く人口の少ないカナダの廃炉計画も独特でした。タービン建屋など、放射能の少ない建屋にある機械設備は撤去して、人の集まる商店モールやオフィスに改装する。その作業で出てきた放射能は原子炉建屋に集めて保管する。１００年も保管すれば、コバルトや鉄といった放射化放射能はほとんど減衰してしまうので、その頃から原子炉の解体撤去に着手する。１００年も過ぎれば、放射線管理なしでも解体工事ができるくらい放射線量は低くなるだろうと豪語していましたが、残念ながら計画は実行に移されていないようです。この廃炉方式は密閉管理方式と呼んでいます。ただ、原子炉建屋などの長期間にわたる管理費を考えると、費用的には即時解体撤去とあまり変わらないといわれています。

これに対して日本は、みな勤勉でせっかちです。国土が狭いという事情から、廃炉計画の先には、工事を済ませた後の跡地利用も視野に入っています。

私が携わった旧日本原子力研究所の動力試験炉ＪＰＤＲの廃炉は、そのための試行でした。ただ研究所としては、目的もなしに解体撤去しても面白くないので、色々と研究目的を定めて廃炉工事計画を立てました。例えば、工事によって出てくる放射性廃棄物の容積をできる限り少なくしたり、切断機の性能や使い勝手を比較したりしたのです。図体の大きい原子炉圧力容器を、遠隔操作の切断機によって細かく切断し、用意した収納容器に隙間なく収納するといったことも実施しました。日本人らしい真面目さが出ているといえるでしょう。切断装置や解体機器、収納容器などが色々と開発され、実地に試されました。これらの成果は諸外国で大いに評価されましたが、今考えると、研究所だからこそできた贅沢な試行でした。

このように初期の廃炉工事は、それぞれの国情によってやり方が大きく違っていました。しかし、今日行われている廃炉工事の多くは、これらの経験を活かして、より一般化してきています。放射線の高い領域での解体作業こそ遠隔操作機器を使いますが、その他は一般機械類を使って人手で解体するようになっています。その方が手っ取り早い上に、放射線被曝量も少なくてすむからです。現在では、通常の廃炉工事は、放射線の強い場所での作業、放射能を取り除く作業であるという特殊な面を除けば、一般の解体撤去工事とあまり変わらなくなってきています。

このように廃炉技術も進んできたため、通常の状態で運転を停止した原子力発電所の廃炉工事、つまり普通の廃炉工事では、跡地をいかに活用して地域社会の活性化を行うかに焦点が置かれるようになっています。一般的に原子力発電所は人の少ない場所に建設されますが、建設工事や運転開始とともに周辺には人が集まり、次第に開けて町が形成されていきます。発電所としての役割を終え、廃炉が終了した後は、その広大な跡地を住民のために活用する、再開発計画が念頭に置かれる時代になりました。廃炉といえば、放射性廃棄物の処理処分といった暗いイメージを持つ人が多いのですが、それは過去ものです。例えば１００年以上前に三菱重工業の横浜造船所であった横浜の跡地が、現在はみなとみらいとして再開発されて横浜市の中心部になったように、原子力発電所の跡地も再開発は可能なのです。実際、海外では原子力施設の撤去後に、別のジャンルの研究施設が建設された例もあります。

3. 福島へのアドバイス

このように通常の廃炉の場合は跡地の利用もすぐにできますが、福島第一原子力発電所の場合は違います。炉内の放射能の99％以上を占める燃料棒が溶融し、その在処さえまだ明らかでない状態です。福島第一の廃炉を計画するためには、まず溶融燃料の在処を正確に探るところから始める必要があります。

そのためには、原子炉建屋の5階、原子炉の真上にある燃料交換フロアに測定機器を置き、丹念な測定で溶融燃料や汚染状況の分布地図を作り上げることが第一です。この作業で溶融燃料の所在が分かれば、次いでサンプリングによる溶融燃料の物性調査を行います。例えば、硬いか柔らかいか、水に溶けやすいか否かといったような、解体撤去するのに不可欠な物理化学的性質の調査です。これらが明確になって初めて、廃炉工事の具体的な計画作成に入ることができます。工事の実施はそれからさらに後のことです。

現状では、原子炉建屋に測定器を設置することすら容易ではありません。放射線量が高い上に、爆発により汚染された瓦礫が山となって作業を阻んでいるからです。いや、それ以前に、高い放射線環境下でどうすれば溶融燃料を計測できるのか、その案すらまだ立っていないのが現状なのです。

誇り高い東京電力の技術者達は、この作業に立ち向かう気概を持っています。その気概を実現させるのに必要なものは、費用と時間と、そして心の援助です。費用と時間は、今の日本ならばいかようにもなりますが、問題は心の援助です。日本人は、被害を受けた地元には同情的ですが、事故に至った発電所の所有者である東京電力には冷たく厳しい面をみせています。

しかし福島第一を知る東電職員を除いて、危険な廃炉工事に従事する志願者がいるでしょうか。いたとしても、発電所の機械設備についての知識を持ち合わせている人がいるでしょうか。廃炉工事を行うには、どうしても東電の持つ原子力発電所の知識が必要です。東電の職員達が前向きにしっかり働くことができるかどうかで廃炉工事の成否が決まります。

事故後7年を経ても、発電所周辺に住んでいた人達の、事故へのわだかまりはまだ残っていることでしょう。しかし、それを未来への発展に転化させることで、復興復活に繋げていって欲しいと私は願っています。廃炉は放射性廃棄物の処理処分工事ではなく、地元発展のための工事なのです。東電には地元からの心の支援が、今、必要だと思います。

ＴＭＩでは、溶融燃料はほぼ取り出されましたが、施設は高い放射線レベルにあり許可なしに出入りできない状態にあります。チェルノブイリは、結果的には、溶融燃料をそのままに放置した状態で事故を終息させています。２つの事故は、溶融燃料について両極端の処理方法を採っています。粉砕して取り出すか、自然放置するかです。翻って福島の廃炉工事は、溶融燃料を砕いて取り出すこともできますし、そのまま周辺に危害を及ぼさない状態で管理することもできます。いずれを選択するのかは、国の決意次第です。

ただ考えるべきことは、砕くにせよ、管理するにせよ、時間を必要とすることです。その間の月日をどうするのか、ここが智恵の出しどころです。

ＴＭＩは溶融燃料の状況（**図１・１・１**）を調べるために、国際協力での研究を立ち上げました。チェルノブイリも、１年後には各国の要請による関係者の立ち入りを認めました。その後も、事故の跡地の立ち入りは比較的自由です。日本もこれらの事例に倣うべき時が来ているように思えます。

福島事故に関心を持つ諸外国は、いつまで経っても何も言わないし言ってこない、さっぱり分からない日本にしびれを切らしています。いまだに炉心溶融や爆発の経緯などの真相がはっきりせず、しかも今頃になって汚染水の問題が出てきたと聞いて、日本に対し「一体全体どうなっているのか、どう手伝えばよいのか、手伝いたくとも手伝えない」と憤っているのです。

諸外国から見れば、日本は一体何をやろうとしているのか、それがサッパリ分からないのです。日本は自国の原子力発電所を再稼働しないにも関わらず、外国への原子炉の売り込みについては首相もメーカーも精力的であるなど、矛盾を抱えています。このままでは、終戦直後のマッカーサー統治時代の、日本人の精神年齢は12歳という話が再燃しかねません。

ではどうすればよいのか、その答えは簡単です。日本も、先人に倣えばよいのです。高い放射能の急速な処理処分は困難ですが、研究者にとっては得難い実験フィールドなのです。放射能が高く帰宅困難とされている地域を、陸と海に一定範囲を区切って特区とし、国際的な研究所にする案はどうでしょうか。宇宙ステーションのように各国から研究テーマを募り、原子力に限らず放射能については森羅万象すべてに対し、自由な研究を実施するのです。

地元が関心を持つテーマもいいでしょう。放射能が高いのになぜイノシシが増えるのか、そのイノシシは癌にはならないのか、体内の放射能が１０００倍も高いという魚の健康状態はどうか……などもどんどん研究する。放射能の研究に関しては何でも研究できる場所とするのです。これによりこれまで敬遠されがちであった、放射能の人体影響、農作物影響などが具体的に検証され冷静な分析結果が提示されれば、日本人の持つ放射能アレルギーも和らいでいくでしょう。

東電の廃炉作業は、この研究所と並行し、同じ研究者仲間として行っていけばよいのです。同じ仲間意識、そのことで志気が高まることでしょう。仲間ができ、話題が増えて、刺激が与えられるからです。また各国の研究者は自らが携わる廃炉作業の意味を、またその状況を理解し、母国に伝えてくれます。

廃炉作業は研究所での成果を反映しながら進めていけばよいのです。

外国から研究に参画することで、日本への不満も自然消滅します。それ以上に、自分たちが直接体験した福島を自国語で語ってくれることで、日本を理解し、信用する外国人が増えることでしょう。

特区にヘリポートを設ければ、不便な福島のサイトは出入りしやすくなるので、外国からの研究申し込みは増えることでしょうし、外国からの来訪者が増えることで特区の近辺には国際色豊かな社交街が生まれるかも知れません。

福島で事故が起き、放射能で汚染されたことは悲しいことですが、原子力の平和利用が続く限り世界のどこかで、溶融燃料のあるような高い放射線場での経験や研究成果が役立つでしょう。現状を悲しむばかりでなく、それを活かす発想に切り換えることが、福島の将来を切り開くのではないでしょうか。

第5章　考証結果と新たな知見

本書では、２０１２年６月に東京電力が発表した事故調査報告書のデータを基に、炉心溶融と水素爆発の経緯、放射能汚染と避難、全電源喪失と防潮堤、原子力安全の再構築、廃炉といった問題を考証してきました。初版では、本章を「考証結果」とし、前章までの内容を簡単にまとめていましたが、その後３年が経過しました。２０１４年の時点では情報も不足していたので、書き得なかった事柄もありました。これらを含めて再整理しました。重複もありますが、福島事故で初めて経験した状態や事柄から得られた知見を、世界の原子力発電所の安全向上に役立てていただければと考えています。

1．考証結果――世界初の経験から得られる知見

1・1　マグニチュード9の大地震――耐震設計への信頼

東日本大震災が発生するまで、日本の地震関係者の間には、マグニチュード9の大地震が原子力発電所を襲うという予測はありませんでした。それにもかかわらず、東北及び関東地方の太平洋沿岸に立地する5発電所15基の原子力プラントの全ての主要な部分は、地震によって損傷を生じませんでした。これは、原子力発電所の耐震設計指針が適切であり、かつ、日本におけるその実施が適切であったことを示しています。

1・2　大津波による被害――自然災害に対する安全設計はテロと同様の視点で

津波の破壊力は凄まじいものでした。今は撤去されましたが、原子炉建屋と太い配管の間に押し込ま

れた乗用車の残骸が、暫くの間発電所に残っていました。津波は、この様な施設の破壊だけではなく、発電所を長期間の全電源喪失状態に至らせる、共通原因故障の原因としても働きました。

日本の原子力規制当局は発電所に対する新たな要求として、設計用津波高さを大きく嵩上げし、それを上回る防潮堤を築くことで津波対策としました。確かに、防潮堤の強化は一つの対策ではありますが、それは、過去の事例を基に定めた最悪条件に、ある程度の余裕を持たせた値を上限と考えて使用するという従来と同じ考え方であり、設計用インプットをただ大きくしたに過ぎません。これでは自然災害に対して根本的対策とは言えないでしょう。

福島第一において、津波は、テロと同様の共通原因故障を引き起こす脅威として働きました。地震や津波などの自然災害に対する安全対策は、発電プラントの安全を判断するための安全設計とは別の考え方での取り扱いが必要です。この点については**第二部第2章5節**で述べましたが、改めて**本章3節**でも述べたいと思います。

1・3　長時間の全電源喪失――対策をより高度に

事故を原子力災害に至らしめた第二の原因は、10日にわたる全電源喪失です。この長時間にわたる停電は、全くの想定外の出来事でした。

発電所に配備された総計13基の非常用発電機の中で生き残ったのは、5、6号機用の空冷発電機1台だけでした。また、配電盤も地下または1階に配備されていたために、その多くが津波による被水で使用不能となりました。

このような状態でしたから、仮に電源が復旧しても発電所の設備を動かすことは不可能だと、多くの関係者が考えていたようです。しかしながら、電源の復旧によって発電所の災害状況が目に見えて改善されたことを考えると、全電源喪失へ最善の対策は、出来る限り早く電気を供給することといえるでしょう。災害対策とは、広く知られているように、不足しているものをいち早く補給する、の一語に尽きます。

日本において、全電源喪失への対策が不十分であったことは認めざるを得ない事実ですが、事故以来、日本の各発電所では電源車の配備や非常用所内交流電源および配電盤の水密化など、電源設備の強化対策が進みました。予備の配電設備なども追加されています。このように、原子力発電所では津波対策が既に実施されていることを付記しておきます。

さらなる防災対策としては、日本のように海岸立地が多い国では、高速電源船を用意する事なども一案でしょう。電源船は、電気の供給のみならず災害時の司令塔としても使えますし、場合により避難民の宿舎にもなり得ます。余談ですが、電源船には原子力船が最適と考えます。

なお**第二部第2章2節**で述べた通り、原子力規制委員会が外部電源喪失時間を7日間と定め、同時に非常用所内電源の7日間の運転性能を要求した現行基準は論理的根拠に乏しく、私としては賛成できかねます。また同節では、旧安全設計審査指針において「停電時間を短時間」と定めたことが世評で槍玉に挙げられている問題についても、その奥に深い議論が存在したことを記しました。

翻って、マスコミが主導する世論がいかに刹那的で軽薄浅慮なものであるかについても気付いていただければ望外です。

1・4　炉心溶融は崩壊熱ではなく化学反応で始まる——炉心溶融は防止できる

福島原子力事故における炉心溶融の原因は、崩壊熱ではなく、燃料被覆管の材料であるジルコニウムと水との化学反応により始まることは、**第一部第2・6・7章**「炉心溶融が起きる経緯とその防止」で詳しく述べました。この現象はＴＭＩ事故でも現れていましたが、本書によって初めて明確になったと言っていいでしょう。

福島第一とＴＭＩとの相違は、高温状態の炉心に注水された水量の多寡だけです。ＴＭＩの場合は、注水が一時冷却材ポンプによる大量注水であったため、炉心の崩壊と溶融が同時に起こりました。福島第一の場合は、消防ポンプによる小量の連続注水であったので、炉心の崩壊と溶融との間に時間差が生じました。さらにその間の炉心状態が炉ごとに相違していたために、事故の経緯が炉ごとに相違して、非常に複雑多岐な現象となりました。

しかし、炉心溶融が高温のジルコニウムと水との化学反応熱により始まったことは、すべてに共通しています。ＴＭＩも福島第一も、炉心溶融は大量の冷却水との反応よって始まりました。その反応は非常に激しく、短時間に還元された大量の水素が原子炉の圧力を急激に増加させ、福島第一では原子炉建屋の爆発原因となりました。

以上が炉心溶融についての概要です。炉心溶融が化学反応により始まることがわかれば、炉心溶融事故に対する安全対策は大きく進歩します。また、解決すべき問題点も明らかとなってきます。これらを箇条書きで簡単に説明します。

①炉心溶融は防止できる

化学反応は条件が整わないと起こりません。炉心溶融は高温のジルコニウムと水との化学反応ですから、ジルカロイ（被覆管に使用されているジルコニウム合金）を低温にするか、もしくは水を注入しなければ、炉心溶融は起こりません。

ジルカロイを低温にする方法が、炉心減圧による燃料棒の徐冷です。徐冷でゆっくりと炉心が冷えた直後に注水できていれば、福島第一2、3号機は溶融、爆発を免れていました。

炉心減圧には少なくとも15分ほどの時間を必要とします。その際に、高温のジルカロイも燃料棒と一緒に徐冷されます。表面の酸化ジルコニウム被膜が冷えて脆化分断する時には、内部のジルカロイもまた冷えていますから、水とは反応できません。化学反応の条件が成立していないからです。従って、反応熱は発生せず、水素ガスの発生もありません。

福島第一の2号機、3号機では、残念なことに、減圧が行われてから2時間ほど注水の遅れや中断があり、燃料棒温度が再上昇したために溶融、爆発に至ってしまいました。

減圧直後に注水していれば、あの福島第一の全電源喪失事故状態でも炉心溶融は防止できた。この事実を運転員は最後の安全策としてしっかり銘記すべきです。また過酷事故時マニュアルは変更する必要があります。

②炉心溶融は原子炉水位に関係しない
原子炉水位が炉心以下となると、炉心温度が上昇し、崩壊熱によってXX時間後に炉心は溶融に到る――。

この考えは間違いです。

具体的に述べましょう。福島事故では、炉心溶融時点の水位がそれぞれに異なっていました。1号機は圧力容器から水が完全に抜けた後、約15時間経って溶融、爆発しました。2、3号機は原子炉圧力容器に水がある状態で炉心は溶融しました。2号機は炉心より1メートル下、3号機は炉心最下部付近の水位でした。TMI事故では、炉心半ばまで水が存在する状態で溶融しました。このように、炉心溶融は原子炉の水位と無関係です。

その理由は、改めて述べるまでもなく、炉心溶融が冷却水とジルカロイとの反応によって開始するからです。

原子炉水位の低下が炉心の溶融を起こすとの間違った情報は、福島事故発生直後にマスコミ報道で取り上げられ聞く人の不安感を煽りましたが、しかしこの情報のルーツは我々原子力界からマスコミに伝えた誤情報です。同じ趣旨での運転員教育が、今日日本でも、世界でも、行われています。

このような間違った話が事故時の不安を煽り、原子力誤解のもととなります。即刻、訂正されるべきでしょう。

③高温物体の輻射放熱は非常に大きい

前述のように、１号機は圧力容器から水が完全に抜けてから約15時間を経た後に、溶融、爆発が起きました。２号機でも、炉心から水がなくなった状態が3時間ほどありました。

水が抜けた状態での炉心の放熱は、輻射熱に頼る以外ありません。輻射熱量は、放熱する物体並びに授受する物体の表面温度（絶対温度Ｋ）の４乗の差に支配されることは、熱工学上知られた事実です。しかし、輻射熱についての具体的な経験となると、我々は日常生活を通じてあまりありません。１０００度Ｋくらいまでの温度は経験していますが、二酸化ウランが溶融する３０００℃Ｋの世界は、全く知りません。経験することができないからです。

温度が１０００℃Ｋと３０００℃Ｋの輻射熱量の違いを示すと、１００倍近くにもなります。３０００℃Ｋの放熱は１０００℃Ｋの放熱の１００倍にもなるのです。この事実を裏返せば、融点３０００℃Ｋの物質の溶融状態を維持するには、１０００℃Ｋを維持するための熱量の１００倍の熱を、絶え間なく補給し続ける必要があるという事になります。これは難事です。

軽水炉燃料は容易に溶融しません。その理由は、燃料を構成する材料の融点が３０００℃Ｋ近くの高温であるところにあります。炉心が液化して流動するというテレビ映像は、１０００℃Ｋの世界しか知らない私たちの幻想の産物です。崩壊熱は３０００℃Ｋもの溶融炉心が放射する輻射熱を支え得るほど大きな熱源ではありません。

思考上の検討はこれでやめます。高温物体の出す輻射熱が及ぼす影響についての研究は、これまであまり行われていません。実用的な研究は後学に委ねたいと思います。

④崩壊熱と化学反応熱は強さが違い、作用が異なる
崩壊熱は、炉心全体から出る長時間発熱です。これに対して化学反応熱は、反応が起きている場だけの短時間の発熱です。発熱の性質が全く違っています。

両者の発熱量を、ＴＭＩ事故で比較すると、反応熱の方が10倍多いことが分かります〔備考注釈１・２〕。さらに化学反応熱が局所的な発熱であることを考慮すれば、その強さは１００～１０００倍ほどの差になるでしょう。炉心溶融の開始は、このジルコニウム・水反応による強烈な発熱によって、局所的に燃料棒が溶けることから始まります。この発熱は短時間に終わりますので、溶融部分は直ちに固化して卵の殻（鍋の底）の形成に移ると考えられます。

なお、こうして作られた卵の殻の中に閉じ込められた炉心部分が、殻の中で発生する崩壊熱によって加熱され、緩やかに温度上昇して溶けて、混じり合って、均質な溶融炉心を作ったと考えられます。溶融炉心を覆う卵の殻は表面積が小さいので放熱量が少なく、いわば坩堝の役割を果たしたと考えられます。

１・５　水素爆発――水素ガスは真っすぐに上昇する

ジルコニウム・水反応によって炉心で急激に発生した水素ガスは、真上に上昇して原子炉建屋の最上階、５階燃料交換フロアに入り、１、３号機では爆発を起こし、2号機では流出しました。水素は軽い上に、溶融炉心から出てきたガスは２０００℃以上の高温です。この水素ガスの上に向かう力が、５階

に至る真っすぐな水素の道を開拓しました。

炉心に発生した水素ガスは安全弁から吹き出すのみならず、溶融炉心が放散する輻射熱とガス自体が持つ高い温度で圧力容器上蓋の締め付けボルトを加熱膨張させてゆるめ、その隙間から流出した水素ガスは格納容器の上部に集合したと考えます。この水素ガスの熱と圧力はさらに格納容器の上蓋を持ち上げ、その合間から吹き出した水素ガス圧力がさらに上にある遮蔽プラグを浮き上がらせて、５階の運転フロア室に一気に流入した水素ガスが空気と混合して爆発を起こしたと推考できます。この道筋が水素ガスの流出経路です。これ以外の道筋では、１号機の爆発はもちろん、その他の爆発状況の合理的説明はできません。また、爆発を起こすほどの大量の水素ガスを、原子炉建屋５階に短時間に送り込むことは不可能です。

なお、１、３号機爆発の着火源となった火種は、水素圧力によって空中に浮き上がった遮蔽プラグが落下着地したときの衝撃です。２号機は、５階壁に開いたブローアウトパネルの開口部より水素ガスが気団となって流出したため、爆発性ガスとはなりませんでした。

４号機の爆発原因となった水素ガスは、３号機で発生した水素ガスが共用のスタックから空調ダクトを逆流して４号機原子力建屋に侵入して起きたものです。４号機のフィルターの汚染状況から、この流入経路の正しさが証明されました。４号機の爆発は、３号機の側杖を食らった結果ですが、その着火源は熱膨張によるダクトの折損です。原子炉建屋４階の天井と床に爆心点の跡が明確に残されています。ただ、この様な爆発の跡が残ることとは、爆発自体があまり大きくなかったという証明でもあります。

1・6　海水注入——消防車で炉心は冷却できる

炉心溶融を防ぐために実施した原子炉の減圧と消防車を使っての海水注水は、効果のある対策です。この方法は極めて実戦的で、かつ有力な炉心溶融の防止策です。ただし、前述の通り、減圧を行った後、時間をおかずに冷却水を注入することが絶対的必要条件です。福島第一2、3号機の場合は、いずれも減圧から2時間ほど注水が遅れてしまったために、燃料棒温度が再び上昇した段階での注水となり、炉心溶融に至りましたが、遅れがなければ、燃料棒の分断による多少の放射能漏出はあっても炉心は冷却できました。

では、消防車で冷却できるのか計算しておきましょう。消防車の注水は2～3万キロワットの冷却能力を持つと計算できます。一方崩壊熱は、原子炉停止後約3時間を経過すると1％程にまで下がります。100万キロワット級の発電所では、停止約3時間後には消防車による冷却が可能になります［備考注釈1・3］。

原子力発電所に勤務する諸君は、消防車による炉心の冷却達成に自信を持ってください。この最終手段ともいえる炉心冷却方法を銘記してください。注意点は2つ。消防車による注水準備を完了した後に原子炉の減圧を行うこと、また消防車の注水は減圧の終了を待って時をおかずに行うことです。

軽水炉の持つ安全耐力はそれほど優れているのです。この自信と信念が事故対応に役立ち、炉心溶融を防ぎます。

１・７　溶融炉心の放出線量率と住民避難――防災対策に生かすべき数値

福島事故では、溶融炉心から放出された放射能による放射線量率が、発生源間近で実測され、記録されました。これは、今後の原子力防災にとって大変貴重なデータです。この測定値は、事故直後の数日間があまり風の吹かない穏やかな気象条件であったことから見て、最大値に近い値といえるでしょう。さらにこの記録は、発電所近傍での実測線量率データですから、防災対策で活用できる非常に貴重な基本データと言えます。

測定したのは発電所から約1キロメートル西に離れた正門付近に配備されていたモニタリングカーです。測定場所は定位置ではありませんが、事故発生から継続して放射線量率を記録しています。測定された放射線量率は、12日午前4時頃に平常時の約０・３ミリシーベルト／年から約20ミリシーベルト／年に一度上昇し、次いで14日午後10時頃に１５００ミリシーベルト／年に再上昇しています。この2度の背景線量上昇が福島事故での放射能放出の特徴です（**図２・１・１参照**）。

最初の線量上昇は、1号機、3号機からの放射能による上昇で、炉心から出たガスがＳＣベントを通ってスタック放出された結果です。その放射線量の主体は、1号機溶融炉心からの直接のもれと考えられます。2度目の上昇は、主として2号機溶融炉心からの放射能の直接放出によるものです。2号機ではベントができなかったために格納容器が損壊し、そこから放射能が地上放出されました。

最初の線量上昇の水準は年間20ミリシーベルトでした。これは、ＩＣＲＰが勧告した避難線量値（年間20～１００ミリシーベルト）の最低値と同じです。発電所正門より遠い周辺住宅の背景線量率は、当然この値より低くなりますから、ＳＣベントさえ正常に働いていれば緊急避難は必要がないことを、論理的には示しています。

残念なことに、日本政府は避難に先立って避難線量を決めないで、闇雲に避難を実施したのです。せめてＩＣＲＰの勧告避難線量の下限値である年間20ミリシーベルトを採用していれば、震災当夜に住民を強制避難させる必要はなく、60名に上る人命を失うという悲劇も生じませんでした。

仮に政府が、ＩＣＲＰの上限値である年間１００ミリシーベルトを採用していたとすれば、その後に生じた線量増加に対しても避難区域はごく限られた範囲となり、避難者の数も激減したでしょうから、震災により破壊されたインフラは短期間に復旧し、昔のままの浜通りの生活が続いたことでしょう。

住民避難によって、住む人のいなくなった福島県浜通りは荒廃しました。咎められるべきは、定見を持たぬままに強制避難命令を下した政府の失政です。

以上のように、福島事故が残した放射線量率データは、今後の防災対策においてしっかりと活用されるべき重要なデータです。

１・８　ＳＣベントの効果と格納容器設計――ベントの有用性を見直す

福島事故では、早くからベント開放を実施した１、３号機での放射能放出による背景線量率の上昇は年間約20ミリシーベルトほどで止まりましたが、格納容器が破損した2号機からの放出では、背景線量率は年間１５００ミリシーベルト以上に上昇しました。ベントの成功・失敗の差は明らかです。前者の線量レベルは住民避難を必要としませんが、後者は必要でした。

格納容器は、これまで事故時の放射能を閉じ込める最後の障壁と考えられ、頑丈な気密耐圧容器として設計製作されてきました。しかし、格納容器にも耐えうる限度があります。その損壊を防ぐためにベントを開くと、中に閉じ込められていた放射能が外部環境に放散されるので、住民被曝の問題が生じます。これは大きなジレンマです。従ってこれまでは、ベントの実施は「安全上の最後の手段」と受け止められていました。

しかし福島事故が示したデータは、実態が全く異なることを示しました。格納容器を最後の砦として使うより、早い時期にベントを開いて内部の放射性ガスを放散する方が、放射線被曝の量が少ないことが分かりました。さらにベントの早期開放は、**本章１・４**で述べた炉心への冷却水注入にとっても有利です。ＳＣベントの除染効果は大きく、極めて実用的です。

福島事故が示した2段階の背景線量上昇のデータ比較から——ベントが開いた時と失敗したとき——水を潜るベントの除染効果はざっと１０００倍ほどあるといえます。最近の研究発表によれば、３号機のベントの除染効率は３５０から１０００であったと計算されています[2]し、また、北海道大学でのフィルターベントの研究によれば、その除染効果は10万にも達すると言われます。[3]

以上から、ＢＷＲのＳＣベントの除染効果を丸めて、粗く１０００程度と考えて論を進めます。

ここで登場するのが、溶融炉心からの放射線量率です。仮にそれを今回の測定最大値の年間1500ミリシーベルトとしておきましょう。ベントを通せば、その線量率は1000分の一になりますから、年間1・5ミリシーベルトにまで下がります。この線量は、我々が地球上に住む限り受ける線量率とほぼ同じです。

このことは、原子力事故が起き炉心が溶融していても、ベントが有る限り放射線被曝量は我々が住む地球から受ける放射線量とほぼ同じということになります。一般の方々には、俄に信用できない話でしょうが、福島のデータを分析する限り言い得ることです。

ベントの効果はここまで大きいのです。

早期にベントを開くのが放射線被曝上有利となれば、格納容器を耐圧容器として作る必要はなくなります。耐圧容器でなければ、格納容器を円筒型に設計する必要はなく、形状や寸法は自由となり、内部の機器配置も自在にできます。これまでは格納容器の存在によって制約を受けてきた原子力発電所の設計は、全体に大きな変化が生じます。また、格納容器自体への設計要求が変われば、事故時の安全対応も対策も大きく変わります。

この結論を実行に移すには、数多い今後の実験研究の成果を待たねばなりませんが、目指す方向は明確です。福島事故が教えてくれた新知見の一つと言ってよいでしょう。

機械工学上の常識から言えば、ベントの様な単純で初歩的な設備の効果を、さらに1桁向上させることはできない相談ではありません。それが仮に達成されたとして、ベントの除染効率が1万に向上すれば、炉心溶融から放出される放射能による被曝線量は平常運転時のそれとあまり変わらなくなります。「そんな馬鹿げた話」と思われるかも知れませんが、福島のデータはそのことを示しています。

2. 今後行われるべき研究

これまで事故に現れた現象を基に、その解決策について考察してきました。**本章**ではその考察結果を証明し、改善して行くための研究、並びに補完されるべき基準や対策について項目を列記し、必要な概要のみ付記します。

①　自然現象に対する安全規制

安全設計のための基準値としてではなく、自然現象をテロと同類の共通原因故障を引き起こす脅威と捉えて、規制を根本的に変更する必要があります。

②　炉心溶融プロセスの解明実験の実施

炉心溶融がジルコニウム・水反応によって引き起こされることは、本考証で明らかになりましたが、溶融炉心が形成されていくプロセスはまだ解明されていません。今後の安全向上のため、世界で協力して実証研究を行う必要があります。

③　高温炉心の材料物性と輻射放熱の影響研究

1号機は圧力容器の水が全て蒸発し、完全な輻射放熱状態で長時間過ごしました。この解明は軽水炉の持つ安全耐力を見極める上でも重要でしょう。

1号機の事例から、輻射放熱による炉心崩壊が問題となるのは、事故発生後10時間以上経過してからではないかと推測されます。この時の崩壊熱は0・5%前後まで低下していますので、輻射放熱の研究が進めば、水素爆発の可能性を少なくする目的で、注水を行わずに炉心を冷却する手立ても立つと考えます。今後の研究を待ちます。

④　格納容器設計の見直し

福島事故データから溶融炉心からの放射線量率が明らかになり、ベントが極めて有効であることが判明しました。格納容器は、放射能を閉じ込める最後の砦としての耐圧密閉容器である必要はなくなり、事故の早期にベントを開いて被曝線量を少なくする役割に変わりました。原子力安全における一大変更です。

安全上の役割が変われば、設計も変わります。それに応じて安全対策、防災対策にも変化を生じます。世界全体で熟慮検討する事が必要です。

ＢＷＲの原子炉建屋も、半気密のための頑丈な設計とする必要はありません。

⑤　関連法令基準の変更

以上の変化に応じて、原子力発電所の安全基準や安全対策、さらには防災手引など、関連の法令基準が変更されるべきことはいうまでもありません。これらは世界で検討合意されて進められるべきでしょう。

3．新たな災害緩和対策（ＭＩＳＳＡＤ）構築の提案

第二部第3章「安全再構築」で、世界標準として使われてきた原子力安全の基本的考え方は、福島事故によって修正を余儀なくされたことを述べました。自然現象に対する対策は、テロ、サボタージュと同様に、共通原因故障を生み出す脅威として、安全設計が求める強靭な構築物とは別個の問題として対処されるべきです。このためには世界が協力して自然現象が持つそれぞれの脅威を特定し、その対策を考える必要があります。加えて、自然現象もテロと同様に、我々が準備できる安全対策を凌駕する局面が出現する事を覚悟しなければなりません。

その備えとして、改めて、包括的な新しい原子力防災安全の概念である「災害緩和対策（Mitigation safety system against disaster：MISSAD）」の構築を提案します。それは、予想もしないようなテロや自然現象が出来《しゅったい》した事態に対し、あらかじめ社会が備えておくべき緩和手段です。これまで述べてきたような安全設計や法整備、避難対策などを含む安全対策は、この包括的概念のもとに統合され、実施されていくべきです。

ＭＩＳＳＡＤは、例えば、交通安全が、自動車や道路の整備だけでなく、交通安全教育、ＪＡＦのよ

うな車のトラブルに対応する組織、サービス店舗の配備など、社会全体の関与で培われているように、災害緩和対策においても、原子炉の安全設計や発電所内の事故時対応だけではなく、政府や立地近傍の自治体を含めた社会全体が取り組むシステムです。それは単に災害対策の準備だけではなく、人類にとって全く新しい文化である原子力を理解する努力や、これまで人と人との付き合いの中で作り上げられてきたモラルを、今後ますます使用が増大するであろう機械との間に、作っていく努力も含まれるでしょう。

ＭＩＳＳＡＤは、福島事故を契機に日本の原子力業界がリーダーシップを取って始めるべき運動ですが、これが発展して社会構成上の基盤的思考として広まれば、不測の災害に対する力強い緩和対策になると考えます。

1　参考資料文献：政府・地震調査研究推進本部地震調査委員会「全国を概観した地震動予測地図」報告書（２００5年3月23日）

2　牧　英夫（元日立製作所）、福島第一原子力発電所事故の考証　（2）実測データに基づく耐圧ベントの除染効果、第21回日本機械学会動力エネルギーシンポジウム、Ｂ１３３、（２０１６）

3　①川村、木村、大森、奈良林、「原子炉格納容器フィルタベントシステムの開発」、原子力学会論文集、（２０１６．６）

②奈良林、千葉、川村、牧、「福島第一原子力発電所事故の考証　（3）サポート系の機能喪失によるベント失敗」、第21回日本機械学会動力エネルギーシンポジウム、Ｂ１３３、（２０１６）

[備考注釈１・１]

国会事故調査委員会の報告書は、地震により1号機の配管が損傷した可能性があるとの見解を示しました。この見解は政府事故調査委員会の結論と相反するものであったことから、国際的にも反響を呼びました。しかし地震発生後、津波が来襲するまでの約1時間、1号機に残るデータの中で、配管破断を示すものは何一つありません。6基の原子炉を持つ福島第一原子力発電所の中で、証拠もないのに、1号機だけに配管破断が生じたとする見解は極めて不自然で、誤りです。これについては、原子力規制委員会が２０１４年10月8日に発表した「東京電力福島第一原子力発電所事故の分析　中間報告書」でも否定されています。

[備考注釈１・２]　崩壊熱とＺｒ（ジルコニウム）－H_2O（水）反応熱との比較

①　崩壊熱量の評価

ＴＭＩ－２号機の定格熱出力は、2,770MWt。

崩壊熱は、事故の１時間後に定格出力の約２％、１日後に約０・５％。

事故発生後、１７４分後の崩壊熱を定格出力の１％として、１７４～１７６分の２分間の崩壊熱量は、以下の通りです。

$$2{,}770(\mathrm{MWt}) \times (1/100) \times 2 \times 60 = 約3.3 \times 10^{9}\,\mathrm{joule}$$

②　Zr－H_2O 反応による発熱量の評価

ＴＭＩ事故発生後、１７４～１７６分の２分間に、燃料被覆管の約25％に相当する量が反応し、約 4×10^{10} joule の発熱があったと評価します。（55頁の注釈参照）

第1部第1章5節でも説明した通り、ＴＭＩ事故での Zr－H_2O 反応により、約２分間での発熱量は約 4×10^{10} ジュールですが、この間の崩壊熱量は、定格出力の１％程度なので、約 3.3×10^{9} ジュールとなり、反応熱に比べ

1桁低くなります。つまり、TMI事故では、Zr－H_2O反応による発熱量は、崩壊熱量の約10倍以上となります。

［備考注釈1・3］

消防車の注水能力は、吐出圧力約0.4MPaで1時間あたり25～40トンと言われています。40トンの水をすべて蒸発させるには、約30メガワット時の熱量を必要とします。逆に言えば、崩壊熱が30メガワット時程度にまで下がっていれば、消防車による注水で原子炉冷却が可能になると言えます。

改訂版あとがき

本書を出版して4年の歳月が過ぎました。本書の改訂は、徐々にではありますがその間に進んだ事故現場における調査の結果と、本書に対して寄せられた数多くの質問や疑問、意見を通して、明らかになった事柄を整理し、修整記述したものです。修整した部分は炉心溶融プロセスの説明に多く、例えば卵の殻の形成についての説明、輻射熱の挙動説明、格納容器圧力と消防ポンプの吐出量といったような、これまであまり知られていない科学技術上の現象説明を平易に書き換えたものです。書き直しによる内容の変更はありません。

記述上の変更は少ししかありませんが、3号機で起きたじくじく反応（159～161ページ）については、初稿作成の当時は反応が半液体状の混合溶融物で起きると考えていましたが、後述するように牧英夫氏から、燃料棒が高温になれば水蒸気との間で自然に生じる現象であることを教えられました。この、じくじく反応のもととなる温度変化による反応速度を表にして、新しく追加しました。

そして、この化学反応熱は時として崩壊熱よりも大きく、また空だきの炉心に注水した際に、炉内の圧力・温度に急激な変化をもたらす原因であることが確認されました。最近の調査では、原子炉圧力容器を部分的に損傷し得ることも認識され、溶融デブリ対策としてのコリウムシールドが設置されたと聞きます。原子炉格納容器の過圧破損を防ぐための設備であるフィルターベントに加え、「代替循環冷却系」が沸騰水型軽水炉（ＢＷＲ）で義務化することにもつながったようです。

ただ、発電所に所狭しと並ぶ何台もの消防車や電源車の写真を見るにつけ、規制とは事業者の創意工夫を促すことが重要で、「過ぎたるは及ばざるが如し」とならぬよう、総合的な視野の大切さを本書からくみ取っていただきたいと思っています。

記述としての変更は、**第二部第5章**の考証結果を大きく変更したことです。内容に変わりはありませんが、先に述べた原子力発電所の安全性向上に直接役立つように、具体的な問題を文章に書き入れました。正直に言うと、原稿作成の当時は、著述した内容に技術的な自信は持っていたものの、思考上の欠落がないとまでは言い切る自信はありませんでしたので、考証結果は羅列とその説明だけにとどめていました。出版後の1年間、各地での講演や質問を通じて、内容の大筋に間違いないことを確信しましたので、２０１５年8月のシュプリンガー社からの英語版出版に合わせて、原子力発電所に役立つよう具体的記述を付け加えました。今後の安全性向上のために活用していただければ、これ以上の喜びはありません。

発電所周辺の現場に目を転じると、この3年間、除染作業が継続して実施され、避難住民の帰還も始まり、被災地に落ち着きが戻り始めました。瓦礫の取り片付けや汚染水の処理など、発電所内の整理整頓も、迅速にとはいきませんが、徐々に進んでいます。作業環境も見違えるほど改善されました。

この動きに合わせて、事故調査も一歩一歩進められています。その中で、本書の内容と関係するものとしては、ミューオンによる溶融炉心の所在調査があります。これまでに、透過法による測定が１、２

号機で行われました。２０１５年3月に発表された1号機の測定結果からは、画像こそ不鮮明でしたが、圧力容器の内部に溶融炉心が存在しないことが分かりました。２０１６年7月の2号機の画像は幾分鮮明で、溶融炉心の大部分が圧力容器底部に存在していることが確認されました。今後実施されるであろう3号機での測定に加え、より鮮明な画像が期待できる散乱法での測定が行われれば、溶融炉心の位置、形状が詳細に把握できると期待しています。

溶融炉心が圧力容器の中にあるという2号機の測定結果は、溶融炉心は圧力容器の底を融かして格納容器の床上に落下しているという従来の主張とは異なり、ＴＭＩのケースと同様に圧力容器内に大半がとどまっているとする（１１７ページ）、本書の考察の正しさを証明するものでもあります。この結果に、私は大きな自信を持ちました。

マンボウや釣り竿ロボットで撮影した映像で、格納容器底部に炉内の燃料や制御棒などの部品らしきものが落下したり、飛び散ったりしているようですが、原子炉圧力容器の損傷個所、破れ口の状況を確認することがまず必要です。これが分かれば、圧力容器下部に溶融燃料の大半が残っていることが説明できるでしょう。この謎解きは、皆さんの知的探求心のネタとして残しておきます。

改訂に際して変更追記した主要事項はほぼ以上に尽きますが、改訂にあたってご協力頂いた方々に御礼を述べたいと思います。

日立製作所の元技師長を務められた牧英夫氏からは、じくじく反応は酸化皮膜に保護されたジルコニウムが、保護してくれている酸化皮膜から酸素を奪うことによって生じる現象であるとのご教授をいただきました。酸素に不足を来した酸化皮膜は、その不足を補うため水蒸気から酸素を奪うという、反応です。反応の速度はジルコニウムの温度によって変わるもので、**備考注釈1−1**に示した表を牧氏が作成してくださいました。これにより、私が推測で書いたじくじく反応の存在が証明されましたが、反応自体は不確かなイメージから、高温の燃料棒表面で常に起きる現象へと改まりました。牧氏は、私と同年代です。日本の原子力開発当初から互いに知り合い、研鑽を重ねた旧友でもあります。論語にある、「友あり、遠方より来る」の嬉しさで一杯です。厚く御礼を申し上げます。

シュプリンガー社より英語版を出版するにあたっては、英文の校正過程で、東京工業大学特任教授の松田慎三郎氏より多大なご協力――というより当事者以上に親身で積極的な協力――を頂戴しました。松田氏は、実を言えば古くからのスキー仲間ですが、これほど英語に堪能だとは知りませんでした。ご専門は核融合です。この作業を通じて核分裂についてもよく勉強され、**第二部第5章**の修正記述のうち、特に災害緩和対策（ＭＩＳＳＡＤ）について、多くのご意見をいただきました。

北海道大学教授の奈良林直氏からは、ベントと発電所の状況について数多いご教授を頂戴しました。奈良林氏は事故直後からフィルターベントの重要性を指摘され、海外調査のみならず、学生とともにフィルターベントの実験を実施しておられます。また、出版当時から拙著の内容に関心を示され、発電所の状況が発表されるたびに意見を交換してきました。

東京電力は、福島第一原子力発電所事故発生後の詳細な進展メカニズムについて、適宜にその調査・検討結果を公表しています。その内容は現在のところ、本書の考証を裏付けるものになっています。福島事故の教訓を世界の原子力の安全に生かすことが、事故を起こした国の原子力関係者としての責務です。本書が、国内外の原子力に携わる人、これから携わろうとする人々の道しるべとなることを願ってやみません。

2018年3月

石川　迪夫

沸騰水型炉(BWR)原子力発電のしくみ

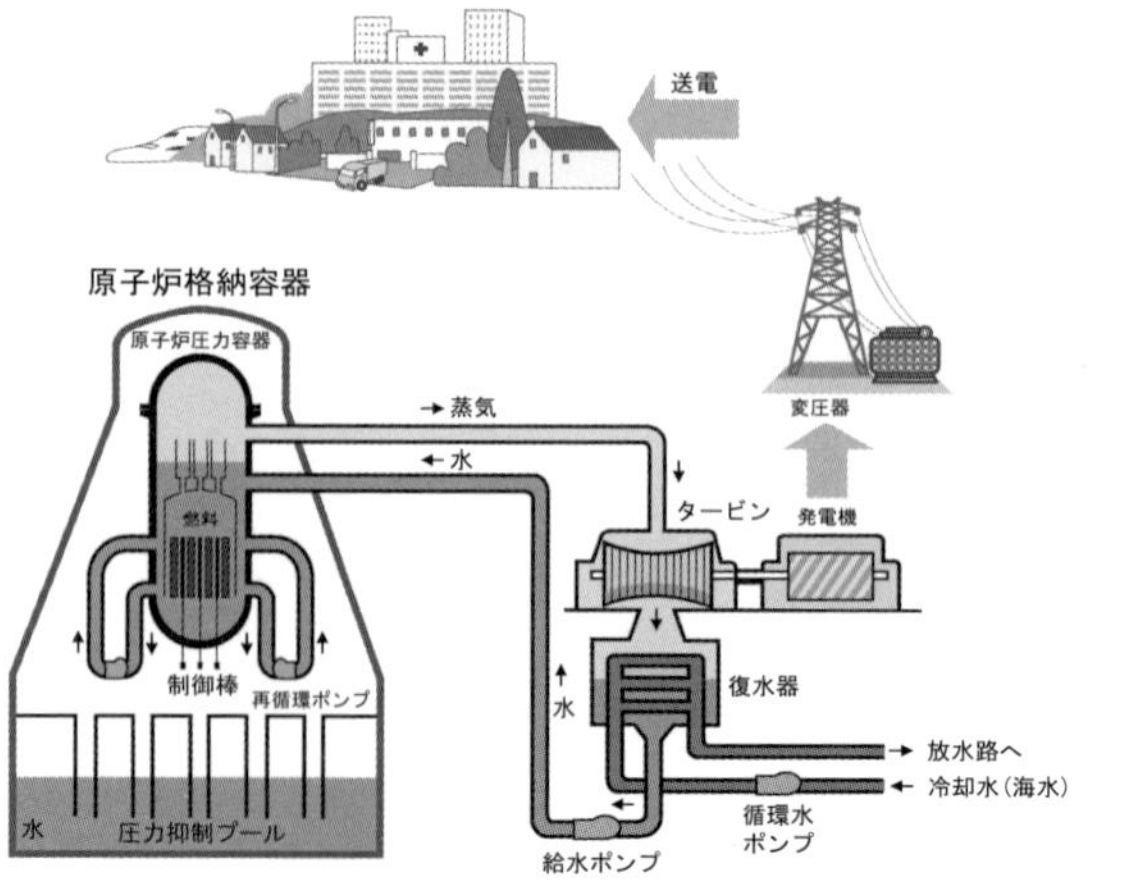

出典：資源エネルギー庁パンフレット

原子炉圧力容器の中で沸騰した軽水を炉外に取り出し、その蒸気で直接タービンを回して発電する方式。

加圧水型炉(PWR)原子力発電のしくみ

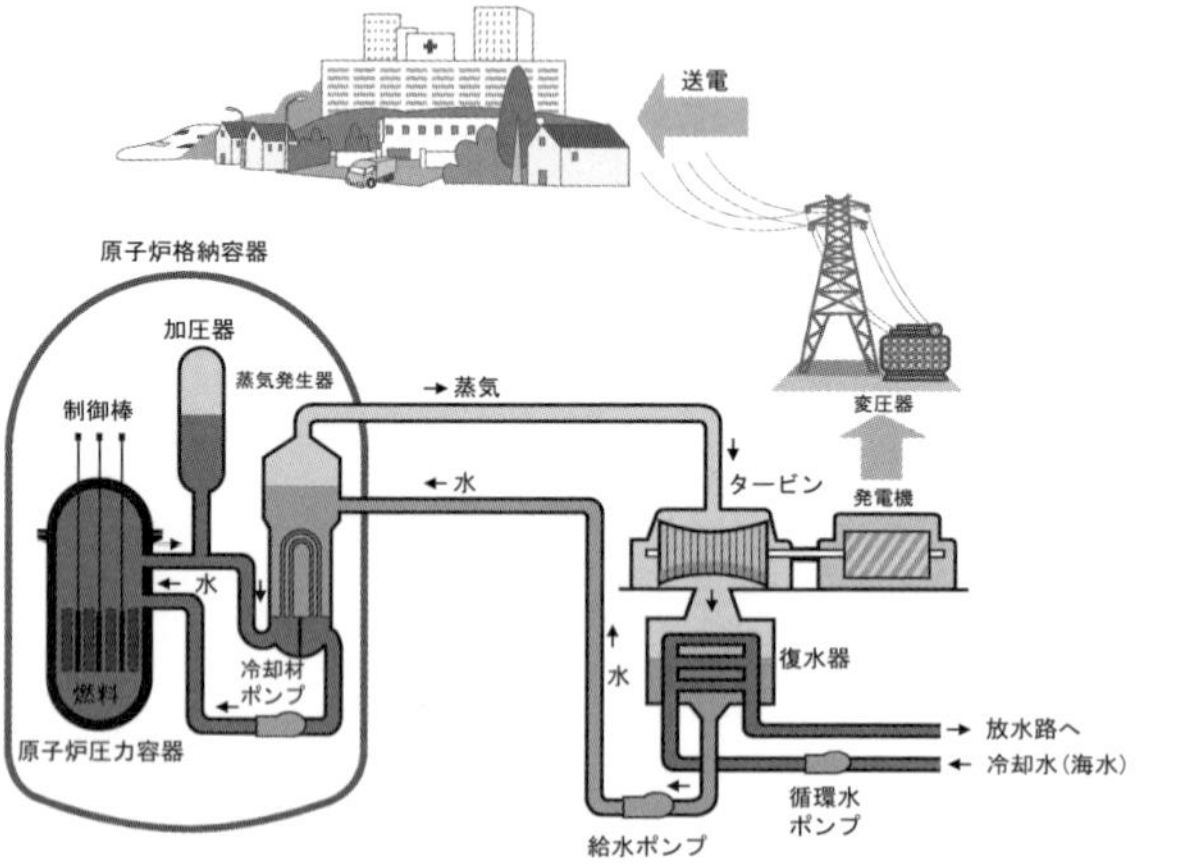

出典：資源エネルギー庁パンフレット

原子炉圧力容器の中で高温高圧にされた軽水（1次系）を蒸気発生器に送り、蒸気発生器の中で2次系の冷却水と熱交換することで蒸気を作り、タービンを回す。1次系の軽水と2次系の水・蒸気は交わらない。

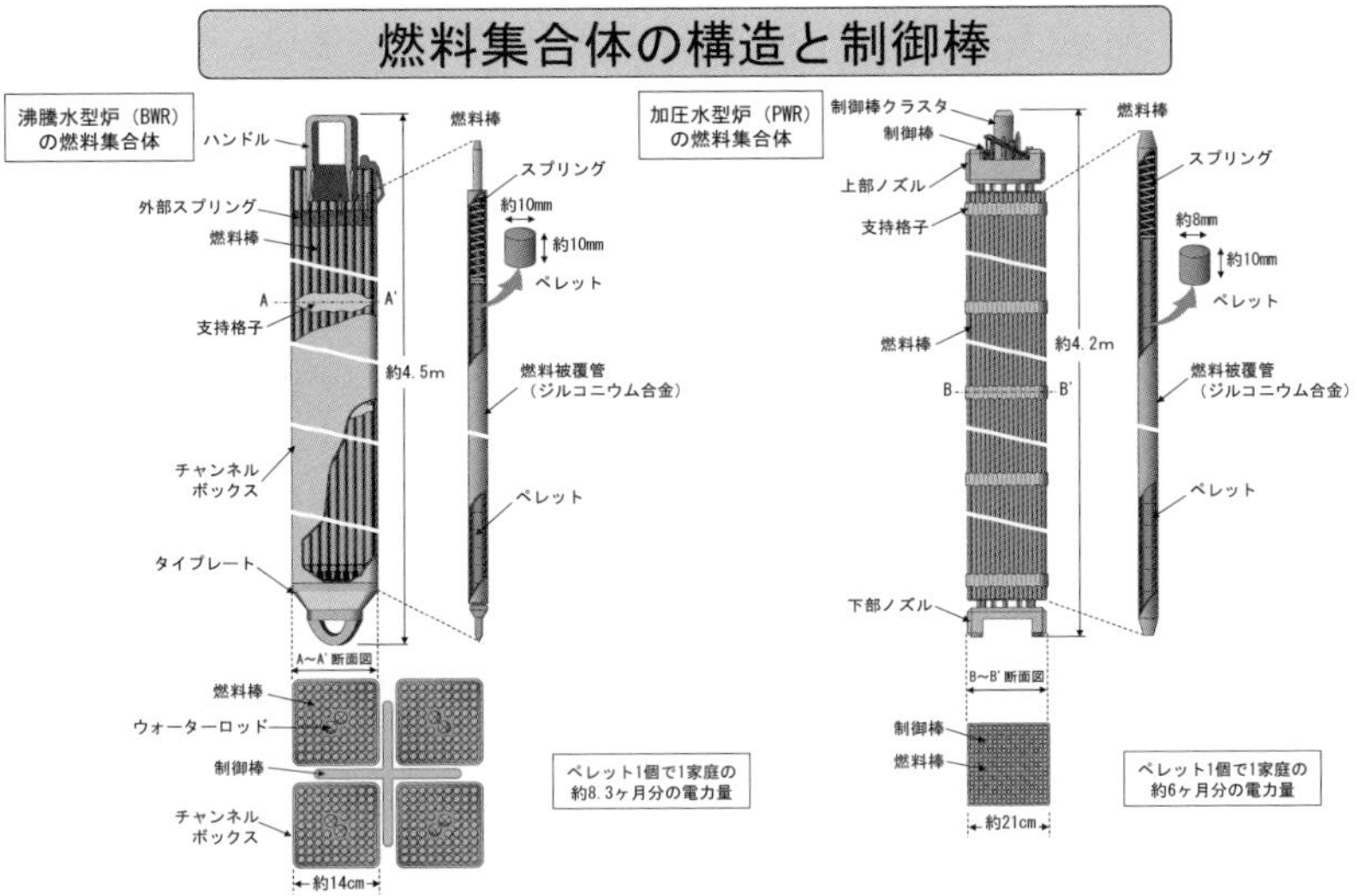

出典：資源エネルギー庁パンフレット

直径約 1 cm、高さ約 1 cm に焼き固めた二酸化ウランペレット（融点約2880℃）を燃料被覆管に封入して燃料棒とし、それを束ねたものを燃料集合体と呼ぶ。燃料被覆管はジルコニウム合金（融点約1800℃）でできている。燃料集合体の高さは BWR、PWR とも 4 m 程度で燃料集合体を並べて炉心にする。原子炉の出力は炉心への制御棒の引き抜き、挿入などにより調整する。

図表目次

第一部

図表目次

著者紹介

石川迪夫（いしかわ・みちお）

1934年、香川県高松市生まれ。東京大学工学部機械工学科卒。工博。1957年日本原子力研究所入所。1963年に日本で初めて発電に成功した動力試験炉「JPDR」の建設、運転に従事。その後、反応度事故に関する実験計画「NSRR」を立案、実施した。1985年から世界で2番目の廃炉工事となるJPDRの廃炉工事を指揮した。同東海研究所副所長を経て、1991年4月、北海道大学工学部教授に。退任後、原子力安全基盤機構技術顧問などを務め、2005年4月、日本原子力技術協会（現原子力安全推進協会）理事長に就任。2008年4月～2012年9月まで同協会最高顧問。2009年より原子力デコミッショニング研究会会長。

1973年～2004年まで、科学技術庁（現文部科学省）の原子力安全顧問や経済産業省の原子力発電技術顧問、中央防災会議専門委員のほか、IAEA（国際原子力機関）、OECD/NEA（経済協力開発機構原子力機関）の各種委員会日本代表委員などを歴任した。

主な著書　「原子炉解体」　講談社　1993年
「原子炉の暴走」日刊工業新聞社　1996年
「原子力への目」日本電気協会新聞部　2005年

カバーデザイン：志岐デザイン事務所（萩原　睦）
カバー写真：東京電力提供

増補改訂版　考証　福島原子力事故
炉心溶融・水素爆発はどう起こったか

2018年3月11日　増補改訂版　第1刷発行

著　　　者　石川　迪夫
発　行　者　新田　毅
発　行　所　一般社団法人日本電気協会新聞部
〒100-0006
東京都千代田区有楽町 1-7-1
[電　話] 03-3211-1555
[ＦＡＸ] 03-3212-6155
[振　替] 00180-3-632
https://www.denkishimbun.com/

印刷・製本　株式会社加藤文明社印刷所

ISBN 978-4-905217-67-1 C0036